旗標事業群

好書能增進知識 提高學習效率 卓越的品質是旗標的信念與堅持

Flag Publishing
http://www.flag.com.tw

# 不是你太笨，是爛UI的錯！

## 非設計師也該學的介面設計常識

感謝您購買旗標書,
記得到旗標網站
www.flag.com.tw
更多的加值內容等著您…

<請下載 QR Code App 來掃描>

- FB 官方粉絲專頁:旗標知識講堂
- 旗標「線上購買」專區:您不用出門就可選購旗標書!
- 如您對本書內容有不明瞭或建議改進之處, 請連上旗標網站, 點選首頁的 聯絡我們 專區。

若需線上即時詢問問題, 可點選旗標官方粉絲專頁留言詢問, 小編客服隨時待命, 盡速回覆。

若是寄信聯絡旗標客服emaill, 我們收到您的訊息後, 將由專業客服人員為您解答。

我們所提供的售後服務範圍僅限於書籍本身或內容表達不清楚的地方, 至於軟硬體的問題, 請直接連絡廠商。

| | |
|---|---|
| 學生團體 | 訂購專線:(02)2396-3257 轉 362<br>傳真專線:(02)2321-2545 |
| 經銷商 | 服務專線:(02)2396-3257 轉 331<br>將派專人拜訪<br>傳真專線:(02)2321-2545 |


## 國家圖書館出版品預行編目資料

不是你太笨,是爛 UI 的錯!非設計師也該學的產品設計常識 / 中村聡史著;吳嘉芳譯. -- 臺北市:旗標, 2015 . 10
面; 公分

ISBN 978-986-312-296-8 (平裝)

1. 電腦界面 2. 電腦程式設計

312.16 104018554

作　　者/中村聡史

發 行 所/旗標科技股份有限公司

台北市杭州南路一段15-1號19樓

電　　話/(02)2396-3257(代表號)

傳　　真/(02)2321-2545

劃撥帳號/1332727-9

帳　　戶/旗標科技股份有限公司

執行企劃/蘇曉琪

執行編輯/蘇曉琪

美術編輯/林美麗

封面設計/古鴻杰

校　　對/蘇曉琪

新台幣售價:450 元

西元 2024 年 6 月 初版 17 刷

行政院新聞局核准登記-局版台業字第 4512 號

ISBN 978-986-312-296-8

# 目錄

## Chapter 4 群組化 87



## Chapter 5 習慣 105

# 前言：歡迎光臨

歡迎來到有趣的 BADUI（爛 UI）世界！

話雖如此，其實這本書只不過是「有趣爛 UI 世界」的入口。在下圖這扇厚重的大門之後，有一個寬廣的有趣爛 UI 世界在等著你。請別猶豫，打開這扇門，走進去吧！

接著問題來了。如果是你，會如何開啟這扇大門？請從以下選項中，選出你的答案。

1. 握住銅環，往後拉開大門
2. 推開大門
3. 握住銅環，往左右滑動大門
4. 其他

「為什麼要問這個問題？該不會裡面有什麼陷阱吧？」、「這本書的內容與爛 UI 有關，恐怕有機關吧？」請別想太多，只要假設如果是你，會如何打開這扇門。然後深入思考自己這麼做的理由，再翻開下一頁。

接下來這本書會不斷出現類似的問題，即使答對了，也不代表你很厲害或很聰明。請別過度鑽牛角尖，只要深入思考，遇到這種情況時，你會怎麼做，然後把心裡所想的、實際感受到的，直接回答出來即可。

**圖 0-1　歡迎來到有趣的爛 UI 世界！你會如何打開這扇門？**
在這扇門的背後，有一個廣闊的有趣爛 UI 世界在等著你。請別猶豫，打開這扇門，走進去吧！

圖 0-2　正確答案是推開大門

上頁的答案是選項 2「推開大門」（上圖）。

如何？你的預測正確嗎？

預測錯誤而回答選項 1「握住銅環，往後拉開大門」的人，也不用太在意。因為我站在這扇門的前面，觀察了好一陣子，發現大部分的人都想用拉的方式開門，卻怎麼樣也打不開，因而感到非常苦惱。我也一樣，抓住銅環拼命想把門往自己的方向拉。而且當我拿這張照片詢問學生，該如何打開門，有 9 成左右的人都回答「握住銅環，往後拉開大門」，結果就無法進入「有趣的爛 UI 世界」。因此，我認為弄錯這扇門的開法是很自然的事。

本書要介紹的案例就像這扇門，也就是絕大多數的人都會弄錯或感到困擾的爛 UI（爛使用者介面），目的是為了藉此讓大部分的人對「UI」產生興趣。另外還有一個目的，就是希望透過這本書，讓各位讀者可以從「為什麼會形成爛 UI？」、「如何才能改善爛 UI？」、「我該怎麼做才不會製造出爛 UI？」等觀點出發，深入瞭解人類與 UI 的關係。進一步思考「不好用、難懂的定義是什麼？」、「原因究竟出在哪裡？」我想對於專門從事 UI 設計或製造商品的人而言，這本書可以當作範例集來運用。

在你看完這本書之後，對 UI 的相關問題將會有相當程度的理解，進而自行發現你生活周遭的爛 UI，並且判斷究竟出了什麼問題。不僅如此，你也一定能曉得，應該注意哪些重點，才能避免做出爛 UI。還有，如果疏忽掉哪些事，很容易變成爛 UI。

在第 1 章（p.16）會再次提到這扇門。或許你對為什麼答案是推開大門而感到不可置信。但是無論如何，請先推開這扇門，走進裡面，然後盡情投入這個「有趣的爛 UI 世界」吧！

接下來，請入場者先填寫右頁的「入場申請書」，把姓名、出生年月日、住址、聯絡方式等資料填寫完整，再交出去。這張入場申請書有許多容易寫錯的地方。由於準備的份數不多，請小心填寫，別寫錯了。對了，後面還有很多人也正等著進場，請儘速填寫完畢交出去。

被「有趣爛 UI 世界」拒於門外的人，很遺憾，請從右頁下圖的那扇門，回到原來的世界。但是，唯有使用正確方法開門的人才回得去。請問，又該如何開啟這扇門呢？

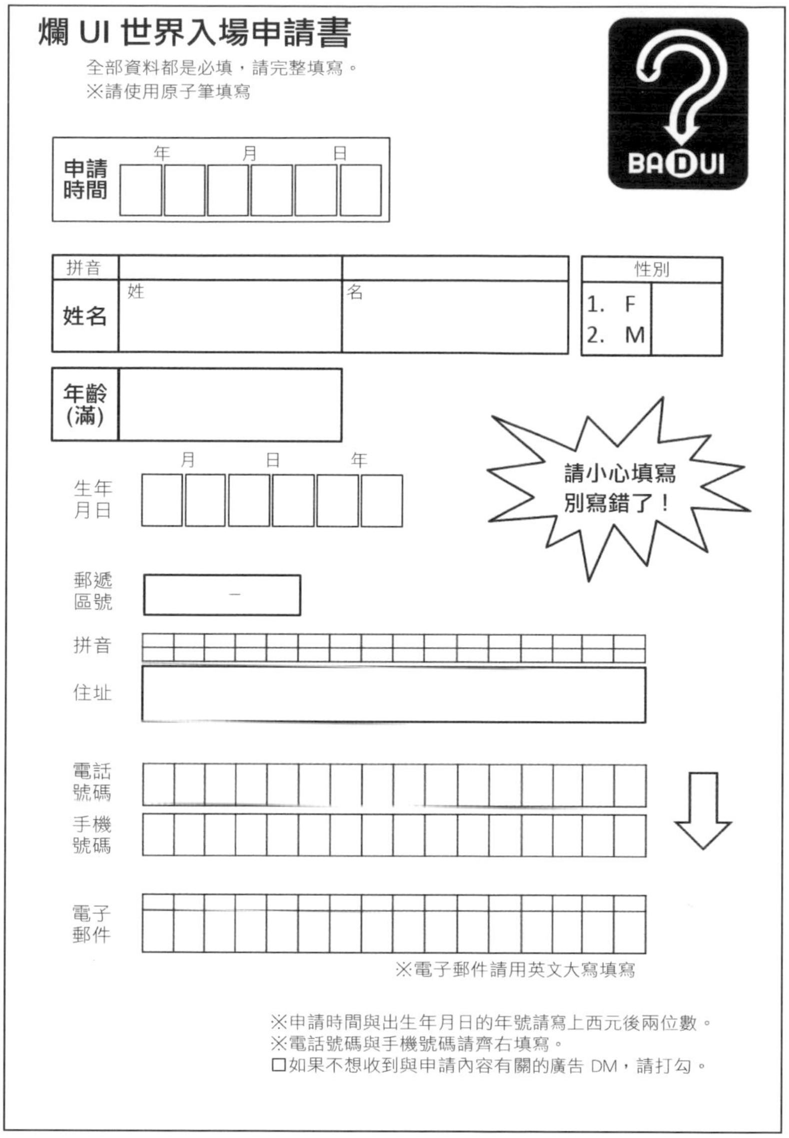

## 爛 UI 世界入場申請書

全部資料都是必填，請完整填寫。
※請使用原子筆填寫

BADUI

| 申請時間 | 年 | | 月 | | 日 | |
|---|---|---|---|---|---|---|

| 拼音 | | |
|---|---|---|
| 姓名 | 姓 | 名 |

| 性別 | |
|---|---|
| 1. F<br>2. M | |

| 年齡<br>(滿) | |
|---|---|

生年月日　月　日　年

請小心填寫
別寫錯了！

郵遞區號　－

拼音

住址

電話號碼

手機號碼

電子郵件

※電子郵件請用英文大寫填寫

※申請時間與出生年月日的年號請寫上西元後兩位數。
※電話號碼與手機號碼請齊右填寫。
☐如果不想收到與申請內容有關的廣告 DM，請打勾。

圖 0-3　「有趣爛 UI 世界」的入場申請書（詳細內容請參考第 9 章的說明）

圖 0-4　請從這扇門回去，這扇門的開啟方法請參考第 1 章的說明

## 你是否也曾這樣？

圖 0-5　左：無法買到想吃的拉麵而傷透腦筋的自動售票機（請見 p.62）／
右：預約錄影失敗的 HDD 錄放影機（請見 p.44，提供者：奧野伸吾）

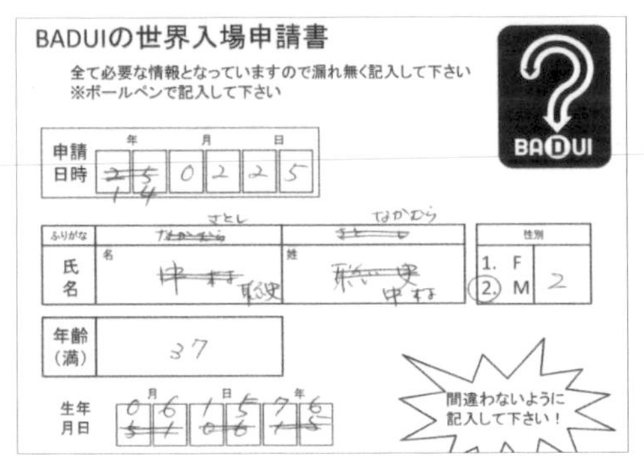


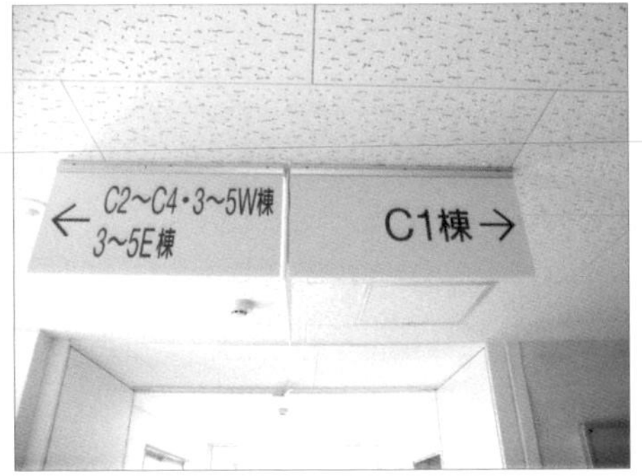


圖 0-6　左：錯誤連篇的表格／右：大學建築物內的指標，想去的教室究竟在哪裡？（請見第 5 章）

「這台自動售票機要怎麼操作啊？奇怪，為什麼不能買？該不會已經賣完？還是金額不足？因為我動作太慢，使得後面開始大排長龍，真的很不好意思（上圖 0-5 左）。」

「欸？應該錄好的節目，卻沒有錄到最後！？沒辦法完成電視節目的預約錄影，我真是機器白痴啊…（上圖 0-5 右）。」

「啊！又寫錯了，剛才已經因為寫錯，再拿了一份文件，怎麼…。又得去要一份新文件了。那個人看起來心情很差，一定很不爽…（上圖 0-6 左）」

「這裡究竟是哪裡啊？我要去的地方在哪邊？又迷路了啦…（上圖 0-6 右）」

你應該也曾這樣吧？

當人無法順利完成某件事情時，很容易產生「啊～這件事不適合我吧！」、「連這種小事都做不好，我真是個沒用的人。」這樣的念頭。可是，那個人真的不適合做這件事嗎？真的是沒用的人嗎？問題有沒有可能不是出在使用者本身，而是自動售票機、預錄節目的機器、文件、指標讓人看不懂，才造成困擾或錯誤呢？

接下來本書將會介紹各種案例，其實這個世上處處可見難用、難懂而讓人不自覺弄錯的 UI，如右頁照片所示，「想開門，卻誤關起來的電梯按鈕」、「令人感到混亂的電燈開關」、「以為熱水會從水龍頭流出，沒想到卻從蓮蓬頭灑下來」、「看不懂哪邊是男廁，哪邊是女廁，讓人左右為難」等等。換句話說，造成使用者困擾的原因，不光是使用該介面的人，大部分的問題都是出在物品本身。

圖 0-7　左：想讓電梯門維持開啟狀態，卻不小心關起來的電梯按鈕（請見第 4 章）／
右：不清楚對應哪盞電燈，令人感到混亂的開關（請見第 3 章）

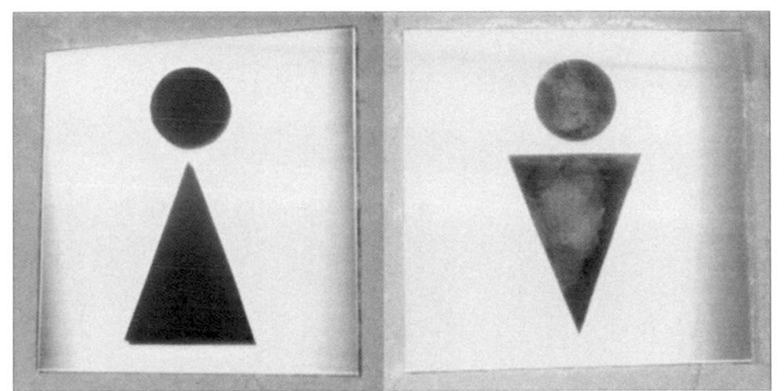

圖 0-8　左：想在浴缸內放熱水，沒想到熱水竟然從蓮蓬頭灑下來，讓人嚇一跳的切換把手（請見第 3 章）　右：哪邊是男廁？（請見第 5 章，提供：綾塚祐二）

除此之外，我想絕大多數的人應該都有過遇到難用的自動售票機或電視節目錄影機，而心生不滿的經驗吧！碰到這種情形，你可曾想過，為什麼這些東西不好用，什麼原因造成這種結果？其實這裡面隱藏著各式各樣的理由。而這本書就要介紹「人類對操作方法感到疑惑或操作錯誤，結果造成失敗的各種東西（UI）」，並且說明為何會弄錯？為什麼令人傷腦筋？

## UI 究竟是什麼？

那麼，究竟什麼是 UI（User Interface = UI 使用者介面）？

一般的解釋是，使用者（User）是指操作者，而介面（Interface）是指媒介（分界、接合部分）等。「介面」是指 A 與 B（例如水與油）之間的媒介，因此，介面的定義是 A 與 B 兩者之間的連接部分，或是 A 與 B 之間的處理步驟、原則。比方說，「電腦」與「滑鼠」或「電腦」與「鍵盤」之間的介面是 USB 端子或 USB 線等（下圖 0-9）。

換句話說，假設 A 是使用者（人），B 是使用者操作的對象時，「使用者」介面就是存在於兩者之間的部分。舉個例子來說，以下這些都是 UI（使用者介面）。

- 「人」與「電腦」之間的介面包括滑鼠、鍵盤、螢幕及螢幕上顯示的內容等。
- 「人」與「自動售票機」之間的介面包括投幣孔、指定購買金額的按鈕、螢幕上顯示的投入金額等資訊。
- 「人」與「電視」之間的介面包括遙控器及遙控器上的按鈕或說明等（下圖 0-10 左）。
- 「人」與「電燈」之間的介面包括操作電燈的開關以及開關週邊的提醒訊息等（下圖 0-10 右）。
- 「人」與「門」之間的介面包括打開那扇門的門把或把手等。
- 「人」要進行「某項申請」時，存在於中間的介面包括申請書、書寫文具、繳交申請書的窗口等。

1 http://www.usb.org/press/USB_Type-C_Specification_Announcement_Final.pdf

圖 0-9　USB 的介面

附帶一提，很多人搞不清楚 USB 介面究竟哪邊是正面，哪邊是反面。我自己也常發生，先把認為對的那一邊插進去，結果插不進去，以為顛倒了所以反過來插，卻一樣還是插不進去。心想，奇怪了！重新確認端子與插槽後，再反過來，才插進去。後來，稱作 USB Type-C 的新一代 USB 規格，採用了正反都可以插拔的結構，從此以後就不用再分辨方向了[1]。

圖 0-10　左：會議室內的 3 支遙控器／右：搞不清楚哪盞電燈是開啟或關閉的電燈開關

經過整理歸納之後，可以定義如下：介於使用者（操作者）與可能達成使用者目的之對象（電腦或電燈等）之間，使用者可以操作它來達成目的的東西，就稱作 UI。

但是，我認為人類為了達成某個目的而接觸或仰賴的介面也很重要，所以站在有別於「UI」原始定義的角度，以較廣義的觀點，把以下這種以插圖或文字製作而成，與使用者之間沒有互動，屬於靜態提示的標誌也納入本書之中。

- 介於「人」與「廁所入口」之間，代表男廁或女廁的廁所標誌（圖案）。
- 介於「人」與「目的地」之間的指標。

本書經常提到的「爛 UI」，就是「Bad User Interface」的簡稱，意指無法幫助使用者達到目的，有時反而成為絆腳石的 UI。爛 UI 包括難懂的文件、難用的遙控器、讓人傷腦筋的自動售票機等各種事物。接下來將會陸續介紹這些爛 UI。只不過，為什麼世上處處都有爛 UI 呢？

首先，就算使用者遇到困難，UI 的設計者也無法當場說明使用方法，而這就是形成爛 UI 的最大主因。

比方說，不管預錄電視節目的遙控器多麼難用，只要負責設計該錄影機與遙控器的設計師在使用者身旁，詳細解說各種情況的用法，使用者應該能輕而易舉地操作該設備吧！就算是容易寫錯的文件，若表格製作者坐在填寫者的旁邊，隨時給予提醒，就不會寫錯或感到困惑，順利完成文件吧！如果設計或配置男女廁所標誌的人在廁所前待命，說明「這邊是男廁，這邊是女廁」給予引導，再難懂的標誌也不會讓人跑錯廁所吧！

可是，現實生活中，根本不可能花費人力在這種事情上，就算真的可行，成本也會大幅增加。除此之外，使用者也可能會覺得很囉唆。

誠如以上說明，UI 是遠離設計師（製作者）而孤獨地存在著，而且這些 UI 都是在沒有借助任何人的力量下，直接面對使用者。既然設計者無法親自對使用者提出建議，在這種情況下，就得先設想這個 UI 會如何被使用，再著手設計。因此，製作 UI 絕對不是一件簡單的事情。

一般來說，設計者應該是該 UI 使用者中的專家。人一旦習慣成自然，就會有盲點，無法發現問題在哪裡，而且即使沒有完整的使用提示，仍能操作自如。對設計者而言，要設身處地站在初次使用者的立場來思考 UI，的確不容易。

此外，委託設計師製作 UI 的業主，也不見得是實際使用該 UI 的操作者，因此完全沒有考慮到使用者的業主，經常會隨自己高興對設計者提出要求。在這種情況下，設計者即使對業主提出建議「這樣做對使用者比較好。」對方也會充耳不聞，導致最後製作出使用者認為難用的系統，這種情況其實屢見不鮮。許多爛 UI 就是在這種情況下衍生出來的產物。

接下來，從這裡開始要進入 6 頁類似導讀的內容。假如你覺得搞不懂或很囉唆，請不用在意，直接跳過，從第 1 章開始閱讀。讀完之後，再回到這裡，繼續看下去。

## 「我又不是設計師，所以無所謂！」真是這樣嗎？

看到這裡，想必有不少人心想「我又不是設計師，所以無所謂！」、「我不是程式設計師，這種事跟我沒關係！」

此外，「製作出爛 UI 的人真糟糕，假如他們設想得周到一點，就不會害我陷入這種麻煩了！」、「如果他們能認真設計，我就不會吃這麼多苦了！」有這種想法的人，應該也不在少數吧！或許也有人認為，做出爛 UI 的人，應該是從事設計師或創作者、工程師等工作，是和自已不同世界的某個人吧？

的確，世界上銷售的商品大部分都是由產品設計師設計出來的。網站上的知名商用服務也幾乎都是由網站設計師設計，再交給程式設計師或工程師開發完成。可是，你們碰到的 UI，全都是這種類型嗎？請先看一下右頁的各張圖片，你應該有過這些經驗吧！當你在學校、公司、政府部門等公家機關，填寫要繳交的表格時，應該曾經不曉得怎麼填寫，或不小心寫錯，必須再拿一份文件重寫，甚至被挑出寫錯的部分，而得重新填寫；手裡拿著垃圾要丟，可是走到垃圾桶前，卻不曉得該丟在哪個桶子裡；廁所內的備用衛生紙，放置的方式很奇怪，所以衛生紙一拉就斷而感到傷腦筋；在影音出租店內，正在煩惱要借哪張 CD 時，發現歌曲目錄卻被貼紙擋住而看不見，實在很困擾；學校或公司的公用書櫃沒人整理，找不到需要的書籍，實在很頭痛。

這些在學校、公司、政府部門或商店等各種場所，看見的表格或貼在垃圾桶上的貼紙等，是設計師製作出來的嗎？隨便走進一家餐廳，貼在餐券自動售票機上的訊息（顯示餐點名稱及價格），是設計師製作的嗎？說明活動在哪裡舉辦的海報，是設計師設計的嗎？管理公司的公用書櫃，是具有圖書館員資格的人負責的嗎？

其實隨著電腦及印表機的普及，現在任何人都可以製作出這些表格或商品訊息貼紙。在絕大多數的案例中，那些內容都是由完全沒有受過設計相關教育的人製作的。附帶一提，其實我也是在沒有受過設計相關課程的教育下，從事開發軟體、製作網站、設計海報、撰寫這本書等工作（因此，這本書介紹的知識，都是從書本以及個人經驗中得來的）。

人在希望達到某種目的時，介於人與目的之間的東西，就是 UI。因此，只要是製作過「幫助某人完成某項行為的東西」，我認為這種人全都稱得上「具有製作 UI 的經驗」。

你或許也曾經製作供人填寫的表格、放置指標或垃圾桶、整理書櫃…等，這些全都可以歸類成「製作 UI」。換句話說，大部分的人是在不自覺的情況下，製作了 UI，或成為 UI 的製作者。而最重要的是，製作這些 UI 時，你是否曾站在使用者（操作者）的立場，思考「這樣比較容易瞭解嗎？」、「這樣做應該能減少錯誤發生吧？」一邊自問自答，一邊嘗試錯誤。

我寫這本書的目的並非要讓所有人學會 UI 的專業知識，而是因為每一個人都可能成為爛 UI 的製作者。在這些人當中，如果有更多人在製作 UI 時為使用者著想，應能降低造成人們困擾的機會，同時減少感到氣憤難平的人數。因此，本書將以造成困擾、出現錯誤、令人頭痛的爛 UI 為主來做介紹，並且提出大部分的人在幫他人製作東西時，至少應該停下腳步、深入思考的重要資訊。我期待透過本書，能讓更多人把 UI 視為切身議題，提升整個社會的 UI 知識。

這個世界上有許多能汲取 UI 專業知識的好書，而這本充其量只是 UI 的入門書。所以我認為讀了這本書，希望進一步深入瞭解 UI 的人，可以繼續閱讀那些專業好書。至於有哪些值得一讀的書籍，我會在各個相關項目中說明，同時本書結尾部分也有介紹。

**勤務実績報告書 兼 請求書**

| 事務主管 | 受付年月日 |
| --- | --- |
| | (確認書あり □) |

□特定個人研究費 □科研費(　　　研究(　) 研究代表者氏名　)
□私立大学戦略的研究基盤形成支援事業＜大型研究＞(研究代表者:　)
□研究所研究費等(総合・重点・特別・個人・共同・大学院共同・新領域創成型・若手 )
□受託研究 □共同研究 □学術研究奨励寄付(企業名:　)
□研究助成(助成団体:　) □その他(　)

研究課題:ほげほげの問題に関する研究

~~2013~~ 年 ~~12~~ 月分
2014　2

フリガナ　やまだ たろう
従事者(手書き)　山田太郎 ㊞　□昭和 ☑平成 ~~25~~年 ~~2~~月 ~~25~~日
住所:〒 012-3456 東京都なんとか区なんとか町1-2-3　ここは誕生日!!
電話・携帯電話番号: 012-3456-7890
勤務先・大学名・学部等・学年: とある大学・とある学部・1年
勤務日時・授業時間との重複の有無 ⇒ ☑ 重複なし
□RA □TA □嘱託(短期・特別)
※RA・TA・嘱託(短期・特別)の該当者は勤務表の写しを添付してください。[生田は不要です]

管理者
所属　とある学部
氏名(手書き)　~~山田太郎~~ ㊞

| 日 | 曜日 | 従事時間帯 24時間表示 | 休憩等除外時間数 | 8時間までの従事時間数 | 8時間を超えた時間 | 当該研究課題に関する補助業務の具体的な作業内容を記入のこと |
| --- | --- | --- | --- | --- | --- | --- |
| 例 | 月 | 8:30～18:30 | 1:00 | 8:00 | 1:00 | ○○○における△△△に関するヒアリング調査 |
| 1 | 日 | ～ | | | | |
| 2 | 月 | 9:00～15:00 | ~~6:00~~ | ~~8:00~~ | 0:00 | |
| 3 | 火 | ～ | 0:00 | 6:00 | | |

圖 0-11　左：應徵工讀生的學生多次寫錯的表格／右：放在研究室內的垃圾桶

右：究竟哪個是可燃物垃圾桶？哪個是不可燃物垃圾桶？完全沒有任何線索，因此經常丟錯邊。結果造成負責整理垃圾桶的研究室學生不滿，可是丟錯垃圾應該有原因吧？

圖 0-12　放置廁所衛生紙的地方，都會先放上備用衛生紙，卻因為卡住了，使得衛生紙一拉就斷

圖 0-13　左：正在為要借哪張 CD 而大傷腦筋時，CD 盒上的曲目卻被貼紙遮住，不取出裡面的 CD，就不知道收錄了哪些歌曲（提供：遠藤平）／右：因為沒有整理，很難分辨書本放在哪裡的書櫃

## 沒有製作權也有選擇權！

看到這裡，應該有人會認為「我根本不曾為別人製作過 UI，所以不管怎麼說，都與我無關。」即便你們沒有製作 UI，也總會在無意之間做出選擇。而且，事實上為了自己選擇的 UI 而大傷腦筋的人，也不在少數。

舉例來說，你是否有過這樣的經驗，購買電視時，除了考慮尺寸及價格，也曾思考過操作電視的遙控器是否好用？打算添購冷氣機時，曾經確認過控制冷氣的遙控器長什麼樣子？完全沒有考慮好不好操作而買了電視或冷氣機，結果不曉得遙控器（下圖 0-14）的用法／太難使用，而感到懊惱不已？找房子的時候，有多少人曾經仔細檢查過房屋本身、廚房、浴室的易用性？搬到新家之後，因為各種設備很難用，而感到心情低落？（下圖 0-15）

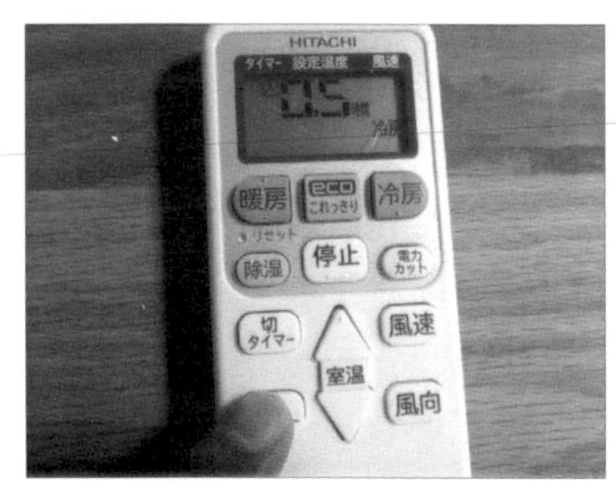

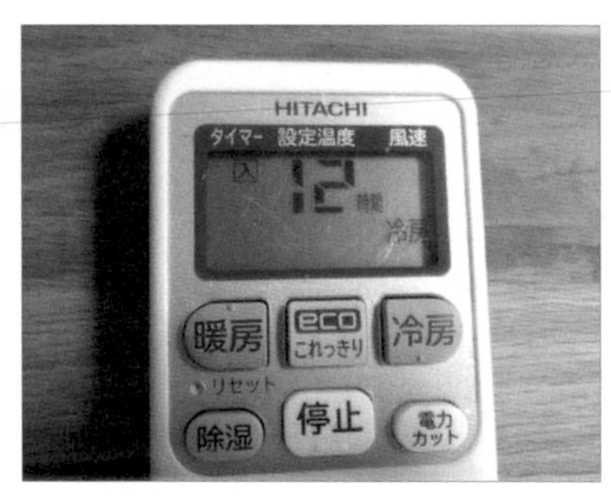

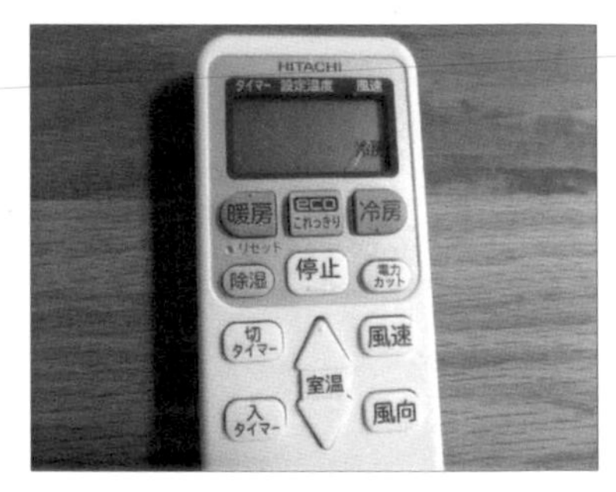


**圖 0-14　因為孩子惡作劇而變得很頭痛的冷氣機遙控器**

如果只是冷氣或暖氣被孩子打開，按下停止或其他按鈕就可以解決。但是若按下的是「定時」鈕，將冷暖氣設定成指定時間後開啟的情況，就得按 12 次「定時」鈕，設定 1→12 小時後開啟的時間，然後再按一次「定時」鈕，關閉定時功能才行，非常麻煩。附帶一提，即使小孩沒有惡作劇，當要定時的時間設定過頭，還得從 1 開始重按一次，這點也很……

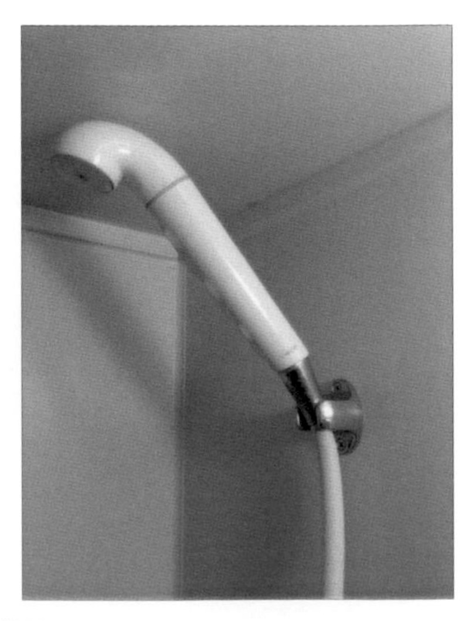

**圖 0-15　左・中央：打開就會碰到電燈的櫃子／右：頂到天花板的蓮蓬頭**

左、中央：要拿取櫃子內的物品，門一打開就碰到電燈。而且這間房屋還有另一個問題是，打開靠近玄關的櫃子，門就會碰到總電源開關，所以家裡的電源常因此關閉（提供：松田滉平）／右：蓮蓬頭有 2 個掛架，掛在上層掛架時，會頂到天花板，一旦熱水流出，蓮蓬頭就會掉落，所以只能掛在下層，屈就著使用（提供：荒木圭介）

當然，評估購買物品的決策過程，大部分都會受到價格或大小等因素影響。但是，買了之後，就得長時間與該物品相處，所以我認為，下手時最好稍微顧慮到 UI 方面的問題，才不會造成精神上的壓力。尤其是，比較過功能、價格、本體設計後，幾乎沒有什麼差異時，試著注意 UI 好不好用，也是一種選擇方法吧！

另外，找房子的時候，通常重視的條件是地點（交通或週邊環境）、房租、房間大小等。除此之外，我想考慮到窗外景觀好壞、有無乾濕分離衛浴設備的人應該也不少。可是其中會在意房屋 UI 好壞的比例有多少？當然，與地點、房租、大小相比，UI 的優先順序的確比較低，不過房屋的 UI 是你只要住在這裡，就得天天面對的東西。UI 太爛，會造成各種不方便，所以建議你在挑選房子時，也得注重家中的 UI，仔細思考這是不是一間不適合居住的房子。

此外，UI 有多糟，如果不是遇到沒有人向我們說明的情況，恐怕很難發現。誠如先前提過，倘若身邊有人從旁說明（這裡是指房屋銷售員或房仲），即使遇到爛 UI，也可以不用煩惱，順利使用。因此，請盡量在沒有人為我們解說的情況下，自行操作看看，測試自己一人是否也可以操作自如。一旦有愈來愈多人會先徹底思考 UI，再購買商品，企業也會開始重視 UI，而逐漸改良設計，最終可以期待達到讓所有家電用品等都變得更好操作的境界。假如大部分找房子的人都把 UI 好壞納入考量，那麼世上所有住宅的 UI 品質也會逐漸提升吧！

如上所述，在日常生活中，即使沒有機會製作 UI，也有許多選擇的機會。另外，本書也多次介紹過，改善存在我們生活周遭的爛 UI，避免自己或他人感到困擾、迷惘、出錯，這樣的機會其實多到出乎你意料之外（下圖左）。這時，若你能發揮從本書學到的知識，我將深感榮幸。

另外，就「選擇」這層意義而言，爛 UI 也常被用來當作欺騙別人的工具（下圖右）。因此我由衷期盼，透過介紹人們會在各種情況，犯哪些錯誤的案例中，加深你對 UI 的瞭解，藉此盡量減低你受騙上當的機會。

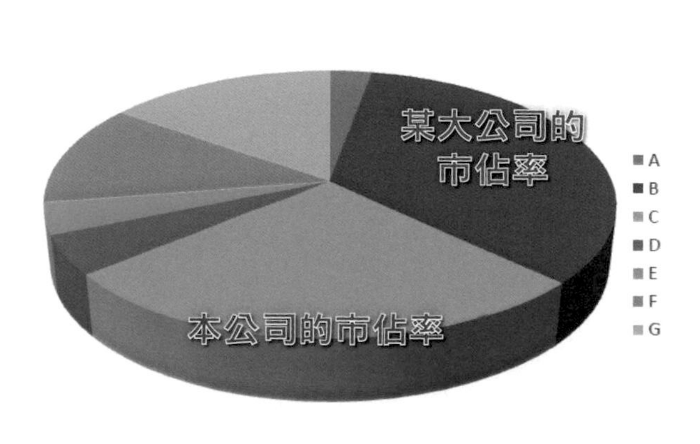


圖 0-16　左：大門撞到支撐扶手的水泥，因此無法完全打開，只好把部分水泥削掉（提供：西條瞳）
右：「本公司的市佔率」與「某大公司的市佔率」相比，究竟是多或少？（在第 9 章介紹）

## 為什麼要說明爛 UI？

到目前為止，我已經多次在課堂上或演講中說明過爛 UI，可是曾有人提出質疑「為什麼不講解好 UI，而要介紹爛 UI 呢？」的確，這是非常基本的問題。我刻意選擇爛 UI 來說明，其實是因為在學習 UI 的過程中，最重要的是用心觀察，然後發現問題，再深思熟慮的心態。不會造成困擾的好 UI（右頁圖），幾乎所有使用者都能易如反掌地使用它，若非對 UI 特別有興趣，根本難以發現它的好處，也無法留下深刻印象。（例如，原來在這種地方花了心思，或為了避免讓人出錯，的確用心良苦。如果不是真正有興趣，應該很難有這種感動吧！）然而，爛 UI 會讓人感到困擾或傷腦筋，所以很容易注意到缺點在哪裡，而留下深刻印象。

舉例來說，當你在電車的自動售票機前，「確認到達目的地的車資，接著投錢，然後按下購買按鈕，拿到車票。」順利完成這一連串的動作時，絕對不會注意到這台售票機的 UI 有多好。可是，假如看不懂到目的地要多少錢，不曉得錢要投進哪裡，搞不清楚哪個才是購票按鈕，買票之後，不知道車票會從哪裡跑出來，我想你就會立刻注意到這台售票機的 UI 有問題，而且也能輕易說出缺點在哪裡。爛 UI 可以透過實際接觸，從中察覺問題，再重新觀察及衡量。因而能成為學習 UI 的最佳教材。因此我認為，與好 UI 相比，學習這種可以提供我們各種失敗案例的爛 UI，獲益更大。

除此之外，爛 UI 的好處是，可以讓你深入思考「為什麼要說明爛 UI？」、「為何會出現這種爛 UI？」、「究竟是預算問題？還是業主本身的失誤？」、「假如不增加成本，要修改這個爛 UI，應該怎麼做？」這些疑問在對 UI 產生興趣、進而學習時，將非常有幫助。

基於上述幾點，所以我選擇在課堂上或演講中，介紹爛 UI，而非不會造成人們困擾的好 UI。而且書中盡可能採取容易想像當時情況的方式來說明爛 UI，並且請你深入思考，藉此激起你學習 UI 相關知識的興趣。

討論爛 UI 並非故意找碴、雞蛋裡挑骨頭，或攻擊設計者。原本製作 UI 就是一項困難且需要勇氣的工作。而且造成爛 UI 的原因，不見得是設計者的問題，其中還隱藏著預算、交期、突然變更規格、設置者缺乏知識、使用者無理要求等各種原因。即使完成的東西變成爛 UI，只要這次的失敗可以讓別人引以為戒，也算有教育社會的貢獻（但是，如果經常製作出爛 UI，就真的有問題了）。今後要製作 UI 的人，若想把「這樣做會讓使用者感到困擾」的案例當作參考，運用在製作出更好的 UI 上，那麼爛 UI 的確是非常值得當作借鏡的失敗案例集。當你像這樣思考爛 UI，體會其中的樂趣時，爛 UI 看起來就會和「超藝術 Thomasson」[2] 一樣，成為難以言喻的可愛事物。請你們一定要愛上爛 UI。

另外也要說明，以下這些並不算是爛 UI。

- 原本操作系統就很複雜，所以如果要操作自如，必須透過上課等方式才學得會。熟練之後，將會成為一種專業能力或帶來優渥收入（開車、操作電腦、演奏樂器等）。
- 基於安全層面或機密性考量，而增加操作難度的情況（例如為了防止被燒傷，流出熱水時，必須經過多道操作步驟的熱水器；或是進入保管重要物品的場所時，需要多道門鎖；或將按鈕或門鎖設置在幼兒無法搆到的高處（如右頁下圖）等）。
- 難度愈高，愈能增加樂趣（高難度的動作遊戲或射擊遊戲等。但是，非遊戲本質的部分，如果很難操作，就算是爛 UI）。

2 《超芸術トマソン》（ちくま文庫）赤瀬川源平（著）、筑摩書房出版

＊ 譯註：超藝術 Thomasson 是由赤瀬川原平等人發現的藝術概念，意指附屬在不動產上，宛如展示般，美麗地保存下來，卻沒有用處的物體

另外，當作個人興趣而架設的網站，基本上不論操作性多麼糟糕，也不至於成為爛 UI，若是在公開網站或商用網站上，難以操作的部分，就會成為爛 UI。當作產品來販售或存在於公共場所的東西，也會視為爛 UI。

UI 簡不簡單、好不好用、難不難懂，感受因人而異。而本書所介紹的爛 UI，皆是超過一定比例的人都選錯的 UI，雖然如此，我想應該仍有人認為「這不算是爛 UI 吧？」不過，你可以藉此瞭解，自己眼中的非爛 UI，卻有人覺得是爛 UI，從中明白別人如何看待它，曉得是否有自己認為簡單，別人卻感覺難用的可能性，而這也是爛 UI 最有趣的地方。

我觀察最近對 AppStore[3] 或 Android Market[4] 的評論，有時候可以看到這種情況：應用程式開發者完全沒有疏失，卻出現尖酸刻薄的言論。我由衷希望將來別變成只因個人不喜歡，就醜化對方，大罵「爛 UI」的世界。

大部分本書介紹過的爛 UI 都公佈在「有趣的爛 UI 世界」（http://badui.org/）網站上。這是我長期經營的網站，發佈許多我喜歡的爛 UI。其中有「爛 UI 告密網站」專區，歡迎大家匿名提供爛 UI 案例，衷心期待各位的爆料。

3 由 Apple 公司提供，下載支援 iOS 的應用程式服務。

4 由 Google 公司提供，下載支援 Android 的應用程式服務。

**圖 0-17　這是荷蘭基浦機場標示登機門位置的看板。**
在顯示各登機門的文字中，加上了移動到該處所需要的時間

**圖 0-18　為了避免幼稚園的兒童因開門跑出去而受傷，所以把門鎖設置在較高的位置。**
此外，在兒童雙手搆得到的高度內，沒有任何縫隙，因此不用擔心手會夾傷

## 本書綱要

本書的架構是不論從哪一章開始閱讀都沒關係的。你可以隨意翻看，找到吸引你的照片再開始閱讀。

以下先簡單介紹各章說明的主題。

第 1 章
### 線索

從大門門把及水龍頭把手等案例開始，介紹使用者容易弄錯或感到困擾的 UI，並且解說對於使用者而言，「線索」的重要性。

第 2 章
### 回饋

提出自動售票機、電腦的系統、浴室儲水系統等案例，利用大量爛 UI 案例來說明若提供了使用者難以瞭解的回饋，使用者會有什麼困擾。

第 3 章
### 配對關係

室內的開關與電燈的配對關係、把手的方向與操作對象的關係、廁所指標與大門之間，有何配對關係等，從這些案例中，介紹容易造成困擾、混淆的 UI，解說配對關係（Mapping）的重要性。

第 4 章
### 群組化

提出難以理解的告示板指標，以及容易弄錯的時刻表等案例，介紹若不曉得哪裡算是同一群組，會給使用者帶來何種困擾，說明群組化的重要性。

第 5 章
### 習慣

介紹廁所的指標及顯示使用狀態的燈光顏色，因為與使用者習慣有落差，而造成難以使用或弄錯的案例，解說與使用者習慣背道而馳的 UI，會令人混淆的情況。

第 6 章
### 一貫性

介紹在生活環境中，同樣意義卻使用不同顏色，或沒有統一表格中各項目的輸入格式，結果造成使用者困擾的案例，說明一貫性的重要性。

第 7 章
### 限制

介紹自動售票機的操作順序及 USB 插入方向等有多種操作可能性，因而造成使用者混淆的案例，藉此說明顯示限制的重要性。

第 8 章
### 維護

UI 製作完成或設置之後，不能完全置之不理，必須定期維護。這章要介紹因為經年累月而劣化，或因為文化變遷而變成爛 UI 的案例。

第 9 章
### 對使用者不友善的爛 UI

穿插說明到第 8 章為止，這章收錄了前面沒能介紹的「考驗記憶力的爛 UI」及「令人感到挫折的爛 UI」以及「詐騙 UI」等案例。

接下來，如果能讓你對陸續登場的爛 UI 感到期待，並且激起你對 UI 的興趣，進而開始學習，將令我深感榮幸。

Chapter 1

# 線索

你是否有過這樣的經驗：想推開大門卻推不開，還差點撞到，或被出乎意料的手感嚇一跳？或是當你想打開水龍頭，卻不曉得把手的操作方法，苦惱著怎樣才能讓水流出來？不知道家電的電源按鈕在哪裡，因而不知所措？

這世上充滿各式各樣的物品，它們都擁有屬於自己的 UI – 使用者介面。不僅如此，相同種類的物品，它們的 UI 也會有微妙的差異。舉例來說，大門包括推開式、拉開式、橫向滑動式；水龍頭包括轉動式、往前按壓式等，操作方法都不一樣。即使如此，絕大多數的人都不需要特別傷腦筋，就可以開門或打開水龍頭。

人們面對初次遇到的大門、把手、電腦軟體等，可以輕鬆學會使用的理由，應該是因為那裡有著與行為有關的「線索」。這些「線索」之中，包括「可以扭轉」、「可以按壓」、「可以拉開」、「可以滑動」等等平常熟悉的動作。

本章將以大門的門把、水龍頭的把手、電腦軟體等各種產品的「線索」為主題，介紹爛 UI 案例。思考這些爛 UI 出了什麼問題，將是訓練你找出 UI 問題點的最佳方法。因此，請你在閱讀解說之前，先觀察照片，想一想究竟哪裡出了問題。

接下來，敬請期待與線索有關的爛 UI 案例。

# 引發錯誤行為的線索

## 大門的線索：拉開？還是推開？

圖 1-1　這是一扇沉重的木門，該往哪個方向才能把門打開？

這扇門在前言曾經出現過，假設你造訪一家商店時，看見了一扇沉重的木製雙開大門，如上圖所示。如果是你，會如何開啟這扇門呢？

照片裡的這扇門是我前往參觀東京一家時尚商店時碰到的。由於平常很少看到如此厚重的大門，所以對於店內採用哪種裝潢？可以吃到什麼料理？享受何種等級的服務，感到滿心期待。

可是，接下來當我要開門時，問題就來了。沒想到門竟然打不開，如照片所示，這扇門的中央有縫隙，因此可以得知這是一扇雙開大門。另外，夾住縫隙的兩側門板（木板）上有著似乎可以握住（讓人想握住）的銅環。看來銅環的上半部分是固定的，其餘部分似乎可以往後提起。在提起銅環的狀態下，很難推開大門，所以我推測這扇門是往後拉開的，應該很正常吧！

基於這些理由，我用手抓住銅環，如下圖（左）用力往後拉，可是這扇門卻紋風不動。真不愧是如此厚重的大門，可能要花更大的力氣往後拉，才拉得動吧？可是即使我用盡吃奶的力氣，大門依舊不動如山。此時我靈光一閃，該不會是兩邊一定要同時拉開，才打得開吧？於是我又用雙手分別拉住兩邊的銅環往後拉，結果完全打不開。所以我又想，或許這是往兩邊滑動的大門，而再度嘗試，但是大門仍然一動也不動。

不過，已經見識過各種爛 UI 的我，當然不會就此退縮。「莫非這是『看起來像拉，其實是推』的陷阱吧？」我心裡這麼想，而推了這扇大門，終於成功把門打開了（下圖右）。

圖 1-2　從店外看到的大門。左：往後拉沒有任何反應／右：往前推就打開了！

圖 1-3　從店內看到的大門。左：沒有門把，看起來似乎可以推開，但是推了之後沒有反應／右：這是拉開式的大門。這扇門非常重，卻沒有可以輕鬆抓住的部分，所以要打開非常吃力

上圖是從店內拍攝這扇門的照片。從內部看來也很厚重，沒有可以滑動的部分，也沒有往後拉的把手，加上角柱看起來似乎很容易推動，因而讓人想推開門。可是不管花了多大的力氣，卻始終無法推開。這是剛才那扇門的另一側，如上圖（右）所示，要往後才拉得開。除了外觀很難辨識之外，照片當中，手要施力的部分比較大，即使是成年男性也很難抓得住，因此要用單手握住施力，有一定的難度。而且這扇門非常厚重，我觀察到的女性客人都無法憑自己的力量把門打開，而需要別人從旁協助。

我在店內觀察了一陣子，大部分的人都想把門推開，卻差點撞上去（或許是喝了酒的關係，真的有些人撞到了）。這真是十分有意思的爛 UI。請想想這扇門為什麼會變成爛 UI？我們不能只是看過，覺得有趣就算了，要思考問題出在哪裡？為什麼會被製造出來？正因為可以學到各種知識，所以爛 UI 是學習 UI 的好老師。

首先來探討這扇門為何是爛 UI。因為想打開這扇門的人（使用者），腦中想像「如何打開這扇門？」的模式與「實際要怎麼開啟這扇門？」的行為之間有落差。我分析搞錯大門開法的人如何思考，採取何種行為後，歸納成以下階段。

1. 辨識對象：眼前這扇門是木頭做的，應該不是自動門，所以要用手動的方式開啟。由於是雙開大門，開門的方法可能是往後拉、往前推、往旁邊拉開其中之一。
2. 判斷施力的位置：兩扇大門的中央密合在一起，兩邊分別有類似把手的東西。由於把手是環狀，而且上面固定住，所以應該是用手握住把手來開門。
3. 判斷施力的方向：銅環上半部是固定的，應該可以握住之後再拉開。從這點判斷，拉開大門應該是比較合理的作法。
4. 判斷施力強弱：這是一扇堅固龐大的木門，而且似乎很沉重，應該需要使出一定的力氣才能打開。
5. 辨別問題與修正判斷：咦？拉不動？可能不是拉開式的門吧？莫非是推開式的？

如上所述，這扇門是「推開式大門」，所以操作失敗。由於門上有著可以往後拉的銅環，所以大部分的人把它當作行為的線索，而預期這是「後拉式」大門，沒想到實際上卻是如左頁下圖所示的「前推式」大門，令人出乎意料。

然而，同樣一扇門，站在裡面看的時候（如上圖），門上的角柱並沒有可以握住的部分，而且角柱太大，難以握住；從這些線索來判斷，使得大多數的人會認為這是「前推式」的大門。可是實際上卻是如上圖（右）的「後拉式」大門。

這個世界到處都存在著這種「使用者腦中所想的動作與實際行為不一致」的 UI，而這種 UI 往往容易成為爛 UI。

## 同樣的線索：如果要開門，該推還是拉？

圖 1-4　左：從會議室外拍攝的大門／右：從會議室內拍攝的大門，要往哪邊推才能開門呢？

接下來，同樣要介紹與門有關的爛 UI。上圖是一所大學的會議室大門，從會議室外面拍到的樣子如上圖（左）所示，從會議室內拍到的樣子如上圖（右）所示。這扇門應該只能從中間或外面任何一邊推開，可是究竟該往哪邊推？同時也請你思考一下，理由是什麼？

答案如下圖（左）所示，「從會議室外往內推開」。換句話說，若站在上圖（左）的方向，必須往前推；如果站在上圖（右）的方向，則要往後拉。上一頁介紹的大門，外面和裡面看到的線索不一樣（線索往錯誤方向作用），而這扇門卻在兩邊都有「握住外拉／握住內推」等兩種可能性的把手，與行為有關的線索完全一模一樣。另外，由於沒有「PUSH（推）」及「PULL（拉）」等指示，所以無法判斷究竟要推或拉，而不自覺想用錯誤的方法來開門。我詢問了經常使用這間會議室的學生，得知他們即使用過一年以上，依舊無法習慣，現在還是常常弄錯。

比方說，假如這扇門在推門那一側，沒有加上把手，只有可以推開的平面（下圖中央）等，應該就不會被誤認為拉開式大門，而能減少推門側的錯誤行為。我想從這個案例中，你應該可以瞭解，開關門（與行為可能性有關）的線索有多麼重要。

圖 1-5　左：朝室內開門／中央：開門方法很明確的大門。由於沒有把手，所以只能用「推」來操作／右：究竟該拉還是推，實在很困擾，可是從把手內側有磨損痕跡這一點可以得知，拉開的可能性比較高

## 浴室的水龍頭：怎麼做才會出熱水？

圖 1-6　這是設置在飯店浴室內的水龍頭，如何操作才會出熱水？

這是我住在匈牙利一家飯店時發生的事情。浴室內的水龍頭如上圖所示，請問怎樣做才能讓水龍頭出熱水？還有請同時想一想，你做出這種判斷的理由。

當時我還沒有打算要寫這一類型的書籍，所以拍攝的影像畫質很粗糙，請大家見諒。這張照片上半部分有兩個貼有紅色與藍色圓形的弧狀三角形把手。扭轉紅色把手，好像會出熱水。其實當我在課堂上介紹這個案例時，所有人都回答說要操作這個類似把手的東西，連我也試過扭轉這個紅色把手，可是完全轉不動。

接著我又試著按下或拉起紅色把手，結果依舊紋風不動。若將水龍頭中央的握把往上撥，水就會流出來，但不是熱水。我想可能是水龍頭故障了，這種問題在國外的飯店很常見，因此我便打電話給飯店櫃台，以英文告知「打開水龍頭沒有熱水。」結果對方回覆「請問，您將握把往上撥之後，有沒有轉到左邊？」我心想「欸，是這樣嗎？」按照指示做之後，熱水就流出來了。

後來當我經過飯店櫃台時，順便請教了櫃台人員「請問在浴室裡的紅色與藍色把手究竟是什麼？」結果對方回答「啊～那是表示『握把往左轉是熱水，往右轉是冷水』的指標啦！」我心想這豈不多此一舉。

當然，有了紅色與藍色標誌，可以瞭解紅色代表熱水，藍色代表冷水，可是只要在握把上增加標示就好了啊！人們看見這種三角形的 UI 時，會回想起過去曾經看過的許多把手，而浮現「握住再順時針或逆時針旋轉」的行為可能性。

這個問題就出在，突出牆壁的把手看起來非常容易握住，而且這個能輕易握住的部位還有凹凸形狀，感覺很適合用力扭轉。因此，一旦這裡加上紅色標誌，就會預期只要扭轉這個有紅色標誌、類似把手的東西，熱水就會流出來。這是一個原本只想用來提示握把移動方向，卻因為使用了讓人感覺有行為可能性的形狀當作標誌，而造成使用者錯誤操作的有趣爛 UI。

## 洗手台的水龍頭：如何操作，才能讓水流出來？

**圖 1-7　搞不懂出水方法而令人傷透腦筋的廁所洗手台水龍頭**
大部分的人會採取扭轉或按壓的方式，結果水沒有出來，只好放棄。請問，該怎麼操作才對呢？

有一次，我為了參加一場國際會議而前往紐西蘭，在廁所的洗手台看見上圖這種水龍頭。這個水龍頭很難操作，怎麼做都無法讓水流出，令我十分煩惱。請你試著預測，該如何讓水從這個水龍頭流出水來。

我想你應該會想到各種可能性，可是到目前為止，每當我在課堂上介紹這個案例時，學生們提出的預測結果以「順時針或逆時針扭轉」最多，其次是「按壓」。另外還有「將把手往上拉」、「按壓藍色圓形」、「將棒子插入正中央的孔洞」等五花八門的答案。只不過每個方法都與實際的用法不同。

當時我也不斷嘗試各種方法，苦思良久，奮鬥了 2～3 分鐘，終於以「將把手往藍色方向推」這個我壓根沒有想過的方法，讓水流出來。換句話說，這是像操縱桿一樣，利用平推方向讓冷水或熱水流出的 UI。到目前為止，有近 300 名聽講生看過這張照片，正確說出操作方法的僅有 3 人（而且這是在多次失敗之後，終於猜對的人數），因此這可說是操作難度極高的 UI。大家認為，倘若這個把手稍微長一點或細一點，應該有較多的人會注意到，卻因為不長也不細的形狀，而變得令人難以理解。附帶一提，這個把手的中央有個六角形的孔洞，該不會這裡原本附有比較容易平推的零件（仔細觀察，六角形孔洞的周圍還留下因為操作而磨損的痕跡）。假如有人能告訴我這個水龍頭的祕密，我會非常感激。

之後，我曾多次觀察廁所中使用者的反應，可是大部分的男性可能認為這個水龍頭故障了，沒洗手就走出廁所，讓人有種說不上來的感覺。雖然有這個充滿各種暗示的有趣爛 UI，但是當時我根本不想碰廁所大門的把手。

我認為，這次的水龍頭案例也同樣在告訴我們，站在使用者的立場，最好別準備與行為可能性有關的奇怪線索。附帶一提，和先前多次出現的大門一樣，廁所內也充斥著許多爛 UI，請你上廁所時，也試著尋找有沒有爛 UI。

## 車票的插票口：請勿插入 manaca 卡！！

圖 1-8　左：「請勿插入 manaca 卡!!」／右：我太太誤插入 PASMO 卡而無法取出的狀態，在等待車站人員來解救之前，我拍下這張照片

上圖（左）是在名古屋某車站遇到的電車自動檢票機 UI。自動檢票機上貼著「請勿插入 manaca 卡!!」這令人苦惱的訊息。

manaca 與 Suica、ICOCA、PASMO、PiTaPa 等都是日本常見的感應式 IC 晶片卡，這種感應式 IC 晶片卡只要靠近自動檢票機的刷卡位置，就會自動支付車資，對使用者來說非常方便，而且鐵路公司也能快速消化數量龐大的乘客，是非常便利的設備。這張照片有部分被切掉，但是在照片的上半部分明確寫著「請感應」，這裡就是感應 manaca 卡的位置。

接下來，請見貼著「請勿插入 manaca 卡!!」這則訊息，用黃色圈起來的部分，是插入舊式車票或儲值卡的地方。電車的自動檢票機日新月異，過去使用的車票、月票、儲值卡等，如今都可以由單一機器處理。但是車票、月票、儲值卡使用的插票口與 IC 晶片卡一樣寬，讓人不由自主地誤把卡片插進去，結果造成卡住的麻煩情況（兩者大小幾乎一模一樣）。事實上，我太太也有兩次把 IC 晶片卡插入自動檢票機，造成卡片卡住的情況（上圖右）。以我太太為例，我想她應該是以前居住在京都時，因為工作關係而經常使用儲值卡，所以養成了這種習慣。

這種 IC 晶片卡不用接觸檢票機，只要靠近即可扣款，所以若不從錢包內取出而直接使用，應該不會誤把卡片插入。可是，我想可能有人因為常發生無法透過錢包正確辨識，或放入多張 IC 晶片卡時，就無法感應的情況，才會從錢包內將卡片取出，而誤把 IC 晶片卡插入。

假如全部改用 IC 晶片卡，就不需要原本的插票口，這種問題自然迎刃而解。另外，若調整插票口的尺寸，變成只能插入車票及儲值卡，也能防止發生這種問題，可是 IC 晶片卡與儲值卡的大小幾乎一模一樣，所以無法採用這種預防機制。雖然曾經考慮過，將檢票機分成 IC 晶片卡專用及其他票種專用，但是考量到成本問題及一次處理的乘客數量，所以執行上有困難。我們可以輕易把這個案例稱作爛 UI，不過這也是用來說明，若要處理各種票卡，UI 一定會變得很複雜的最佳案例。要解決這個問題，實在不容易。即使到現在，一定仍有人會誤將 IC 晶片卡插入驗票機中，所以請你一定要試著思考比較適合的解決方法。假如可以想出便宜就能解決問題的良方，或許還能因此賺到錢呢。

說到這點，關於 IC 晶片卡的感應部分，熟知感應角度等設計的山中俊智提出了一番非常耐人尋味的見解。在《デザインの骨格》這本書中有詳細介紹，有興趣的讀者，建議可以買來閱讀[1]。

1 《デザインの骨格（暫譯：設計的架構）》山中俊智（著）、日經 BP 社出版

## 更改自動售票機的語言：該如何變換語言？

**圖 1-9　左：在德國看到的售票機／右：售票機的螢幕下方大約數十公分的位置，有著類似 UI 的東西**

左：怎麼做才能讓畫面上顯示的語言變成英文？這不是觸控式螢幕，所以觸碰螢幕也無法切換語言

右：究竟如何操作才能換成其他語言呢？

在日本的自動售票機前面，常看見不曉得如何操作的人，不過可能因為我是日本人的關係，所以我覺得國外難用的售票機比日本還多。這裡要介紹的是我在德國國際機場碰到的自動售票機（上圖）。這台售票機是用來購買從國際機場移動到市中心的車票，因此上面提供了各種語言的說明（德文、英文、法文、義大利文、西班牙文、土耳其文）(畫面上半部分列出了對應各種語言的國旗）。我想換成日文，可是上面沒有日本國旗，所以我找到英國國旗，打算換成英文。接下來，請你預測該如何操作才能切換成英文模式，同時請一併思考你為何如此猜測。

這是一台老舊的自動售票機，用手觸碰螢幕沒有任何反應，因此我立刻明白這不是觸控螢幕。於是，我開始尋找各種蛛絲馬跡，在螢幕下方數十公分處，發現了如上圖（右）所示，似乎可以更換語言的 UI。「原來如此，這些國旗應該是按鈕吧！」我試著按下英國國旗，卻毫無反應。我又嘗試尋找各種可能性，卻怎麼樣也無法順利更換語言。此時，我身後開始有人排隊，因此我打算先暫時觀察一下，排到別台自動售票機隊伍的後方，觀察別人如何操作。

可是，觀察了好一會兒，其他人不是遇到一樣的問題，就是維持德文不變，直接購買車票，所以我無法得知有關操作方法的資訊。此時，又輪到我買票，所以我再次挑戰，可是唯一可以確認的是，排列在螢幕下方的國旗並非按鈕，我因為無法忍耐後方人潮帶來的壓力（可能只是我自己這麼想），就先放棄不買。

之後我鎖定人潮減少的時機，認真挑戰第 3 次，在嘗試各種錯誤的方法後，終於發現國旗旁邊的黑色旗子圖示是切換按鈕（下圖）。有別於鼓起而看起來像按鈕的各國國旗，這個旗子圖示乍看之下根本不像按鈕，可是實際上卻是按壓式按鈕。每按一次這個旗子圖示，螢幕上顯示的語言就會從德文變成英文，從英文變成法文等，由左到右依序切換。

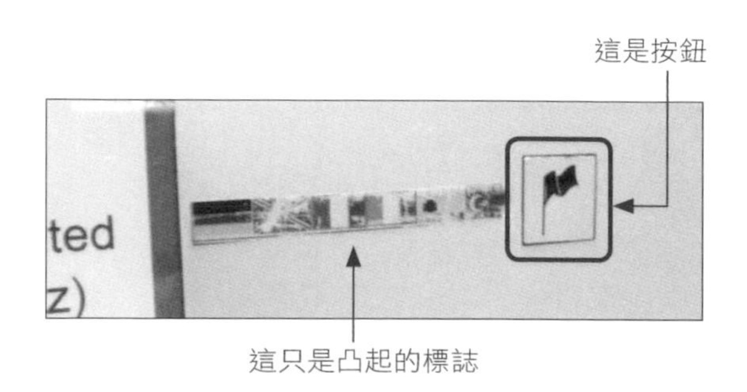


**圖 1-10　按鈕是國旗右側的旗幟標誌**

每按一次右側按鈕，螢幕上顯示的語言就會從德文變成英文、法文，由左到右依序切換。英國國旗磨損地最嚴重，應該是大部分的人都想切換成英文，而誤按的緣故吧！

圖 1-11　左：因為人潮來來往往，逐漸形成了一條雪道／
右：很多人摸過之後變得光亮，結果吸引更多人觸摸

弄懂如何切換語言之後，我終於順利買到車票，可是為什麼包括我在內，有這麼多人只是為了要換個語言而吃盡苦頭呢？這裡最大的問題是，相對於彷彿按鈕般立體浮凸、存在感強烈的各國國旗，旁邊的旗子圖示看起來一點都不像按鈕。而且有很多人誤以為國旗是按鈕而試著按壓，造成國旗的印刷斑駁，結果更容易誤以為這就是操作對象。舉例來說，假如稍微縮小這些國旗，別這麼立體，並且讓最右邊的旗子圖示變得比較像按鈕，稍微立體浮凸，或者乾脆換掉國旗而改用可以改變語言的標誌來代替，或加上適當說明等，就不會造成混淆了。

另外，這個爛 UI 最令人感到興趣的是，不僅沒有提供正確線索，而且還因為人類的行為改變了 UI，而出現（甚至強化）與行為可能性相關的錯誤線索。多數人的行為會觸發其他人的行為，這種情況很常見。舉例來說，上圖是人們在積雪上行走，而走出一條雪道，以及因為大量遊客觸摸，使得表面變得光亮的雕刻作品。這些都是因為人類的行為而製造出來的線索。

下圖（左）是放在餐廳結帳台上的意見調查表回收箱，可是不曉得是誰誤以為這是募款箱，而把零錢放進去，結果其他人也受到影響，紛紛投入零錢，店家不得已只好貼上「意見調查表回收箱」 的說明。拍下這張照片是因為，貼上說明後，已經過一段很長的時間，可是悲慘的是，募款金額一直在增加，卻收集不到意見調查表。下圖（右）是淘金沙的展示池，或許有人覺得丟銅板許願，就可以達成願望，也或許純粹只是好玩，結果池裡看到許多錢幣，而且後來的遊客仍持續丟錢。這是我在泰國看到的展示區，裡面卻有世界各國的硬幣。

如上所示，人類會把別人的痕跡當作線索來採納，因為這個痕跡而造成的錯誤線索也會影響後續人們的行動。原本應該在留下這些痕跡之前，先避免錯誤發生，不過萬一留下錯誤痕跡，其他人也開始持續這麼做的話，就得立刻處理，阻止繼續誤導下去，這點非常重要。

**圖 1-12　左：意見調查表回收箱／右：投入硬幣可以實現願望？**
左：因為大多數人的行動，使得意見調查表回收箱變成募款箱／右：在淘金展示區域中，丟入各種硬幣，變成讓人以為「可以實現願望？」的許願池。

## 可悲的烘手機：因為別人的行為而變成垃圾桶

圖 1-13　國際機場貴賓室廁所內的烘手機

上圖是國際機場貴賓室內的烘手機，也就是上完廁所，洗好手之後，不用手帕，讓雙手衛生風乾的便利機器。請仔細看一下這張照片，你有沒有發現究竟出了什麼問題？

沒錯，擦手紙被丟到烘手機裡了。而且還不只一張，有很多張。這裡是國際機場貴賓室內的廁所，應該不會有人做出如此惡劣的惡作劇行為。那麼，擦手紙用的垃圾桶究竟在哪裡？其實是在取用擦手紙的下方。換句話說，取出擦手紙，擦完手之後，直接往下丟即可。但是，為何會像這樣，誤把擦手紙丟進烘手機內呢？

這恐怕是和我一樣，有點缺乏注意力的人，在洗手台洗完手後，以擦手紙擦拭雙手，卻完全沒注意到下方有個垃圾桶，而誤把烘手機當作垃圾桶，將擦手紙丟進去的緣故吧！

假如視線範圍內一眼就能看到垃圾桶，應該會把擦手紙丟進去，可是這個案例中，卻有很多人絲毫沒有注意到垃圾桶的存在。不僅如此，因為有人把垃圾丟到烘手機內，使得後面的人容易誤會烘手機就是垃圾桶，結果出現丟進多張擦手紙的情況，這也是受到他人行為的影響，而增加爛 UI 的最佳案例。

後來我又使用了同一家航空公司的其他貴賓室，發現擦手紙附近放了一個新的垃圾桶，並且在原本的垃圾桶貼上「請將垃圾丟進此處」的指示（下圖左）。可能是因為一直出現誤把擦手紙丟進烘手機內的人，不得已只好在明顯的位置放上垃圾桶吧！下圖（右）也是類似的案例，上面張貼了「請勿將異物丟入烘手機內」的提醒，這可說是讓我們獲益良多的案例。

圖 1-14　左：請將垃圾丟入前方的垃圾桶／右：請勿將異物丟入烘手機內（提供：小渕豐）

## 機場的指示板：3 號與 18 號，哪邊比較近？

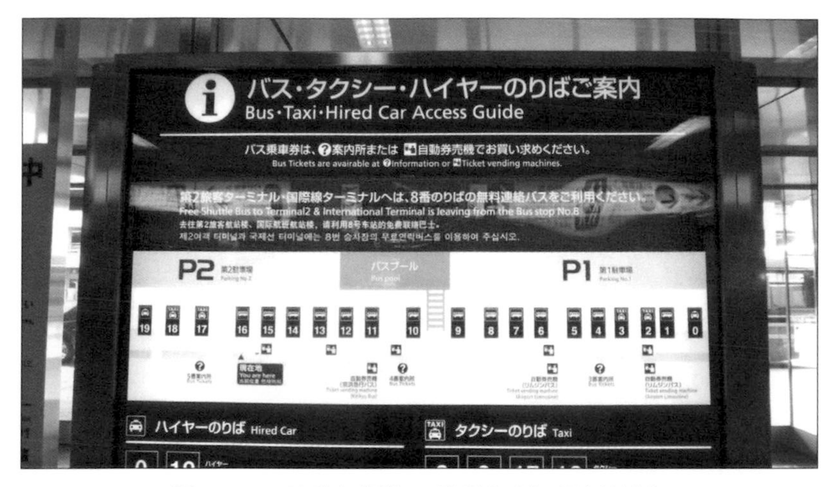


圖 1-15　3 號乘車處與 18 號乘車處何者比較近？

女兒出生後，在滿 1 歲之前都不方便搭乘通勤電車，因此每次要搭飛機時，我都選擇乘坐定額制計程車往返於機場之間。以下我想介紹的是在我搭計程車時遇見的，一個與線索有關，非常有意思的爛 UI。

假設你搭乘飛機抵達某個機場，打電話給前來接機的計程車司機，對方問你「請問要在 3 號乘車處還是 18 號乘車處等您比較好呢？」看了上圖中的指示板，你應該告訴計程車司機，自己離 3 號乘車處還是 18 號乘車處比較近呢？還有理由是什麼？

針對這個問題，有半數以上的人都回答 3 號乘車處比較近。事實上，此時的我也認為 3 號乘車處離我最近，於是我便告訴計程車司機「請到 3 號乘車處等我。」其實最近的不是 3 號而是 18 號乘車處，結果我和太太、女兒都走了很長一段路。為什麼會犯這種錯誤呢？和我一樣，認為 3 號乘車處比較近的人，請想一想，為什麼 18 號乘車處比較近。另外，判斷 18 號乘車處比較近的人，請思考一下，為何有人會誤判 3 號乘車處比較近。

我和太太誤以為 3 號乘車處比較近的理由是，我們認為現在是在 8 號乘車處，因為在指示板的左下方，有個說明「目前位置」的紅色三角形。事實上，我們卻是在 16 號乘車處附近。看到排列著 0 號到 19 號的乘車資訊，發現其中「8 號乘車處」以紅色強調，結果忽略了寫著「目前位置」的訊息，自然認為自己是在 8 號乘車處。附帶一提，我還不只一次弄錯，後來在同一個位置，我因為其他機會來接機時，又再次重蹈覆轍。

仔細觀察，這個指示板的上半部以紅底白字顯示著「前往第 2 航廈、國際線航廈的旅客，請至 8 號乘車處搭乘免費接駁巴士。」所以 8 號乘車處才會以紅色標示。可是，當我要告訴計程車司機，應該在幾號乘車處等待時，目光就只會被這排數字吸引，而且也很難看出這個指示與紅色顯示的 8 號乘車處有何關係，才會弄錯。就這次的案例來看，如果能在上半部的紅色背景中，加上指到 8 號乘車處的箭頭，應該可以減少弄錯的機率。當你要以醒目的顏色來當作訊息提示或強調時，也得考量到後果。

# 過於薄弱的線索

## 蓮蓬頭與水龍頭的切換開關：該如何操作，熱水才會從蓮蓬頭流出來？

圖 1-16　該怎麼做才能切換蓮蓬頭與水龍頭？（提供：鈴木優）

上圖是美國一家飯店的浴室。最左邊的照片拍到了浴缸、水龍頭、把手、蓮蓬頭。正中間是水龍頭的照片，右邊是特寫把手的照片。現在熱水是從水龍頭流出來，若要切換成從蓮蓬頭流出來，該怎麼做才好？另外，這樣判斷的理由是？

絕大多數的人都會先注意到把手吧！這個把手存在著各種操作可能性。「順時針旋轉」、「逆時針旋轉」、「往下壓」、「往上拉」、「如操縱桿般平推」等等，操作方法有許多種。但是，利用上述的方法，全都無法讓熱水從蓮蓬頭流出（附帶一提，這個把手往左轉流出的應該是熱水，往右是冷水）。

答案是，將下圖的箭頭部分（略微突出處）往下拉。突出於水龍頭下方的水閥可以往下拉或往上壓，利用這種操作方式來切換出水口是水龍頭或蓮蓬頭。要使用蓮蓬頭，卻必須操作水龍頭，這實在是難度非常高的 UI。我自己當時的預測是：如果不是用把手來控制，就應該是操控上圖（中央）下面拍到的握把，結果它卻是浴缸塞子的開關。真是令人煩惱的浴室。

另外，上圖（中央）的把手只要順時針或逆時針旋轉，就可以輕易操作，但是現在卻變得搖搖欲墜，這應該是多數人以操縱桿的方式搖晃，結果使得接合處鬆脫的緣故吧！

圖 1-17　若要切換水龍頭或蓮蓬頭，必須將箭頭指出的部分往下拉。我想大概只有習慣旅行，或見過爛 UI 的人才會注意到（提供：鈴木優）

圖 1-18　該如何操作，才能切換蓮蓬頭與水龍頭？

為了切換蓮蓬頭與水龍頭而傷透腦筋的情況的確經常發生。上圖是我在美國看到的浴室。請問這間浴室若要將冷熱水出水口切換為蓮蓬頭或水龍頭時，要操作哪個部分呢？

我覺得這個案例比剛才的情況好一點，但是關於蓮蓬頭與水龍頭切換操作的線索太少，讓人不自覺會往各種方向來轉動把手（這個把手和先前的案例一樣，可能因為眾多人的錯誤操作，造成連接處鬆脫，顯得搖搖欲墜）。

操作方法如下圖所示，將附在水龍頭上方的拉桿往上拉，冷水（熱水）會從蓮蓬頭流出，往下按壓，則是從水龍頭流出。一般而言，水龍頭上面的拉桿大部分都是用來切換開啟或關閉排水口，讓我傷了一下腦筋。不過，由於這間浴室內沒有其他線索，所以我試著操作水龍頭上面的拉桿，才發現切換蓮蓬頭與水龍頭的方法。

這裡介紹了兩個案例，你應該可以瞭解，在線索薄弱（或看起來沒有）的情況下，使用者會多麼煩惱。除了這裡介紹過的案例，在浴室內切換蓮蓬頭與水龍頭的煩惱經常發生。請你試著找找看，旅行投宿的飯店內是否有難用的東西。歡迎投稿到我的「爛 UI 告密網站」：http://up.badui.org。

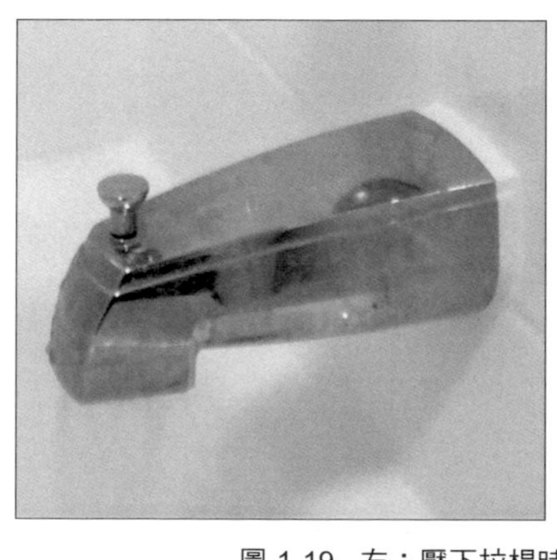

圖 1-19　左：壓下拉桿時，熱水會從水龍頭流出／右：拉起拉桿時，熱水會從蓮蓬頭流出

## 電腦的電源按鈕：如何開機？

圖 1-20　如何打開電腦？開機的電源按鈕在哪裡？

有次我到一家網咖使用電腦，卻因為一時之間不曉得如何開機，而傷透腦筋。

上圖就是我在那間網咖使用的電腦。你知道開機的方法嗎？我試過各種方法，包括移動滑鼠、尋找鍵盤上是否有電源鍵、敲鍵盤、檢視側面及背面等，都無法開機。

經過十幾分鐘的嘗試後，我終於注意到，要按下主機右邊的橫長形銀色部分（下圖），這次終於把電腦打開了。其實這裡就是電源按鈕。另外，左右對稱的左側也有相同的零件，可是按下它，是切換前面 LED 燈的顏色。通常只要有過一次經驗，下次就能毫不遲疑地開機，所以這台電腦若是在家裡使用，自然沒有問題。可是，如果要擺放在會有各種人輪流、交替使用的網咖裡，這種設計就不妥當。

當時我在嘗試許多錯誤之後，終於開啟了電腦，不過我查到在網路上的問與答網站「Yahoo! 知識＋」中，也有人對同型電腦提出「不曉得開機方法」的疑問[2]。我想他應該是想破頭，不得已才會上知識＋提問吧！就這層意義來看，這可說是非常有意思的爛 UI。

2 節錄提問：「前蓋上的燈號『GTUNE』是製造商？不曉得電源開關在哪裡（´•ω•`）整個都是黑的…」http://detail.chiebukuro.yahoo.co.jp/qa/question_detail/q1191609456

電源開關

圖 1-21　左：右邊的銀色物件是電源開關／右：其實這裡有很淺、代表電源的符號

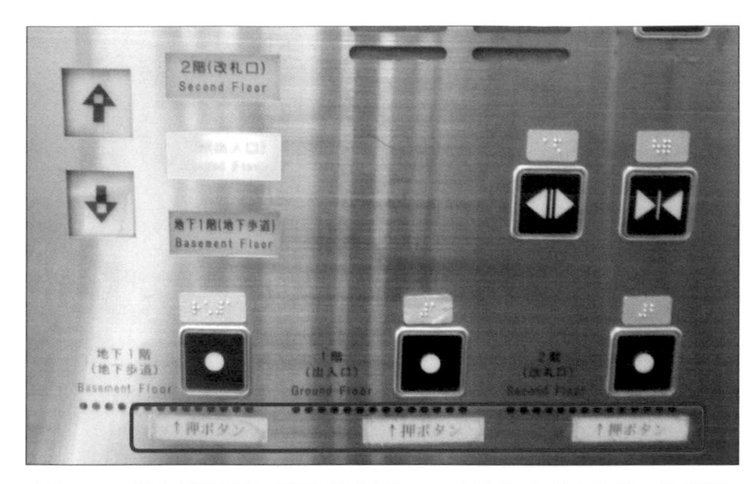


圖 1-22　讓人搞不清楚哪個是按鈕的 UI。刻意加上「↑按鈕」的說明

接著繼續說明不曉得哪個才是按鈕的案例。上圖是電車車站的電梯操作面板。你知道要去樓上的檢票口，應該按哪裡嗎？

答案是下面 3 個排在一起，右邊的黑底白色圓形按鈕。幸好這 3 個按鈕的下方貼著「↑按鈕」的黃色標籤，由此得知這些是按鈕，可是單獨將 3 個圓形按鈕排在一起，很難瞭解這是可以到達指定樓層的按鈕，因而不自覺按下左上方的向上箭頭。恐怕是因為絕大多數的人都不曉得該按哪個按鈕，才會特地加上這個標籤吧！如果可以再標示出這是什麼按鈕，應該會更清楚。

下圖也是電梯的操作介面。若要前往一樓，到底該怎麼做？

由於這張圖裡有多個箭頭，很難辨識哪個是按鈕。之所以加上箭頭，更改說明，恐怕是因為一直有人不曉得該按哪裡。附帶一提，答案是要按下照片中央及最下方的黑色按鈕。

如上所述，為使用者準備線索時，必須想辦法強調這些線索。在這次的案例中，請你也想一想，該怎麼做才能給予明確的線索？

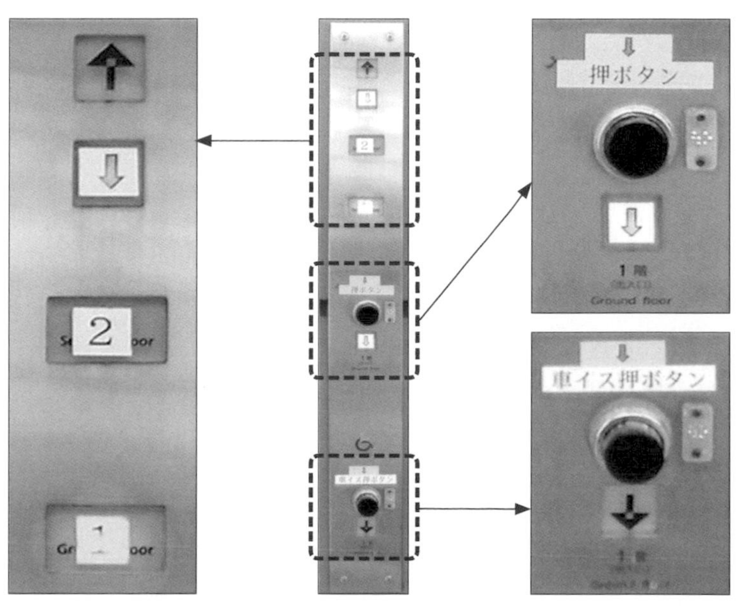


圖 1-23 哪一個才是去一樓的按鈕？

## 開啟／關閉無線網路：如何打開？

圖 1-24　怎麼做才能開啟無線網路？

請參考上圖，無線網路的燈號是橘色的，所以可以確認現在網路是關閉狀態，可是周圍沒有其他按鈕，實在不曉得如何開啟（提供：MK）

上圖是我的一位學生購買的筆記型電腦。請你動腦想一想，如果要開啟或關閉這台電腦的無線網路功能，應該怎麼做？

這位學生在連接無線網路之前，似乎已經先找過筆電的本體上，有無切換無線網路開關的硬體開關，可是到處都找不到。由於找不到硬體開關，所以他猜測可能是以軟體來控制，因而在電腦上，試著尋找設定網路的軟體。不過依舊找不到，只得暫時放棄使用無線網路。

可是，有一天他突然注意到，竟然可以使用無線網路了。一時之間，他還搞不清楚原因是什麼。不過每次在觸摸照片中央的無線網路標誌時，燈號會從橘色變成綠色，或由綠色變成橘色。因此，他終於發現，原來是用這種方法來切換無線網路的開關。換句話說，原以為是顯示目前狀態的燈號，其實是開關。我想這應該是連我也沒有立即發現的原因。

如果要表示這是開關，可以讓周圍稍微突起或凹陷等等，這個案例卻沒有用心設計，造成使用者無法注意到提示，而形成爛 UI。

隨著技術日新月異，有越來越多的商品捨棄物理性的上下（按壓式）按鈕，改用讓使用者一碰就可以操作的觸控式按鈕。這樣做的優點是，商品外觀變得簡潔洗練，極具科技感，而且清潔起來也比較輕鬆。對於製造商而言，或許也能降低製造成本。然而，觸控式 UI 提供的線索比較薄弱，如果沒有特別用心設計，操作方法就會變得難以瞭解。換句話說，為了避免淪落成爛 UI，必須提供使用者清楚說明如何操作的提示。

就連我最近購買的螢幕，也因為操作面板的按鈕是觸控式的，而成為難以理解操作方法的 UI（下圖左）。看到這張照片，我想你應該馬上就注意到右邊是切換開啟／關閉的電源按鈕。但是除了這個按鈕，旁邊還有以方塊框起的數字 1 與數字 2，以及向上或向下的三角形標誌，這些也都是觸控式按鈕。乍看之下，似乎與面板融合成一體，而且這些觸控按鈕的反應也不靈敏，所以一時之間我沒有注意到這些是按鈕。

講個題外話，這個凹陷的電源按鈕其實也是觸控式。這個按鈕是以徒手觸控為前提，所以無法利用觸控筆等人工物體來操作。我曾在冬天戴著手套操作按鈕，卻沒有反應，當時還以為螢幕壞掉了，著實煩惱了好一會兒。由此可知，就算用凹陷方式來突顯按鈕，卻可能因為按下去沒有反應，而無法發現這是按鈕。

下圖（右）是麵包店裡的咖啡機以及貼在上面的說明。照片右下方有白色小字「咖啡」，左邊有個圓形圖案。雖然顯示為「咖啡」的文字讓人下意識想按下去，不過這並不是按鈕，真正的按鈕其實是左邊的白色圓形。按壓這顆按鈕（觸碰），咖啡就會流出來。由於看起來不像按鈕，如果旁邊沒有說明，大部分的人都不會注意到吧！另外，按壓之後，咖啡不會馬上流出來，所以我想應該有人按了按鈕之後，覺得有些不安，而反覆按壓按鈕。所以這裡才會加上說明：「請按一次這顆按鈕。」並使用箭頭標示。

從以上的案例來看，你應該可以瞭解，**如果要讓使用者按壓按鈕，就需要有讓人想按下去的相關線索**。我想今後使用觸控式按鈕的 UI 一定會愈來愈多，但是如同前面說明過，這種操作方式的線索通常比較薄弱，所以設計時，應該要多花一點心思。至於按下了沒，讓使用者感到不安的問題，只要當場給予操作反應（回饋）提示就能解決，因此我希望 UI 至少要做到這一點（關於回饋，將在第 2 章為大家介紹）。

附帶一提，我女兒在 9 個月大的時候，對於含有立體按鈕的物體非常感興趣，經常搞破壞，但是卻對觸控式的產品興趣缺缺，我想這應該是因為她無法按照心裡的想法來操作按鈕吧！基於這層意義，希望防止小孩惡作劇的 UI，或許可以採取觸控式的方法來因應。但是，恐怕連大人也會覺得很難用…。

**圖 1-25　左：螢幕的操作面板／右：因為難以理解操作方法而加上說明的咖啡機**

左：方塊框起的數字 1、2 及上下顛倒的兩個三角形標誌，還有略微凹陷的圓形都是按鈕。由於無法按壓，會讓人懷疑「真的可以操作嗎？」由於感應不靈敏，因而讓人想反覆操作。
右：白色圓形是沖泡咖啡的按鈕。如果沒有文字說明，可能沒有人會注意到。

## 捲動的可能性：其他資料在哪裡？

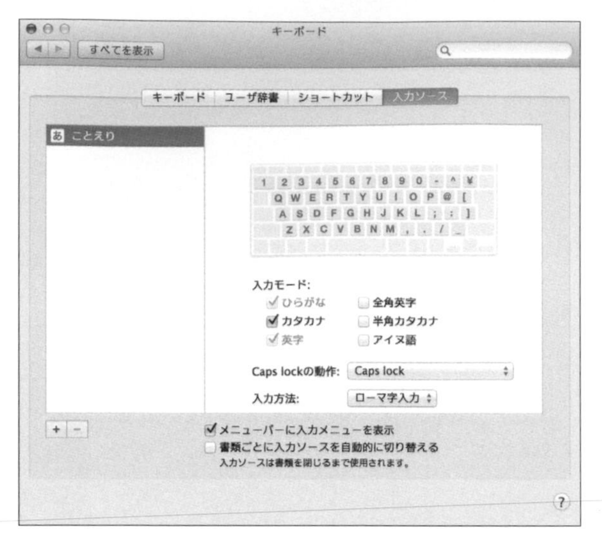


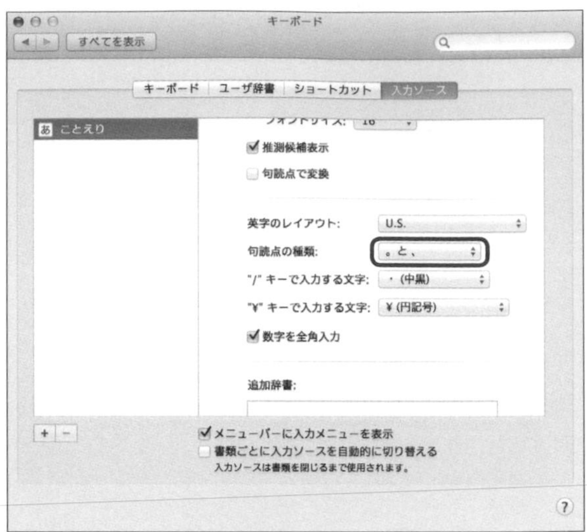


圖 1-26　左：KOTOERI 輸入法的設定畫面／右：沒想到捲動之後還有資料（2014 年 8 月）

電腦上的軟體也常出現沒有線索而造成困擾的情況（題外話，我記得很久以前曾經有過這樣的經驗。在開發 Windows 的應用程式時，因為覺得平面按鈕或平面輸入方塊這種 UI 很酷，所以大量運用在應用程式裡，卻遭到使用者批評「很難找到按鈕在哪裡！」）。

上圖（左）是在 Mac OS X 10.9 上執行，名為「KOTOERI」的日文輸入法設定畫面。此輸入法只要在這個畫面中完成設定，就可以將標點符號的輸入狀態從「、」及「。」改變成「,」與「.」，可是我卻找不到設定項目在哪裡。即使切換上面的標籤也沒找到，其實這個設定項目藏在捲動畫面後的位置（上圖右）。接下來，請再次仔細檢視上圖（左）。這裡有捲動用的線索嗎？你會想到這個視窗可以捲動嗎？（資料提供：福地あゆみ）

假如捲動後仍有資料，應該和下圖一樣，設計出讓人認為下面隱藏著資料的結構。操作電腦時，只要準備捲軸，讓使用者曉得畫面可以捲動，就能將「下面還有資料」這件事傳達給使用者。

圖 1-27 捲軸告訴我們前後都有訊息

無論使用者在畫面的哪裡，都要明白顯示下面還有多少資料，這點非常重要（就這層意義而言，自古以來既存的捲軸形式，可以告訴我們前後有多少資料，就稱得上是好 UI）。前面介紹的「KOTOERI」設定因為缺乏這種與捲動相關的線索，才變成令人傷腦筋的爛 UI。

聽說這次的案例是資料提供者偶然在「Apple 支援社群」QA 網站[3]上找到的。在這個 QA 中，提問者表示問題是出在自己沒有注意到捲軸。可是，我認為其實責任要歸咎在 UI 上，因為在這種情況下，沒有注意到畫面可以捲動，一點也不足為奇。如果沒有捲軸，我希望至少也要比照左頁上圖（左），讓「輸入方法」只顯示上半部，暗示下面還有其他資訊。就這點來看，這是很難注意到畫面可以捲動的 UI。

然而，有時即使有捲軸這個線索，仍可能沒注意到捲動後還會有其他資料。下圖是 Windows 筆記型電腦設定電源計畫的畫面。我希望筆電不會自動休眠，所以如下圖（左）所示，在一般電源狀態，將「讓電腦休眠」設定為「永不」。

可是，經過幾個小時之後我再次確認，電腦依舊進入休眠狀態。於是我重新檢查是否設定錯誤，結果發現設定內容又恢復成原狀。

明明設定過，卻又恢復原狀。這種情況發生多次之後，我終於注意到更改設定後，如果沒有捲動視窗，按下位於下面的「儲存變更」鈕（下圖右），就不會套用設定內容。看見下圖（左）的時候，因為捲軸的長度與視窗幾乎一致（這種出現微妙捲軸的視窗是標準尺寸），就自以為下面沒有有用的資料，才疏忽了。稱這是爛 UI，的確有些嚴苛，而且認為下面沒有資料的責任其實在我，不過這的確是十分有意思的案例。

我再重申一次，準備可以讓人輕易瞭解下面還有多少資訊的提示，以及操作該資訊的線索，真的非常重要。今後若你有機會開發軟體，一定要格外留意這些細節。

3 「Apple Support Community」
https://discussionsjapan.apple.com/message/100811262

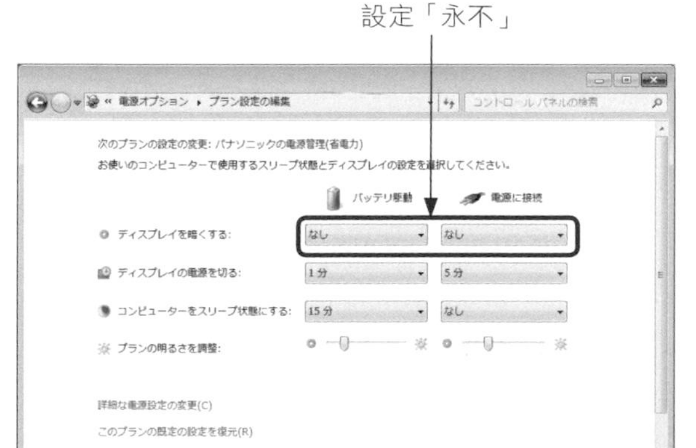


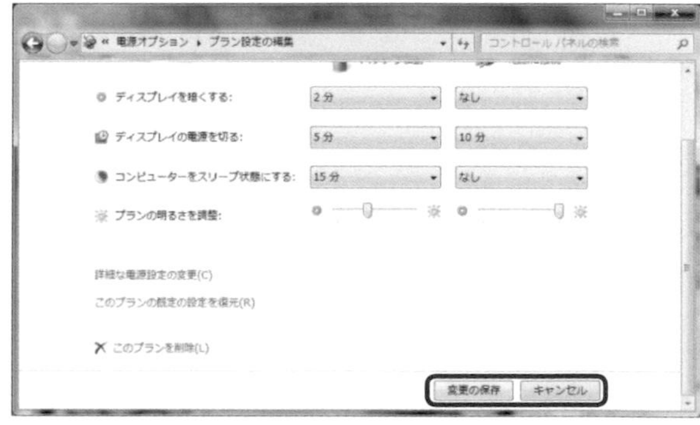


**圖 1-28　左：設定電源計畫／右：捲動後發現下面還有「儲存變更」、「取消」鈕（2009 年 11 月）**

因為這是視窗預設的大小，所以沒想到捲動之後，還有「儲存變更」的按鈕

## 操作平板電腦：怎麼切換成錄影？

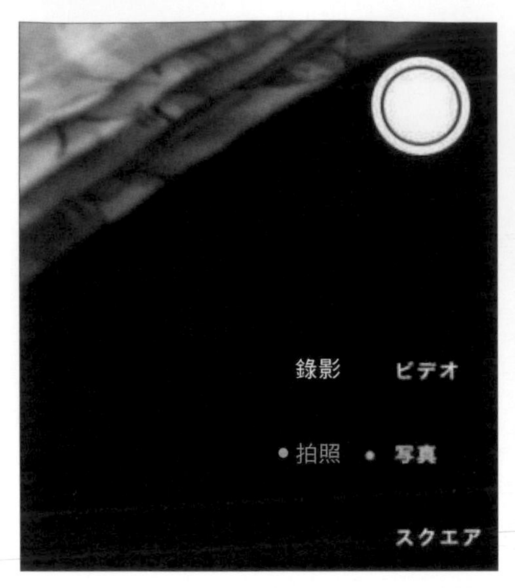


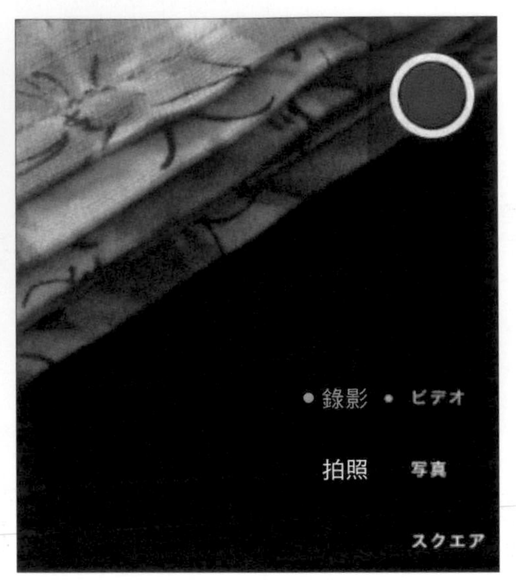


圖 1-29 如何切換拍照及錄影？（2014 年 1 月）

平板電腦這種以觸控筆或手指觸控方式操作的 UI，與電腦上大家十分熟悉的滑鼠操作（按左鍵或按右鍵、單按或雙按）有很大的差異，由於沒有物理性按鈕或游標等明確的 UI，所以經常發生令人費解的情況。以下就要介紹這種平板電腦上的爛 UI。

這是在我將 iPad mini 當作禮物送給爸媽時發生的事，他們開心地收下禮物，可是不久之後，媽媽打算使用相機 APP 來錄影時，卻因為無法從拍照模式切換成錄影模式而大傷腦筋（上圖）。換做是你，知道如何從拍照模式變成錄影模式嗎？請動腦想一想切換方法。

我看了一下，發現媽媽雖然拼命點選畫面上「錄影」這兩個字，卻無法切換成錄影模式。媽媽只好向我討救兵，其實我也不曉得操作方法，所以開始嘗試。我一樣先試著點選「錄影」這兩個字，果然沒有反應。後來又試過長按或雙按（相同位置快速點兩次）等各種操作方法，依舊無效。直到後來，我靈光一閃，該不會要先點選「拍照」，再直接往下滑吧！這一次終於成功地切換成錄影模式。我想習慣使用觸控操作的人或許一點就通，可是畫面上沒有顯示要這樣操作的線索，對於不熟悉 iPad 的人來說，應該很難理解。其實媽媽後來也為了將「錄影」切換回「拍照」而傷腦筋。

我觀察了媽媽的操作行為後，發現不熟悉這種操作介面的人，還有其他理由而難以意識到要採取滑動操作。使用這個 APP 拍照時，要按下上圖右上方的圓形按鈕。當你確實按到這個按鈕，而持續壓住時，會發出「咔嚓咔嚓」的連續音，並且開始連拍。因此，媽媽對於在相機 APP 中的「長按」操作感到害怕，而會盡量避免像「滑動」這種需要持續一段時間接觸畫面的操作行為。而且在 iPad mini（iOS）的首頁畫面（列出圖示的畫面）中，長按圖示時將會刪除或移動 APP，我想這也是令人害怕長按的原因之一。總而言之，這是個令人傷腦筋的 UI。

## 悲慘的咖啡機：應該把杯子放在哪裡？

圖 1-30　上：在美國極為常見的半自動販賣機／下左：旁邊已經堆放了大量的杯子，所以把杯子放在半自動販賣機的正中央／下右：放入杯子的樣子

我之前待在美國的一間大學時，看見了上圖這樣的半自動咖啡販賣機。照片很難看出來，在這裡美式咖啡、濃縮咖啡、咖啡歐蕾、熱巧克力的售價都是美金 25 分錢，其他飲品的價格是 50 分錢，沒有紙鈔插入口，只能使用硬幣。我第一次看見這台半自動販賣機時，錢包中的硬幣只剩下 30 幾分錢。我想喝咖啡歐蕾，所以在這台半自動販賣機投入 25 分錢。

投錢的時候，我瞧見旁邊堆放著一大堆杯子，如上圖（上）所示，心想「原來如此，這應該是把杯子放進去，再購買咖啡的半自動機器吧！」而把杯子放在正中央，如上圖（右）所示，然後按下咖啡歐蕾的按鈕。

結果如下頁圖（左），咖啡歐蕾的牛奶灑在杯子外側，完全沒有注入杯子裡。我不加思索，就把杯子放在正中央，其實杯子應該放在右邊。結果因為我搞錯杯子的位置，好好一杯咖啡全都灑出來了。手邊只剩幾分零錢，不得已只好放棄喝熱咖啡的念頭，沮喪地回到工作崗位。

**圖 1-31　左：咖啡歐蕾毫不留情地灑在杯子外面，真是浪費／右：這天咖啡賣完了**

左：咖啡歐蕾灑在杯外的模樣。雖然覺得很悲慘，但是為了把這次的失敗經驗記錄下來，只得忍痛拍下這張照片。這台機器是先注入咖啡，之後才注入牛奶／右：朋友因為杯子用完，根本沒注意到必須自行放入杯子，就直接按下購買鈕，結果當然更慘…。

為什麼我會把杯子放在正中央？因為在正確放置杯子的場所，並沒有提供一目了然的線索（當我從後面仔細觀察，發現右邊有著微妙的凹陷，卻因為形成陰影，而不容易注意到）。這台半自動咖啡販賣機的按鈕排成一列，看不出注入口有兩個，所以我以為把杯子放在中央就行了，結果嚐到失敗的滋味。

附帶一提，我在那間大學的德國朋友，認為杯子應該會自動掉出來，連杯子都沒有放，就按下咖啡機的按鈕，結果只能眼睜睜看著咖啡不斷溢出來，對於這種悲慘經驗，他感到很無奈。

至少我還發現一定要放入杯子，我思考著為什麼他會這麼想，又再去觀察了這台販賣機，發現原來杯子都不見了，如上圖（右）所示。朋友壓根沒發現杯子這個線索，才誤以為杯子會自動掉出來，而白白浪費了金錢。

從這些案例中，你應該可以瞭解線索有多麼重要，而且適當的線索對使用者有多大的幫助。當你在設計 UI 時，最好特別留意，要在適合的場所提供容易瞭解的線索給使用者。

# 線索與符徵

本章介紹了與線索有關的各種 UI。

到底要拉開還是推開的頭痛大門、不知道如何切換冷熱水的水龍頭把手、浴室內蓮蓬頭與水龍頭的切換關係不明、讓人想插入 IC 晶片卡的插票口、不知道按鈕在哪裡的售票機或電腦主機、誤把垃圾丟進去的烘手機、不易發現還可以捲動的軟體、看不出無線網路切換開關的面板 UI、接不到咖啡的咖啡機…等，從本章介紹的這些案例中，即可瞭解裡面包含了各式各樣的類型。

本章介紹的案例之所以變成爛 UI，是因為這些 UI 全都沒有對應到「推」、「拉」、「扭轉」、「滑動」、「平推」、「插入」、「觸控」、「滑開」、「長按」等實際操作的緣故。

唐・諾曼（Don Norman）把人類的知覺行為可能性（也就是設計上的線索）稱為「知覺的預示性（affordance）」或「符徵（signifier）」[4]（補充說明：一開始諾曼是以「預示性（affordance）」這句話來代表這個概念[5]，不過最早提出「預示性」這個名詞的詹姆斯・吉布森（James Gibson）原本並非此意，所以我如上所示，改用另一個名詞來取代[6]）。

以本章最初介紹過的大門（下圖左）為例，從這扇門及附在門上的物體造型與陰影等線索得知，這兩個銅環以略微突出於大門上的方式嵌在上面，而且上半部分被固定住，避免受別的銅環影響而掉落。讓人聯想到，應該能以上半部的固定位置為中心來轉動銅環。另外，還可以感覺到，握住銅環的下半部分往上提，可以將大門往後拉開的行為可能性。換句話說，這裡存在著「能將大門往後拉開」的符徵。

下圖（右）是當時出生滿 11 個月的我女兒，正在操作窗戶鎖的模樣。女兒壓根不曉得這根棒狀物體有何用途，可是對她來說，這裡存在著「可以握住扳倒」的符徵，而且這個動作也很有趣吧！所以女兒一直玩著這道鎖。

本書舉出的爛 UI 案例，絕大多數都沒有符徵，或存在感比較薄弱，甚至符徵作用錯誤等。沒關係，你不用勉強記住「符徵」這個名詞，但是當你發現了 UI，尤其是爛 UI 的時候，請多留意與行為可能性有關的線索。

4《好設計不簡單：和設計師聯手馴服複雜科技，享受豐富生活》Don Norman（著）卓耀宗譯、遠流出版。

5《設計&日常生活》Don Norman（著）卓耀宗譯、遠流出版。

6《ギブソン心理学の核心（暫譯：Gibson 心理學的核心）》境敦史、曾我重司、小松英海著，勁草書房出版。

**圖 1-32　左：有什麼符徵？／右：當時 11 個月大的女兒開關窗戶鎖的模樣。雖然我無法理解，她卻樂在其中。**

# 重點整理

本章介紹了各種以線索（尤其是與行為可能性相關的線索）為主題的爛 UI。包括線索往錯誤方向作用而難以開關的大門、沒有線索而傷透腦筋的洗臉台水龍頭、線索令人費解的面板 UI 等各種與線索有關、遍及各種層面的爛 UI。

只要準備適當的線索，就能順利使用的 UI，一旦沒有了線索，便會造成使用者極大的困擾。而且，錯誤的線索會讓使用者更加混亂，甚至人們誤用的行為也會繼續製造出錯誤的線索，結果導致 UI 出現變化。

當你在製作 UI 時，要格外留意線索的重要性，盡可能準備簡單明瞭的線索，注意避免放上錯誤的線索。假如發現有人留下錯誤行為的痕跡，使得其他使用者受到誤導時，必須立即做出因應對策，這點非常重要。

另外，本章介紹的「線索」這個概念與本書選擇的其他主題息息相關。下一章開始，將依序說明符合各章主題的案例。但是，我認為當你在檢視這些案例時，最好一邊思考該 UI 提供的線索有沒有問題，再一邊閱讀下去。

## 演練、實習

- 請試著收集大門把手的案例，接著按照推開式大門、拉開式大門、橫向滑開式大門等分門別類，調查這些案例在設計上，是否提供了操作開、關門所需要的線索。
- 請收集具備各種行為可能性的 UI，例如推開、拉開、插入、扭轉等，再討論該 UI 是否具有引起其他行為的可能性。
- 收集浴室或洗臉台的水龍頭把手案例，調查其操作方法，並且根據操作種類來歸類。另外，請試著評估這些 UI 是否容易瞭解、理由為何。
- 請試著搜尋世界上各種 UI 提供的線索。另外，根據這些線索，找出用法或玩法令人意外的 UI。
- 進一步細分各種 UI，整理出有哪些問題。

Chapter 2

# 回饋

你也有過這些經驗嗎？按下電視遙控器的電源按鈕，卻沒有反應，覺得奇怪又再按一次，結果剛好出現的電視畫面瞬間消失，不由得心想「可惡！」把錢投入自動販賣機，按下想買的飲料按鈕卻毫無反應，「奇怪？難道壞了？還是已經賣完？」電腦螢幕上出現錯誤訊息，卻只顯示「error」等令人摸不著頭緒的數字，根本不曉得發生了什麼事，只能抱頭苦惱。

系統針對使用者的操作行為而產生的反應，稱為「回饋」。使用者對系統執行某項操作時，會期待系統在適當的時間內，傳回適當的回饋。如上所示，倘若操作對象沒有任何反應，或傳回讓人一頭霧水的回饋，就會令人困惑。換句話說，沒有傳回適當回饋的系統，就會變成難用的爛 UI。

本章要介紹與回饋有關的各種爛 UI，同時說明回饋的重要性。另外也會一併解說缺乏適當的回饋時，究竟會發生什麼問題。

敬請期待接下來的爛 UI 世界。

# 無法傳達的回饋

## 自動售票機的錯誤：為什麼無法買票？

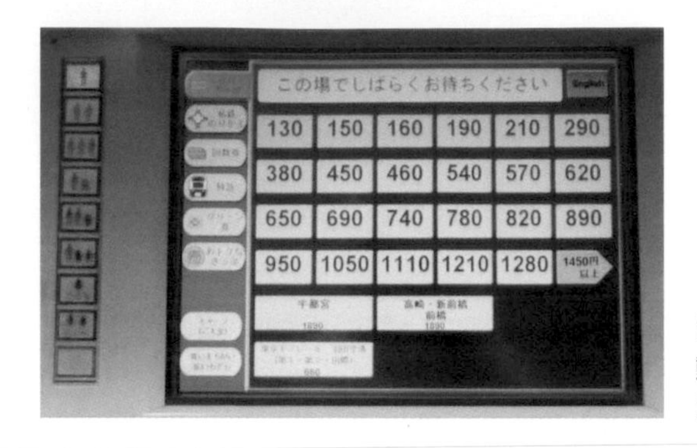


圖 2-1 這是讓人傷腦筋的自動售票機 UI，為什麼會造成困擾呢？（2013 年 3 月）

地點是車站售票處。一名年輕女性滿臉焦急，反覆將紙鈔取出再插入自動售票機內。她一定是趕著搭電車，但是紙鈔插入多次，仍原封不動地從插入口退出來。她將紙鈔翻面，或攤平折起的部分，甚至換成別張紙鈔，不斷試著將紙鈔插進去。最後她有點焦躁地把紙鈔插入，並且趁著紙鈔未退出前的短短幾秒鐘內，按下金額按鈕。

站在隔壁另一台售票機前的我，在旁邊看到這種情況後，注意到這台自動售票機的問題，於是我告訴她，這台機器有問題，提醒她使用別台售票機購票。這台售票機的照片如上圖所示，你知道問題究竟出在哪裡嗎？

其實畫面上顯示了「請在此處稍候」的錯誤訊息。但是，面對這個 UI 的女性卻一直沒有注意到這則錯誤訊息。假如我是當事者，恐怕也不會注意到吧！針對這個部分，我舉出以下幾個原因。

- 回饋的變化不明顯：乍看之下，畫面上大部分的 UI 與正常狀態沒有差別，對於使用者來說，看不出發生了問題。
- 回饋太小：錯誤訊息太小，沒有特別強調，很難發現機器出了問題。
- 出現令人誤解的回饋：與發生問題有關的回饋，也就退出插入的紙鈔，通常會被認為是讀取失敗而退出，所以使用者以為「是不是紙鈔出了問題？」

使用者通常不會注意到與自己本身目的不一致的資訊（不在注意力範圍內提供的資訊）。這在心理學上的專業術語稱作「選擇性注意」。舉例來說，在人潮眾多的熱鬧場所，旁人高談闊論著與自己無關的內容，即使聽見了，也會自動忽視。可是，聊天對象說的話卻能正常聽進去，而且若是呼叫自己的名字，也會有反應（這種現象稱作「雞尾酒派對效應（cocktail party problem）」）。人類的知覺會依個人興趣來選擇性發揮作用，因此若要避免成為爛 UI，就要傳回可以引起使用者注意的適當回饋。

這個案例如果有了容易瞭解的回饋，如「將金額變成灰色、營造出無法點選的感覺」、「放大錯誤訊息並且顯示在中央」、「在上下、左右動態顯示錯誤訊息」、「播放『系統錯誤，請通知站務人員』等聲音導覽」，我想那名女性應該就會注意到（但是若只有聲音的回饋，會被聽障人士忽略，所以必須配合其他方法）。由於缺少了這種回饋，而難以發現機器出了問題。

## 數位相機的錯誤：為什麼連一張照片都沒拍到？

我常用的數位相機只要使用自動模式，就可以拍出漂亮的照片，而且在短時間內就能完成拍照準備，非常方便。有次在一個重要的活動中，我用這部數位相機拍攝了數百張的活動照片，但是回家確認時赫然發現，不知道為什麼，竟然只顯示最後拍攝的那張照片。「該不會相機發生了什麼嚴重的問題？」、「還是 SD 卡（記憶卡）壞掉了？」我焦急地到處查看，可是相機沒有壞掉，SD 卡也沒問題。在我取出 SD 卡的時候，立刻明白問題出在哪裡，結果純粹只是我忘記把 SD 卡插進去。我每天使用數位相機來記錄日常生活已經將近 10 年，一整年拍照的張數超過 3 萬張，算是重度使用者。可是我怎麼會犯下忘記插入 SD 卡，而外出拍照的基本疏失呢？

下圖（左）是以插圖模擬相機在拍照時的 UI 畫面。仔細觀察，可以發現螢幕的左上角明確顯示了「NO CARD」。只不過這個訊息是出現在畫面的角落，而且以不起眼的小字顯示，所以很難注意到。事實上，這天除了我之外，其他參與此次活動的人員也輪流使用了這台數位相機，根本沒人發現裡頭沒有 SD 卡。

攝影者基本上只會將注意力集中在拍攝時的畫面中央（這張圖是指白色的背景部分），視線幾乎不會落在左上方的「NO CARD」。假如和下圖（右）一樣，把「NO CARD」顯示在畫面中央，我絕對會注意到，而能避免發生這種問題。事實上，至今我已經使用過多種數位相機，大部分的數位相機都和右圖一樣，會以較大的文字或以閃爍方式顯示沒有插入記憶卡的訊息，因此不曾發生過這種疏失。

另外，這部數位相機最大的問題是，即使沒有插入 SD 卡，依舊可以拍照，而且也能在數位相機的螢幕上確認拍攝的照片，甚至還可以縮放。由於沒有插入記憶卡也能正常拍照或瀏覽照片，才會誤以為沒問題。這類型的數位相機中，部分本身已經內建了一定容量的記憶體，可以儲存數十張照片（例如，Panasonic LUMIX DMC-TZ7 內建的記憶體有 40MB）。

不過這種數位相機的設計是，在沒有插卡的情況下，將後來拍攝的照片逐漸複寫上去，所以連最後一張照片也無法轉成檔案讀取出來。

不曉得為什麼會有這種功能，不過我個人的猜測如下。在門市實際拿起相機拍照時，如果可以先確認該張照片的效果，對於考慮購買相機的人來說，比較方便，營業額也會因此提高吧！然而，在任何人都可以拿起測試拍照的門市展示機內插入 SD 卡，可能有 SD 卡被偷的風險。換句話說，對於考慮購買相機的顧客與商店而言，這種「暫時只能拍攝一張照片，而且馬上可以確認拍照效果」的功能的確有用。不過，這個功能只對購買前有利，購買之後，卻完全沒有用（甚至可能造成困擾）。

「相機的開發者或許是勉為其難配合業務的要求，才加上這項功能吧？」這是不得不假設各種情境，才造成的爛 UI。真正的理由是什麼不得而知，可是實際購買該商品的愛用者，當然還是希望可以擁有不會造成失敗的 UI。

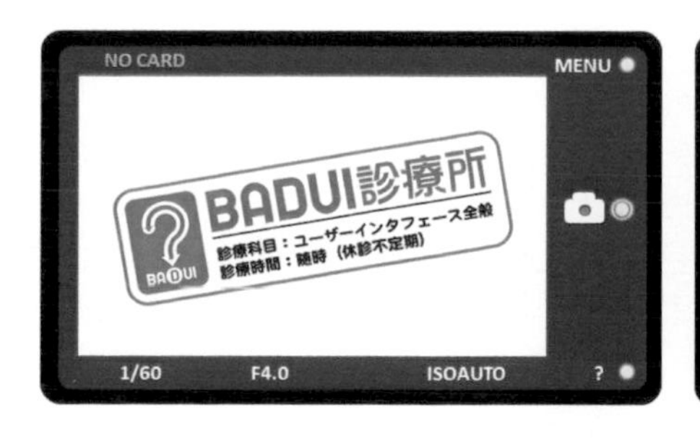

圖 2-2
左：數位相機的螢幕（模擬插圖）
右：希望以這種狀態顯示錯誤訊息

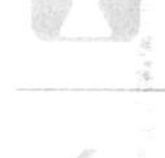

## 網站的服務時間：沒多久就超過營業時間，可是…

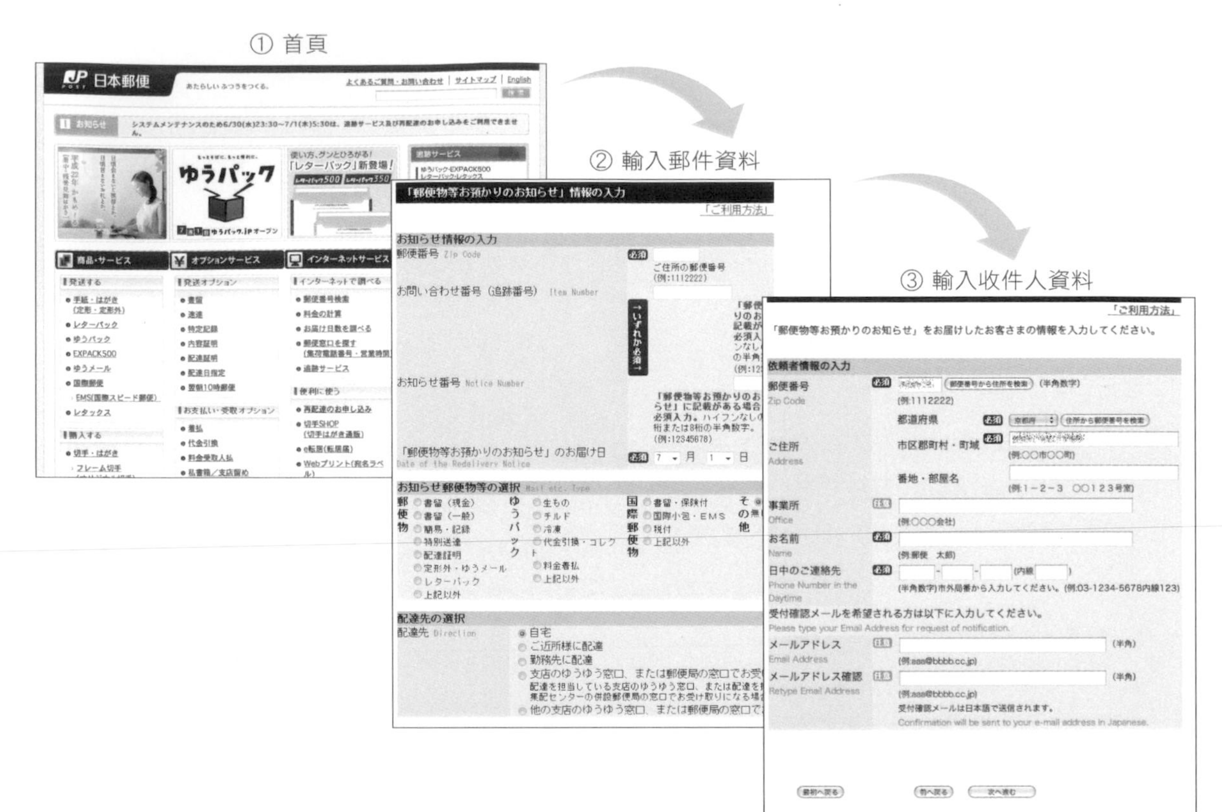

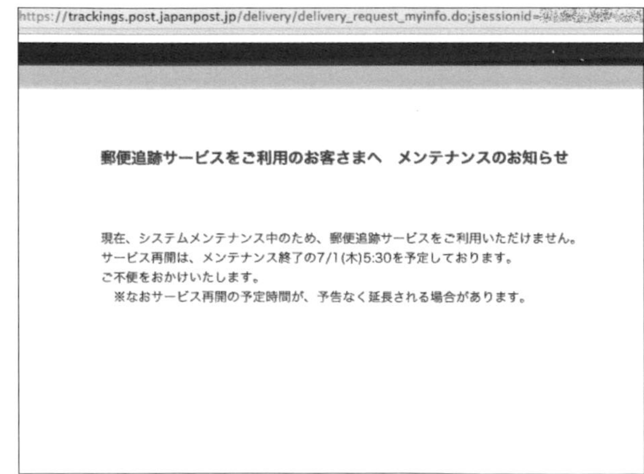


**圖 2-3　申請再次投遞郵件（2010 年 6 月）**

輸入再次投遞郵件的編號、收件時間、郵遞區號及地址、姓名與電話號碼、還有希望投遞的時間之後，卻顯示「系統維護中，無法使用追蹤郵件服務」的訊息

左頁的圖片是我在日本郵局的網站系統上申請重新投遞郵件的過程。我經常出差，不在家的機會很多，這種利用網際網路指定日期及時間，申請重新投遞郵件的服務，對我來說真的很方便。這天我也是因為收到一張招領通知單，而進入郵局網站，打算申請重新投遞郵件。

首先根據招領通知單上的資料，進入郵局的網站，接著選擇申請再次投遞，進入「申請重新投遞郵件網頁」①，在這裡輸入通知號碼及收到招領通知單的日期、種類 ②，接著輸入郵遞區號、地址、姓名、電話號碼 ③，從幾個可選擇的日期中，輸入希望重新投遞的時間，完成之後 ④ 就進入如圖 ⑤ 的網頁。然後就出現「現在系統維護中，無法使用追蹤郵件服務，預定 7/1（四）5:30 結束維護後，再重新提供服務」這樣的訊息。

系統服務的確需要經常維護，我也不打算抱怨這件事，可是我認為「如果正在維護中，應該一開始就要讓人無法輸入重新投遞的資料，或者通知不久之後要開始進行系統維護…。」

不過，當我為了寫這本書而仔細觀察左頁的圖 ① 時，頭一次發現原來首頁 ① 有顯示如下圖的維護通知「由於系統維護的關係，6/30（三）23:30～7/1（四）5:30 無法使用追蹤服務及申請重新投遞郵件。」當時我進入各網頁的正確時間（擷取畫面的時間）沒有留存在原本的影像中，所以無法確認，但是至少進入 ① 首頁的時間是在 23:30 以前，總之在開始維護之前，網站的確有通知使用者要進行系統維護。可是到目前為止，我在課堂上多次看過這張圖片，卻完全沒有注意到這項通知，究竟是為什麼呢？

在這個日本郵局網站中，含有 LOGO 的網頁上半部以及選單部分都使用了大量的紅色，然而通知內容的背景卻是黃色。紅黃兩色相比，紅色較為搶眼，才會使得通知變得不起眼，而讓人難以發現。大家普遍認為，如果要比紅底白字的配色更醒目，可以考慮使用動畫，但是用在這個案例可能會使畫面太雜亂。

清楚告訴使用者，現在系統是什麼狀況、今後要如何處理，這點非常重要。但是，配合時間給予適當提示，告知使用者現在的系統狀態及後續處理，卻十分困難，而且也不能小看這件事的開發成本。尤其以這次的系統為例，我只是浪費了一點時間，不至於造成重大問題。倘若是在匯款或訂購商品時，突然開始維護系統，可能導致嚴重客訴的情況，或是經常發生要維護系統的情形，就必須慎重考慮，如何明確通知使用者。

お知らせ　システムメンテナンスのため6/30(水)23:30～7/1(木)5:30は、追跡サービス及び再配達のお申し込みをご利用できません。

圖 2-4　由於系統維護的關係，6/30（三）23:30～7/1（四）5:30 無法使用追蹤服務及申請重新投遞郵件

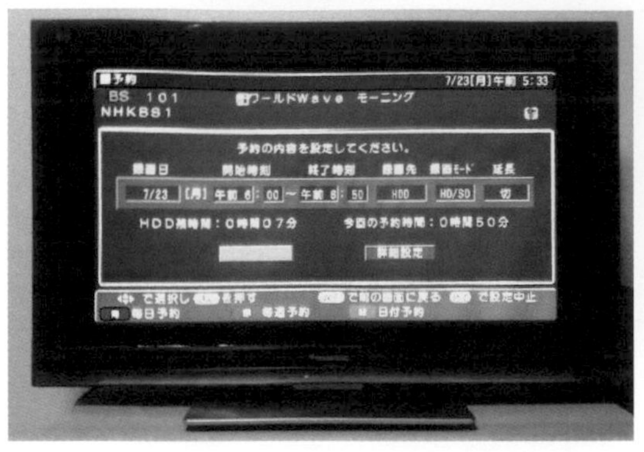


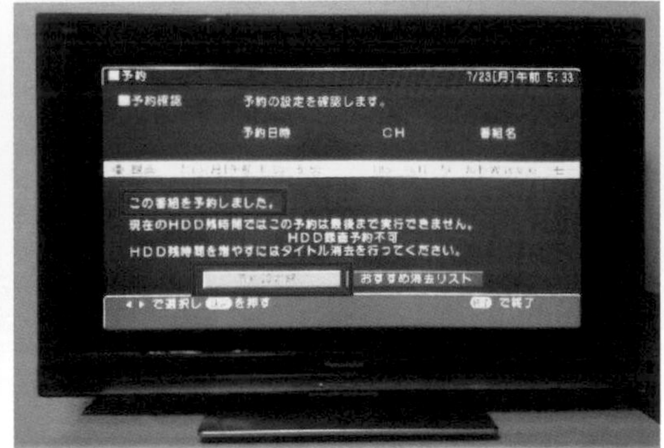


**圖 2-5　HDD 錄放影機的預約錄影介面**

左：在節目表中選擇要預錄的節目，就會自動輸入電視節目的資料

右：顯示「完成節目預約」的訊息，可是…（提供：奧野伸吾）

與過去的錄影機相比，HDD 錄放影機（Hard Disc Recorder）上市後，已經可以長時間錄下電視節目。而且利用電子節目表就能指定想預錄的節目，使得預約錄影也變得很易如反掌。即使如此，HDD 錄放影機的預約錄影功能仍會出現各種失敗狀況。預約錄影是在未來的時間操作，很容易出現爛 UI。

上圖是我學生家裡的 HDD 錄放影機 UI。利用電子節目表指定要錄下的節目，會出現上圖（左）的狀態。文字有點小，不容易辨別，但是錄影日期、開始時間、結束時間、錄影對象、錄影模式、有無延長等資料，全都會自動輸入。接著只要按下「遙控器」的「決定」鈕，在目前呈現選取狀態（變成黃色）的畫面中按下「確定」鈕，即可完成預約錄影。如果是從前，還得先查好電視節目播放的頻道、開始時間、結束時間等資料再輸入。就這點來看，生活的確變得比較方便。然而，這個系統中隱藏著一個陷阱。

仔細確認上圖（左），可以發現畫面中央以白色文字顯示以下這些訊息，「硬碟剩餘時間：0 小時 07 分」、「本次的預約時間：0 小時 50 分」。換句話說，硬碟剩下可錄影的時間比預約時間還短。可是，此時若按下「確定」鈕，就會如上圖（右）所示，完成預約錄影。上圖（右）的畫面中，顯示了「您已經預約了這個電視節目。目前硬碟剩餘時間無法完整執行本次預約，因此無法預約錄影，若要增加硬碟的剩餘時間，請刪除其餘內容。」最後出現無法錄影的警告訊息。可是，使用者的目光只注意到「您已經預約了這個電視節目」的訊息，還有黃色的「完成預約設定」鈕，根本不會注意到這個問題。

在這種狀態執行預約錄影，只能錄到最初的 7 分鐘。滿心期待的電視節目，卻只能看到前面 7 分鐘就沒了，應該會非常失望吧！

一旦發生任何問題，都必須提供將問題清楚傳達給使用者的回饋。尤其是這次的案例，若只能錄最初的幾分鐘，一定要正確地告知問題，提供讓人可以輕易瞭解的回饋。舉例來說，我認為可以用其他顏色顯示警告訊息，或顯示「無法執行完整錄影，您確定嗎？」等提醒，並且一定要按下「確定」鈕，否則就不會完成預錄等方式。另外，倘若剩餘時間不夠，在「您已經預約了這個電視節目」的畫面（上圖右），應該先將「建議刪除清單」預設成黃色狀態，而不是「完成預約設定」，這樣比較容易發現問題（因為若要完成預約設定，必須變更選取的按鈕）。

人會自動忽略自己不感興趣的部分，因此必須引起對方的興趣，並且喚起注意，才不會造成使用者的困擾。

## 令人焦急的自動取票機：無法處理兩張卡片！

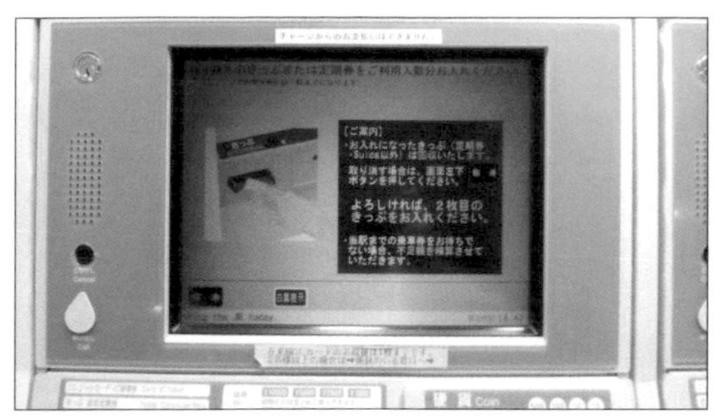

圖 2-6　無法插入兩張 IC 晶片卡的自動取票機。左：操作介面／右：插票口

這件事發生在我利用新幹線的會員預約服務「express」，預約了自己與太太的座位後，在品川車站的自動取票機（上圖）取票時。我和太太搭乘了到品川車站的「在來線」，為了精算車資，必須提出到品川車站的車票、月票、在來線的 IC 晶片卡（Suica、ICOCA、PASMO 等）。由於我和太太都使用了 IC 晶片卡，所以我拿了太太的 IC 晶片卡，打算將兩張 IC 晶片卡都插進去。可是插了第 1 張 IC 晶片卡之後，插票口就關起來，無法插入第 2 張卡。眼看發車時間已經快到了，我開始慌張起來，「故障了嗎？」、「弄錯插卡位置嗎？」

我先取消操作，確認插票口後，再次嘗試，依舊無法插入兩張 IC 晶片卡。於是只得走到服務台，終於在時間快到之前拿到車票。當時，因為新幹線的發車時間迫在眉睫，所以我壓根沒注意到，可是後來趁著其他機會，仔細觀察了這台取票機，就發現下面貼了這樣的訊息「本機器只能處理一張在來線的 IC 晶片卡，若有兩位以上的乘客，請前往站務員窗口處理。」如下圖（左）所示。除此之外，畫面上也有「本機器只能處理一張 Suica 卡片」的提醒內容，如下圖（右）所示，但是我完全沒注意到這兩個提醒。

誠如我前面提過很多次，當使用者的注意力專注在某項事物上，很容易忽略這種提醒。尤其是在使用者已經習慣該操作方式或感到焦急不安時，視線根本不會落在提醒的內容上。在這種狀況下，如何傳達讓使用者立即瞭解的回饋，這可說是考驗 UI 設計者功力的最佳案例。

此外，系統本身藉由接收一張 IC 晶片卡之後，就關閉插票口的方式，傳達了「無法插入第 2 張票卡」這件事。可是畫面上顯示「只能處理一張 Suica 卡片」的訊息太小，無法引起注意，使用者不會想到這是因為受到限制的緣故，結果回饋沒有發揮效果，反而讓使用者感到困惑。

我認為，若想用較低的成本解決這個問題，只要在插票口旁和下圖（左）一樣貼上標籤即可。這是思考該如何告訴使用者發生問題的最佳範例，請你一定要想想看該如何改善。

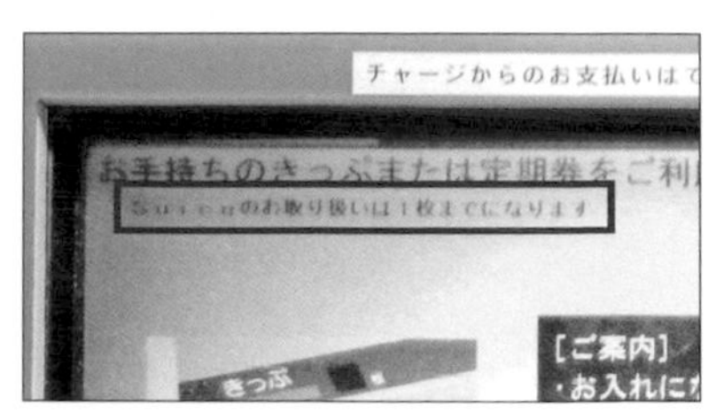


圖 2-7　左：「本機器只能處理一張在來線的 IC 晶片卡，若有兩位以上的乘客，請至站務員窗口處理。」雖然有說明，但是在操作過程中，很難注意到／右：以小字顯示「只能處理一張 Suica 卡片」。

## 自動售票機的注意事項：買錯要罰錢…

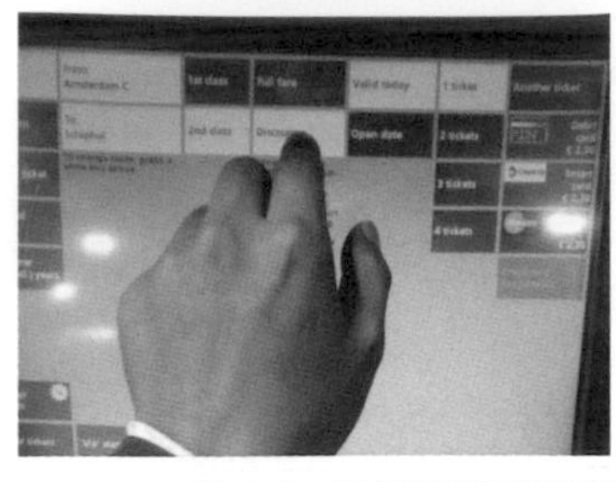
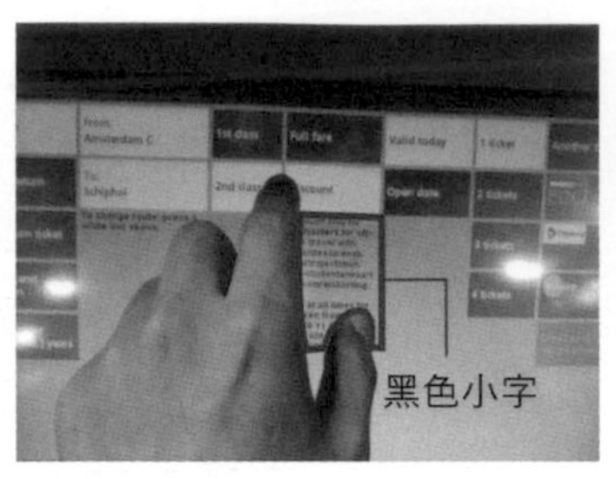

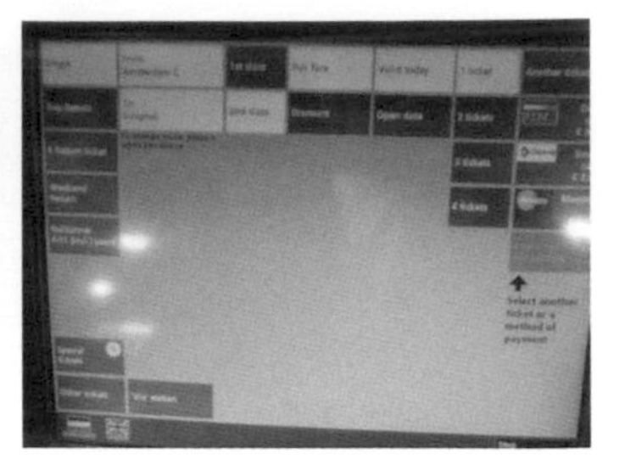

**圖 2-8　買錯車票要罰錢的自動售票機（2007 年 7 月）**

左：應該按下「Full fare（標準價格）」卻按到「Discount（優惠價格）」／中央：手的下方顯示了注意事項。不過，卻用黑色文字，沒有特別強調／右：沒有選擇 Discount 就不會出現注意事項

荷蘭與日本不同，搭乘電車時，不論多大型的車站，都無需使用檢票機驗票（除了荷蘭，歐洲大部分的國家都可以自由進入車站內，除非搭乘長程特急電車，否則一般都無須驗票。在日本，也有類似我老家這種因為是無人車站，所以不用驗票的情形，可是在有人管理的車站就得驗票）。不過，荷蘭對於沒買票或不依規定購票的取締非常嚴格，電車內偶爾會利用查票方式來清查逃票行為，一旦發現，當場就得支付高額罰金。換句話說，他們秉持的原則是「利用罰金制度來遏止非法逃票行為」。

上圖是我在荷蘭國際機場的車站用過的同類型自動售票機（照片是我在其他車站拍到的畫面）。我用這台售票機錯買了數百日圓的車票，結果在抵達荷蘭的當天，卻得支付相當於 8000 日圓的罰金。上圖（左）是展開所有選單的狀態，其實這台機器的結構是，從左邊開始選擇項目後，右邊會依序顯示下一層選單。在這裡輸入「Form（起站）」與「To（終站）」、「2nd class（座位種類）」之後，選擇「Discount」。

我犯的錯誤在於，應該選擇「Full fare（標準價格）」，卻按到「Discount（優惠價格）」（上圖（左））。按了「Discount」之後，在這一行的下方，被手遮住的部分，以極小的文字顯示了前面沒看過的訊息，如上圖（中央）該訊息的意思是「Discount 車票只有擁有該車票的人，在乘客較少的離峰時段搭乘時，才可以使用（Discount only for cardholders for off-peak travel with：Voordeelurenabo. Jaartrajectabon. OV-studentenkaart. Samenreiskorting）」。可是，任何地方都沒有提醒買錯會罰錢的訊息。

這個訊息的問題是，它以黑色小字顯示，而且出現的瞬間，又被手擋住了。因此，當我要選擇下一個項目而把手移開時，會產生這些訊息原本就在那裡的錯覺，以至於沒有注意到這個訊息是後來才出現的。附帶一提，選擇了「Full fare」之後，會和上圖（右）一樣，不會顯示任何訊息。

一旦購買了錯誤的車票，就必須支付罰金，所以最好要用大型字體來顯示 「WARNING」或以紅色表示「非卡片持有者會被罰款！！」來喚起使用者的注意。罰金制度應該是要遏止惡意逃票的人，希望對於非存心違法者能寬容一點。比方說，觀光客應該很少有人會故意逃票，所以最重要的是，要明白告訴對方，買錯車票會發生什麼事。這是對觀光客不夠體貼的爛 UI。

當我把這件事告訴長年住在荷蘭的日本友人時，他表示「對當地人來說，這台自動售票機也很難用，我以前也被罰過呢！」因此，或許對非觀光客而言，這也算是不體貼的爛 UI。從這個案例中，我希望你可以瞭解，為了避免使用者因為錯誤操作而蒙受損失，在提出注意事項時，應該清楚地將訊息標示在使用者視線注意得到的位置。

## iPhone 的計算機：2500 ÷ 50 = ?

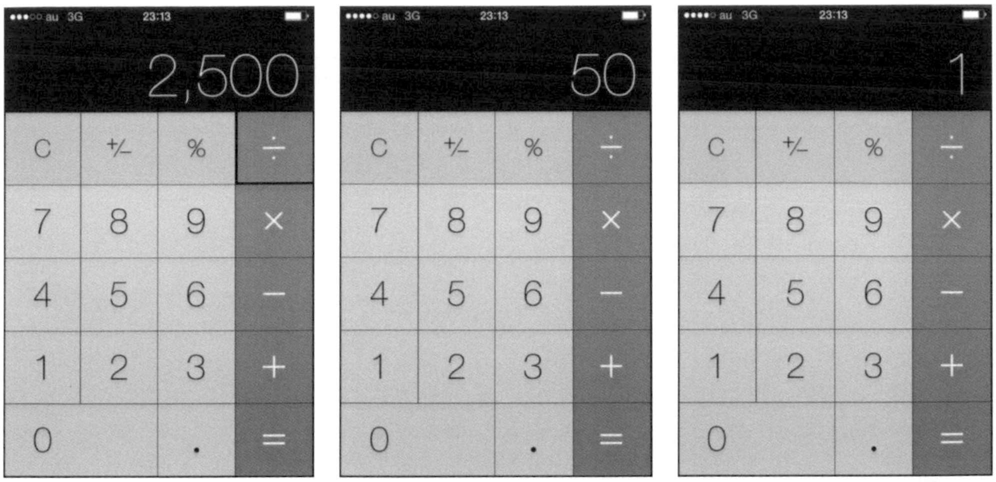

圖 2-9　計算 2500 ÷ 50 結果變成 1…！？（2014 年 7 月）

iPhone 或 iPad 的使用者（以 iOS7 為例）請務必開啟計算機應用程式，實際計算「2500 ÷ 50」，看看結果會如何（上圖）[1]（沒有 iPhone 或 iPad 的人，我們準備了影片[2]，請當作參考）。到目前為止，當我在課堂上介紹這個案例，請大家親自實驗之後，大部分的人都回答「變成 1 了！」而感到十分訝異。原因究竟是什麼？當然這不是計算機應用程式的 Bug。

在 iPhone 的計算機應用程式中，計算「2500 ÷ 50」時，會先輸入「2500」，再按下「÷」。此時，畫面沒有特殊變化。接下來，輸入「50」這個數字後，原本顯示的「2500」消失，顯示了「50」這個數字。最後，要顯示計算結果，而按下了「=」，但是按了之後，畫面完全沒有變化。「奇怪？是我沒按好嗎？」因此又再按下「=」，結果就變成「1」了。

這是因為按下第 1 次的「=」時，「2500 ÷ 50」的計算結果顯示為「50」。但是，在輸入「50」之後，到顯示計算結果「50」的過程中，看不出任何變化，造成使用者沒想到程式已經顯示了計算結果，誤以為系統沒有辨識到觸控操作，而再次按下「=」，結果執行了「50 ÷ 50」，答案就變成「1」了（一般而言，在計算機按下「=」，就會重複執行最後計算（這個案例是指「÷ 50」）的過程）。很常出現無法辨識觸控操作的智慧型手機（或平板），也可能會發生這種問題，這就是最有意思的地方。

按下「=」時，若有讓人足以辨識的畫面變化（一度讓「50」這個數值消失，經過數十毫秒再顯示等），應該不會輕易發生這種問題。設計回饋時，必須考慮到人類的能力。如果顯示速度太慢，會讓人感到不耐煩，所以不可行，但是速度過快，使用者沒注意到，一樣會發生問題。

由於某項操作而讓顯示內容產生變化時（這裡是指輸入「50」與計算結果的「50」），希望可以將這點清楚傳達給使用者。這可說是高速處理不見得是好事的有趣案例。今後電腦的效能會越來越進步，當你在製作 UI 時，一定要避免製作出像這種案例的爛 UI。

1「使用 iPhone 的計算機計算 2500 ÷ 50 結果 wwwwww」 http://hayabusa.2ch.net/test/read.cgi/news4vip/1390299779/

2 http://badui.info/

## 餐券售票機的燈號：為什麼會誤以為賣完了？

圖 2-10　投入 500 日圓後的自動售票機，賣完了嗎？（2013 年 3 月）

這件事發生在一間大學的學生餐廳。朋友將錢投入購買餐券的自動售票機，正打算購買想吃的餐點，可是「不僅我想吃的餐點，幾乎全部的餐都賣完了？」而感到十分狐疑（上圖）。事實上，根本沒有賣完，可是為什麼他會弄錯呢？

平常將錢投入餐券售票機內，可以購買的餐券按鈕就會亮燈，這台售票機一樣有顯示燈號的黑色部分，通常在投錢之後就會亮起紅燈。這天明明投了 500 日圓，可是 400 元的「H&V 綜合」、430 元的「炸雞定食」、300 元的「咖哩飯套餐」都沒亮燈。因此就產生了「該不會賣完了吧？」、「故障了吧？」的疑問。

稍微往下拍攝這台餐券自動售票機，畫面如下圖（左）所示。只要看到這裡，應該就會恍然大悟，因為標籤把代表「可購買」的紅色燈號遮住了。原本沒有貼上這些標籤，我想應該是基於某個原因而另外加上去，可是為什麼要貼上把「紅色燈號」完全遮住的標籤呢？這是個加上標籤，遮住了系統的回饋訊息，而變成爛 UI 的有趣案例。直到現在，我仍經常使用這台餐券售票機，可是令人困擾的問題太多，怎麼也用不慣。這些標籤看起來似乎沒有意義，所以希望店家撕掉標籤，或做出將標籤縮小等改善。

附帶一提，餐點售完時，會出現下圖（右）這樣的打叉符號。因為這裡沒有被標籤遮住，而能正常確認。回饋對使用者而言，非常重要。如果基於某個目的而必須貼上標籤時，最好貼在不會與回饋重疊的位置。這個爛 UI 告訴我們，張貼標籤時，一定要注意安排位置。

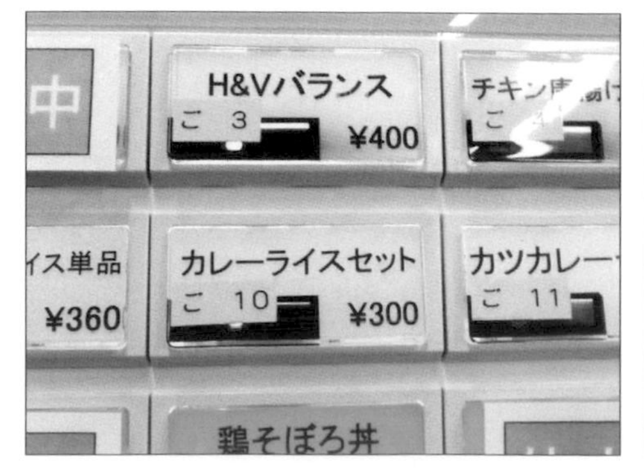


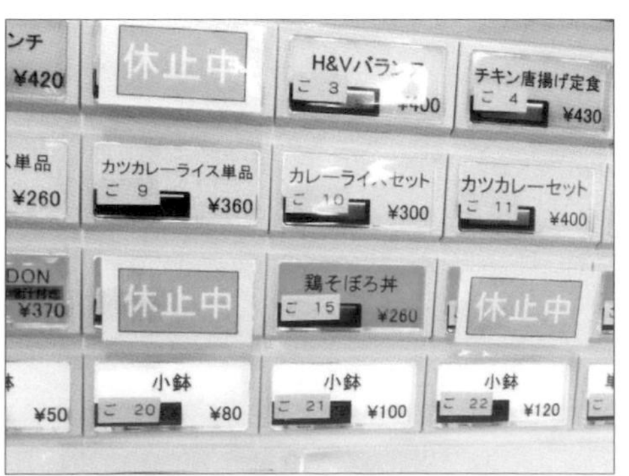


圖 2-11　左：燈號被標籤遮住了／右：可以正常確認已經賣完（2013 年 3 月）

## 停止聲音鈕：如何才能解除呼叫鈕？

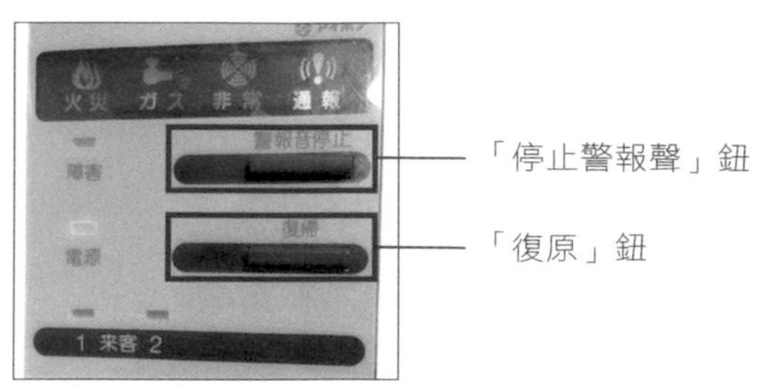


圖 2-12　左：這是廁所的呼叫鈕／右：客廳的操作面板（提供：山本黎）

上圖（左）是設置在學生家中廁所的呼叫鈕。當衛生紙沒有了，或萬一上廁所時，身體出現異狀，只要按下這個按鈕，家中就會傳出呼叫聲，讓家人到廁所查看狀況。

上圖（右）則是設置在同間住宅的客廳內，管理家中各種訊息（訪客訊息、火災、瓦斯外洩等）的系統控制面板。剛才廁所內的「呼叫」鈕與這裡的控制面板互相連線，按下按鈕後，螢幕上的「通報」警示會亮起橘燈，同時呼叫聲也會在家中響起。不幸的是，這個「呼叫」鈕剛好在手碰得到的位置，經常一不小心就誤按。

這次的問題是，解除這個通報（呼叫聲）的方法。如果要利用上圖（右）的控制面板來解除通報，該怎麼做才好呢？

大部分的人都會注意到「停止警報聲」這個按鈕，你是否認為按這個按鈕就可以解決問題？我學生當時也有一樣的想法。因為當有人按下「呼叫」鈕後，傳回的回饋是「通報」警示的燈號及呼叫聲，所以如果要關閉這個警示燈與聲音，就按下「停止警報聲」鈕，看起來很合理。

可是，實際上若要停止聲音，並不是按下「停止警報聲」鈕，而要按下「復原」鈕。由於來自系統的回饋（「通報」警示的燈號與聲音）與操作線索（「復原」標籤）之間有落差，使得操作方法變得難以理解。

我想這個「警報聲」可能指的是火災、瓦斯外洩等緊急時響起的聲音，但是廁所的呼叫聲不包括在內。由於「通報」這句話給人的感覺很緊急（原意是「告知訊息或通知」，卻因為大量用在「向警方通報」的情況，而產生與緊急情況使用的「警報」類似的印象），在遇到要停止「通報」引起的聲音時，就會下意識認為應該按下「停止警報聲」鈕。應該很少人會一開始就選擇按下「復原」鈕吧！

這是向使用者提示訊息時，必須選擇適當表現手法的有趣案例。我認為這種安全性管理、監視類系統是爛 UI 的寶庫。雖然這些系統是用來防止外人入侵，保護機密資料的重要方法，但是希望可以變得更好用一點（如下圖）。

圖 2-13　這個系統的「開鎖／上鎖」有兩種狀態，「維持開鎖／解除維持開鎖」也有兩種狀態，因此有 2 × 2，共 4 種模式，很難瞭解操作順序的原則及回饋，所以我一直不習慣如何操作

# 訊息內容的重要性

## 輸入格式錯誤：無法處理的文字是哪些？

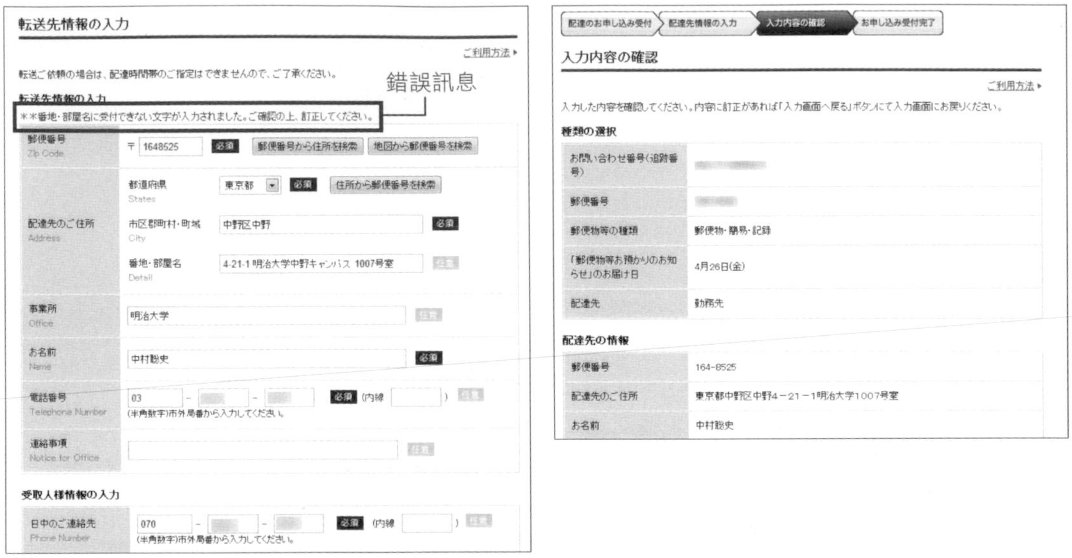

圖 2-14　輸入轉寄對象資料的網頁。左：顯示錯誤／右：確認輸入內容的網頁（2013 年 4 月）
左：「在＊＊街道、房間名稱輸入了無法處理的文字，請重新確認並且修改內容。」出現這種錯誤訊息。無法處理的文字究竟是指什麼？／右：訂正後沒有錯誤訊息，所以無法處理的文字是半形英數字與半形空格

我認為，最容易瞭解回饋重要性的，就是顯示於各種系統中的錯誤訊息。這裡要介紹的也是這種與錯誤訊息有關的爛 UI。

上圖是日本郵局架設的郵件轉寄服務網站。前面也曾出現過，這個網站可以透過網路申請再次投遞郵件、更改寄件地點等服務，非常方便。

寄到家裡的郵件沒人收件，之後也因為工作繁忙而無法領取，所以我想將郵件轉寄到大學的研究室，因此開始使用這項轉寄服務。指定郵遞區號，依序輸入寄送地點的縣市、鄉鎮、街道、單位名稱、姓名、電話號碼等必填項目。這個網站以紅色清楚標示出所有必填項目，所以不會發生因為忘記輸入，而要求重新輸入的情況，實在太好了。接下來，按照正常方式輸入資料，按下「下一步」鈕，卻出現上圖（左）的狀態。雖然有點看不清楚，但是畫面上半部分的確顯示了這樣的錯誤訊息「在＊＊街道、房間名稱輸入了無法處理的文字，請重新確認並且修改內容。」這裡輸入的內容是「4-21-1 明治大學中野校區 1007 號室」可是無法處理的文字，究竟是什麼？請你動腦想一想。

剛開始我以為是輸入了「機種依存文字[3]」才會這樣。可是，檢查過輸入的文字之後，並沒有混入這種格式，而且這是日本網站，應該不會是日文的問題。

這也不行，那也不行，後來我將數字與連字符號（負號）等全都以全形輸入，刪除半形空格後，終於完成申請，如上圖（右）所示。

3　這是指特定電腦環境（OS 等）之外，無法使用的文字。在其他環境下使用，會出現亂碼（文字無法正確顯示，變成意義不明的符號）。例如，在英文環境的網站中，輸入日文漢字時，會出現亂碼。此外，在 Windows 環境下輸入的半形日文片假名，在 Mac OS 上會變成亂碼。

看起來無法登錄的理由似乎是「因為含有半形文字」的關係（這是我經過各種嘗試之後，推測出來的結果，不一定是實際的答案）。比方說，不能輸入半形文字「123-456」，必須輸入全形「１２３－４５６」才行。由於半形數字、連字號、空格等不屬於機種依存文字，所以即使是慣用電腦的老手，也很難發現此系統不支援這些輸入方式。除此之外，這裡也沒有規定輸入欄位的文字種類必須「輸入全形」。只在寄送地點的郵遞區號及電話號碼等欄位下方，註明要輸入半形，但是寄送地址沒有寫出注意事項，卻要輸入全形，否則就出現錯誤訊息，就這點來看，這可說是難度極高的 UI。

後續在第 6 章的一貫性也會提到，世界上到處都有不限制半形與全形、連字號有無、平假名與片假名混雜等條件的 UI。這個案例告訴我們，系統若要將半形改成全形或全形轉換成半形，其實一點都不難，而且系統可以做到的事情，盡量由系統處理。假設非得要求使用者以全形輸入的話，至少在錯誤訊息裡，要明確顯示出哪些文字有問題。

下圖（左）是我在申請進入澳洲時，註冊個人資料所出現的錯誤訊息：「姓（姓氏）含有不正確的文字！」瞬間覺得「欸？」隨後馬上想到「這應該是不支援日文等全形文字吧！」可是這種情況對於不了解網站架構的人來說，恐怕會心存疑問「究竟哪裡有問題？」當然，由於上面有顯示「請依護照上的記載輸入」，所以只要根據護照上的資料，輸入英文字母即可。與外交部等其他需要填寫的欄位不同，我們早已牢牢記住自己的姓名，可以不假思索就輸入。總而言之，我希望別只提出「有問題」這種訊息，而應該清楚顯示「請以半形英數文字輸入」等明確的錯誤訊息。

下圖（右）是我在 Twitter 傳送私人訊息時，出現錯誤的狀態，以紅底白字顯示了「此訊息無法傳送」。由於沒有清楚說明無法傳送的理由，要查出到底出了什麼問題又很麻煩，結果原因出在 Twitter 的私人訊息功能中，無法傳送 URL。假使如此，仍希望可以顯示理由是什麼（聽說在 2014 年 11 月已經取消這個限制）。

從上述案例中，可以得知當作回饋用途來顯示的訊息內容有多麼重要，當訊息難以理解時，會讓使用者感到十分困擾。

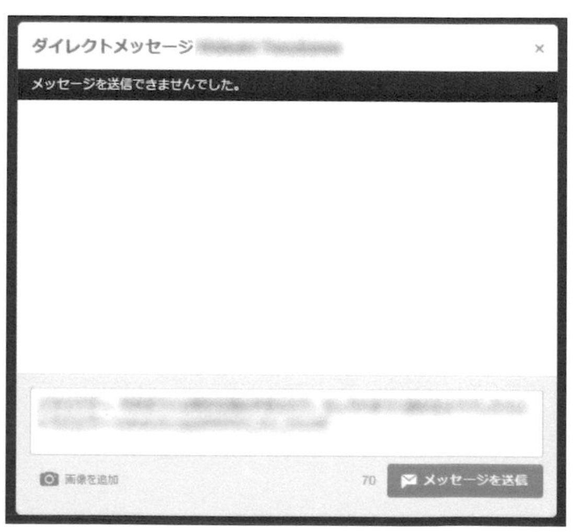


圖 2-15　左：「姓（姓氏）含有不正確的文字！」（2011 年 9 月）
右：「此訊息無法傳送」（2014 年 10 月）

## 確認訊息：真的只要按下「確定」鈕就行了？

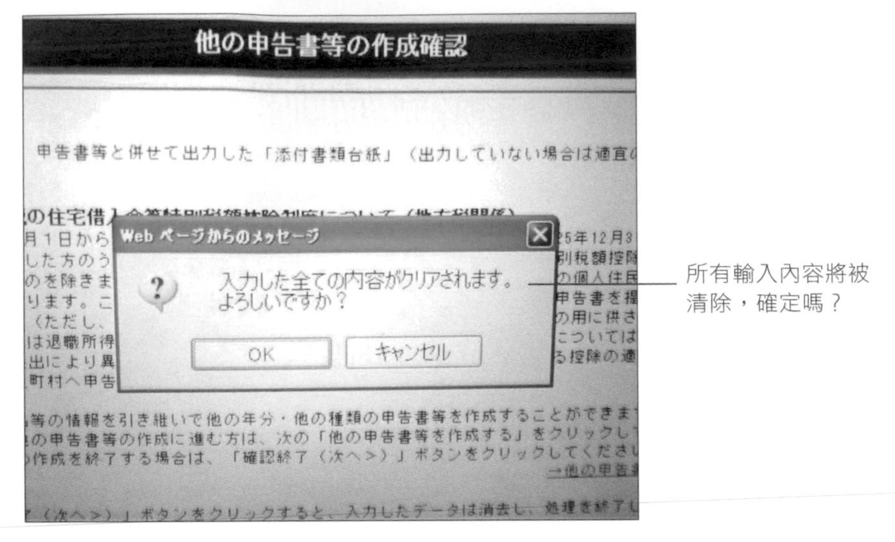


圖 2-16　令人感到不安的訊息（2014 年 3 月）

接著要介紹的案例將突顯訊息內容有多重要。上圖是我在報稅時碰到的申請系統畫面。面對不熟悉的系統操作，在指導人員的幫助下，花了十幾分鐘輸入各種資料，按下「進入下個步驟」的按鈕時，卻出現這個令人震驚的訊息「所有輸入內容將被清除，確定嗎？」你有勇氣在這個對話視窗內，按下「確定」鈕嗎？

沒有補充說明，卻又必須選擇「確定」或「取消」，假如花了十幾分鐘的心血通通消失不見，會讓人非常崩潰，因此我苦惱了很久。而指導人員一個人要面對十幾個人，也陷入手忙腳亂的狀態，我實在不忍心打擾他，可是因為問題遲遲無法解決，只好請他過來幫忙看一下。他表示，這個意思是「假如沒有需要修正的地方，請按下確定鈕」，所以我一邊這想著「果然只要按下確定就可以了吧！」一邊按下「確定」鈕。這個視窗在按下「確定」鈕之後，就完成全部的操作步驟，回到最初的選單畫面，才會顯示「所有輸入內容將被清除，是否確定？」其實只要顯示「按下確定鈕，即完成所有步驟，輸入內容將會被清除，確定嗎？」等訊息，就不會產生誤解了。

提出警告時，應該要讓使用者一看就懂，才不會引發不安。這就是最好的例子。在我之後，我旁邊的人也全都提出了一樣的問題，日本全國可能經常提出相同的疑問（其實在顯示這個對話視窗之前，畫面上的確有出現「按下確定（下一步＞）鈕後，輸入的資料將會消失，完成處理步驟。」可是因為內容太冗長，大部分的人都忽略了）。

你應該也在電腦上看過「發生嚴重錯誤」、「404 error」等訊息吧？這種讓人摸不著頭緒的訊息隨處可見。製作系統的人，本身很少會操作錯誤，即使發生問題，本人也可以瞭解原因出在哪裡，所以很難體會別人在看見這種訊息時，有什麼感覺（我自己在開發軟體時，也會格外小心處理訊息部分）。另外，設計者很難想像究竟有哪些使用者會使用軟體，而不自覺使用了專業術語，結果因此造成使用者的困擾。在向使用者提出任何訊息時，希望你可以用心思考，將正確的意思傳達給使用者。這和人與人之間的溝通一樣，都得注意用字遣詞。

## 取消鈕的意思：「要取消嗎？」、「取消／確定？」

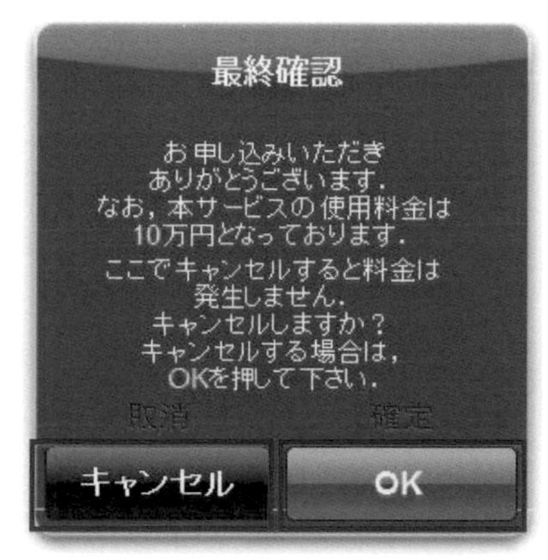


圖 2-17　左：「要取消下載 machichara 嗎？」、「取消／確定」（提供：鈴木涼太）
右：申請之後的最後確認（再次出現）

上圖（左）是在智慧型手機的 APP 中，打算取消下載時所顯示的對話視窗。「要取消下載 machichara？」與這個確認訊息一起，同時出現了「取消」鈕及「確定」鈕。假如要取消下載，應該按下「取消」還是「確定」鈕呢？另外，理由是什麼？

這個案例麻煩的是，一般 UI 使用的「確定」與「取消」鈕，和執行應用程式動作有關的訊息混在一起。附帶一提，假如要取消下載，必須按下「確定」鈕。這個爛 UI 告訴我們，必須特別注意訊息與回答鈕的組合方式。

我認為這是可以思考如何修正才不會讓使用者混淆的有趣案例。以這個爛 UI 為例，我想可以採取的解決方法是，將按鈕標籤從「取消」與「確定」改成「是」或「否」，或者將訊息本身改成「是否同意停止下載 machichara ？」等。請你動動腦筋，思考怎麼做才不會變成讓人混淆的對話視窗。

另外，上圖（左）並沒有什麼太嚴重的問題，可是這種訊息與選擇鈕組合之後，會引起混淆的情況，卻被運用在詐騙網站上。上圖（右）是模擬申請某個服務的確認畫面。到目前為止，完全沒有清楚說明服務的費用（應該說故意誤導使用者是免費的），結果到了最後的確認畫面，才突然顯示如圖所示的訊息。看到這種訊息，使用者會不自覺按下「取消」鈕。可是，這個訊息的上方卻寫著「如果要取消，請按下確定鈕」，也就是說，如果要取消，必須按下「確定」鈕。擺明就是想利用使用者的無心之過來詐騙。請你小心這種屢見不鮮的詐騙 UI（第 9 章會詳細說明與詐騙有關的 UI）。

## 商店門口的告示牌：本日營業時間結束？

圖 2-18　抱歉，已打烊。今天不營業嗎？

這是我去公司附近咖哩店吃飯時遇到的情況。如上圖所示，店門口掛了一個「抱歉，已打烊」的牌子。我正想吃咖哩啊！只好抱著遺憾的心情到其他店吃飯。不過回公司的途中，卻發現上圖的咖哩店明明有營業。由於那天我實在很想吃咖哩，所以進去問了老闆「今天沒有公休嗎？」（這間店每天的營業時間不一樣，應該是我弄錯的原因之一）。另外，在別次機會中，又發生類似的情況。看到掛出「本日已賣完」的告示牌，只好作罷，可是事後經過時，卻又發現正常營業。在上個營業日，為了告訴顧客，營業時間結束或賣完，而掛出來的「抱歉，已打烊」及「本日已賣完」的告示牌，在下個營業日之前，仍一直掛著，才會產生這種誤會。

像這樣，掛在餐飲店門口的「本日營業結束」或「今日公休」等告示牌，沒有在適當的時間更換，結果發生還沒開始營業，顧客卻誤會公休而離開的情況，其實極為常見。

另外，有一天我為了接種流感疫苗，而致電一間診所，電話語音告知「本日門診時間已經結束，麻煩請於明天 11 點以後再聯絡。」我心想「今天休診嗎？」然後確認了一下時鐘，發現當時是早上 10 點半。由於，這是電話語音，所以我想該不會是昨天設定的內容還沒改吧！所以 11 點之後，我又撥了一次電話，果然接通了，今天正常看診。

商店的告示牌或電話的語音內容，都是非常微不足道的小事，卻可能因此錯失商機，所以必須特別留意。告示牌該怎麼寫，電話語音要留下什麼內容，都得經過深思熟慮。

當你自己製作 UI 時，也會發生這些狀況。事實上，為了避免營業額降低，應該要事先設想到，有些使用者可能會在不同於原本設定的時機或情況下，接觸到這個 UI。

## 訊息傳送錯誤：字數超過了嗎？

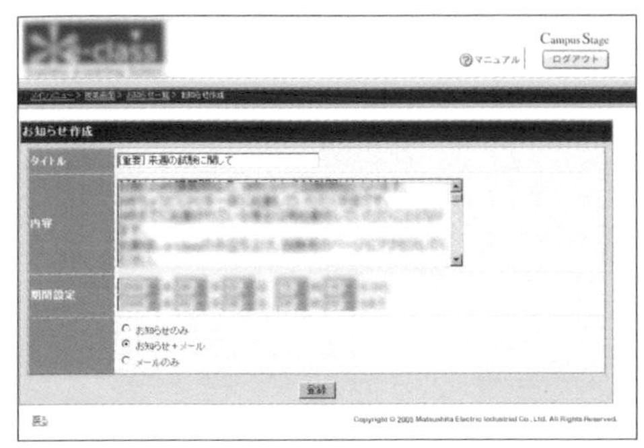

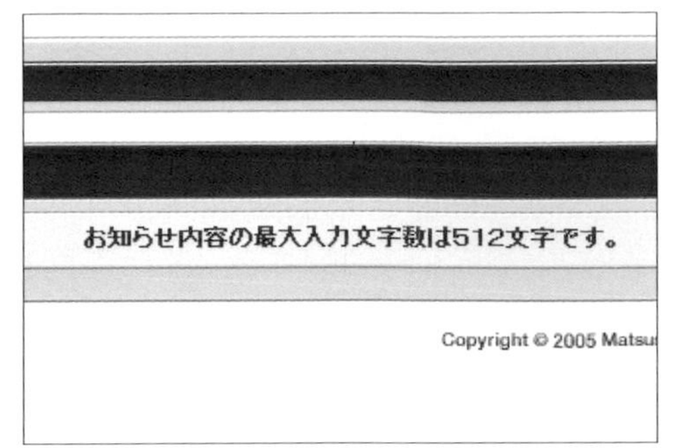


圖 2-19　左：建立通知網頁／右：錯誤訊息「通知內容最多只能輸入 512 個字」（2009 年 6 月）

這是一間大學的授課輔助系統，因為有事需要統一聯絡所有學生，所以先輸入大致內容，經過修改、確認是否有錯誤之後，最後按下「傳送」鈕時，畫面上出現「通知內容最多只能輸入 512 個字」的錯誤訊息（上圖）。好不容易才把文章調整好，如果有文字數量的限制，應該在一開始就先告知啊！我心裡這麼想，同時利用 Microsoft Word 的「字數統計」功能，將內容減少到 500 字左右，打算再次傳送，結果又出現「通知內容最多只能輸入 512 個字」這個錯誤訊息…。於是我想「該不會是把全形文字當作兩個半形文字來計算，才認為文字數量超過了吧？」只好大幅刪減通知內容，終於送出去了。

我不清楚正確規定為何，可是在這個系統中，必須將半形文字限制在 512 個字以內，全形文字是 256 個字以內[4]。假如有文字數量的限制，應該清楚寫出是何種限制（半形或全形），或現在已經輸入幾個字，才能避免造成使用者的困擾（例如在 Twitter 中，有限制輸入的字數，且會即時顯示「還剩下幾個字可以輸入」）。

附帶一提，其他大學的授課輔助系統也遇過「內容請減少至 1300 字以下」的錯誤訊息（下圖）。經過各種驗證的結果，這個系統不論全形或半形，都可以輸入 1300 個字。但是，這個系統的問題在於，輸入 URL 時，會自動將 URL 轉換成連結（例如，輸入「http://badui.org/」的時候，會自動轉換成「<a href="http://badui.org">http://badui.org/</a>」這種文字串），結果文字變得比原本看見的還多。由於我常疏忽掉這種規格，因而吃過不少苦頭。當你在製作 UI 時，請注意避免做出這種爛 UI。

4　日文常用的文字編碼 Shift-JIS，全形文字是 2 位元，半形文字是 1 位元。

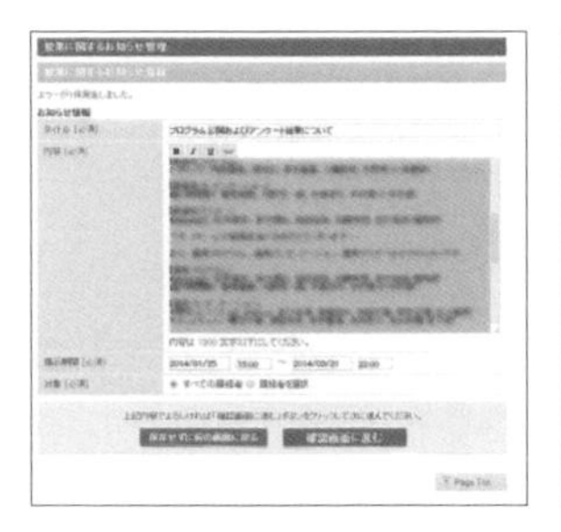
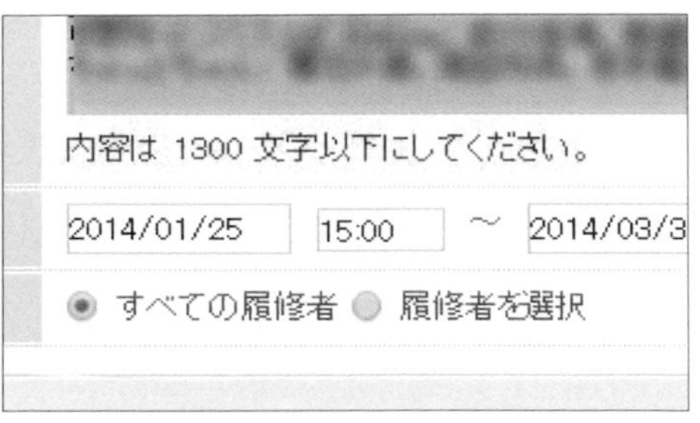


圖 2-20　「內容請減少至 1300 字以下」（2014 年 1 月）

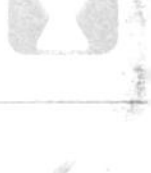

# 狀態、狀況的可視化

## 暖爐的開關：為什麼會忘了關？

圖 2-21　哪一張是開啟暖爐的狀態？（提供：西村優里）

圖 2-22　從側面拍到的按鈕特寫，哪一張才是開啟暖爐的狀態？（提供：西村優里）

上圖是我學生家裡的暖爐 UI 以及開關的特寫照片。共有 3 張照片，你看得出哪裡不一樣嗎？中間這張照片的開關是亮紅燈，其他兩張的燈光都是熄滅的。而且，左邊照片是按下開關的下半部，中間及右邊照片是按下開關上半部的狀態。從這 3 種狀態來看，你認為哪張照片是「開啟暖爐」的狀態呢？同時也請思考一下理由為何？

回答中間是開啟暖爐狀態的人，你答對了。我想應該很少人會弄錯這個案例。接下來，請比較中間和右邊的狀態有何差別。兩者都是按下開關的上半部分，可是右邊的開關卻沒有亮燈，這究竟是為什麼？

根據這張照片的提供者表示，這台暖爐按下開關的上半部，開關會亮紅燈，暖爐進入運轉狀態（開啟狀態），室內開始變暖和。當室內溫度上升到一定標準，會自動停止（關閉狀態），此時開關的燈光熄滅。一旦室內溫度下降到一定標準以下，暖爐自動開始運轉（開啟狀態），同時開關再度亮燈。換句話說，前頁圖（右）是有條件的開啟（暖爐）狀態。

這台暖爐遠看很難分辨開啟／關閉狀態，所以出門之前，若燈光是熄滅的，就會忘記關閉暖爐，等到回家之後，覺得室內很溫暖，才突然想起忘記關閉電源，是一個令人困擾的 UI。如果要清楚告知使用者，暖爐現在是開啟狀態，只是暫時關閉而已，就得準備配合該狀態的表現方式。近來，一般認為可以考慮採取以 LED 來改變燈光顏色等方法，不過也有利用燈光閃爍來表現狀態的方式。這個案例說明沒有清楚告訴使用者系統的現狀／狀況，就會造成困擾。

接下來，再介紹另一個搞不清楚現在是開啟或關閉，而讓人傷透腦筋的案例。下圖是充電式刮鬍刀，一邊是打開開關的「開啟狀態」，另一邊是關閉開關的「關閉狀態」。請問 A 與 B 哪個是開，哪個是關？另外，切換開啟、關閉的開關是中央左邊的藍色按鈕。

答案為 B 是「開啟狀態」，A 是「關閉狀態」。由於拍攝角度的關係，按鍵看起來好像有「按下／沒有按下」的差異，其實並沒有變化。

這是一把電動刮鬍刀，照理來說，開啟時就會運作，關閉時即停止，所以兩者的差別，從動作就能一清二楚，因此乍看之下，我也認為沒有問題。可是，問題就出在電池沒電的時候。這台電動刮鬍刀一定要充電達一定程度，才能使用，一旦電池沒電時，若充電不夠久，就開啟電源，電動刮鬍刀也不會運作。而且外觀無法分辨現在是開啟還是關閉，所以直到充電一會兒之後，突然開始運轉，才會發現原來電動刮鬍刀是開著的。還曾經發生過忘記電動刮鬍刀正在充電，就直接外出，結果回家之後，看到對著空氣持續在刮鬍子的電動刮鬍刀。

我想，如果按鍵的按壓狀態代表開啟／關閉，應該不至於會發生這種情況，就因為不是這樣，才變成爛 UI。我要再次重申，將現在的狀態告訴使用者，真的非常重要。

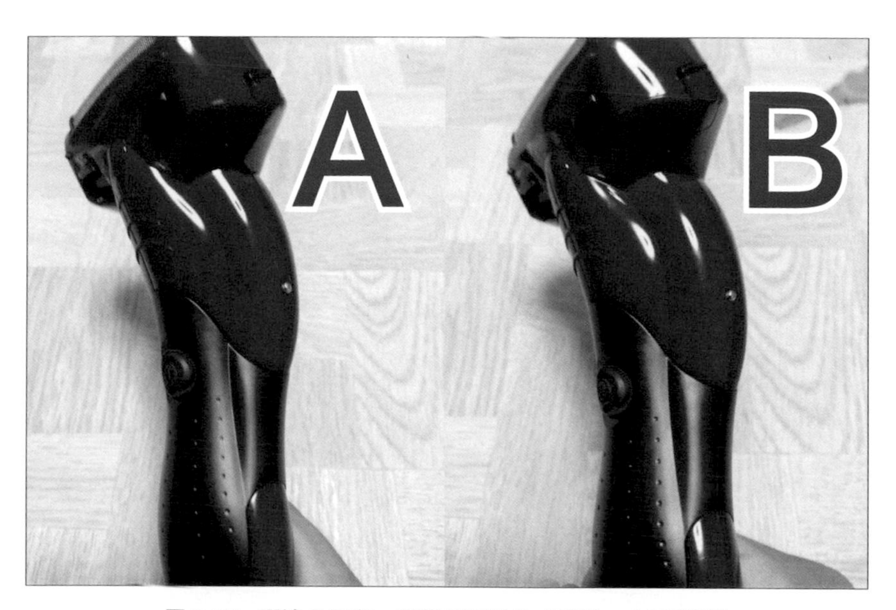


圖 2-23　哪邊是開啟，哪邊是關閉？（提供：山田道洋）

## 餐券售票機的操作順序：想買拉麵該如何操作？

圖 2-24　拉麵自動售票機。投入 1000 日圓後的狀態，怎麼買到糖心蛋佔拉麵？

這是當我去餐券制拉麵店時發生的事情。我投了錢，打算購買想吃的拉麵（糖心蛋沾麵），卻不曉得買法而感到一籌莫展。上圖是在這間拉麵店的餐券自動售票機中，投入 1000 日圓後的狀態（此外，在投錢之前，只有顯示該餐點已經銷售完畢的「售完」燈號）。如果要利用這台自動售票機來買到想吃的拉麵，該怎麼做才好？請你試著想看看。另外，也請想像一下，我當時感到困擾的理由。

從照片中可以得知，叉燒、青蔥、筍乾等按鈕都亮著紅燈，代表這些都可以購買。可是我想吃的拉麵按鈕卻沒有亮燈，看起來似乎沒辦法買。當然，按下按鈕也沒有反應。所以我想「該不會是機器無法辨識投入的紙鈔而退回？」還是「已經賣完？」而感到十分頭痛，不過問題好像都不是這些。沒多久，我的後方開始有其他客人排隊，正當我感到焦急時，有位像拉麵店店長的人物對我説「啊，一開始請先選擇拉麵的份量。」按照他的指示，按下「中碗」後的狀態如右頁上圖所示，終於可以選擇「糖心蛋拉麵」了。換句話説，要使用這台售票機購買拉麵，一開始一定要先按下「普通」、「中碗」、「大碗」其中一個按鈕，指定拉麵的份量才行。

世界上有許多這種非得按照固定順序來操作的 UI。這次的案例是一定要先指定份量，但是也有選擇種類之後，才決定份量的 UI，或無法先投錢的 UI 等各式各樣的操作順序。遇到這種有固定操作順序的情況，該如何傳回讓使用者一目了然的回饋，就變得很重要。這個案例造成困擾的原因，是紅色燈光在各階層有不同意義，而且會產生不同動作。以下整理各階層的動作差異。

- 最上層：投錢之後，按下「普通」、「中碗」、「大碗」時，該按鈕的燈號會亮起。每次按下按鈕，就會切換亮燈的按鈕，產生類似選項按鈕的動作。決定份量之後，最上層的燈光熄滅。
- 第二層：把錢投進去，最上層選擇了「普通」或「大碗」之後，比投入金額便宜（投入金額可購買）的餐點就會亮燈。按下亮燈中的餐點鈕，提供餐券。購買餐點後，這一層的燈光熄滅。
- 第三層：投錢後，完成最上層的選擇，執行和第二層一樣的動作（即使選擇「中碗」，燈號亮燈的部分也與第二層不同）。

**圖 2-25　拉麵自動售票機（選擇「普通」、「中碗」、「大碗」其中一個按鈕後的狀態）**

- 第四～第六層：投錢之後，比投入金額便宜（投入金額可購買）的餐點亮燈。按下亮燈中的餐點鈕，提供該餐點的餐券。

這樣你瞭解紅燈代表不同意義了嗎？當錢投進去，只先讓「普通」、「中碗」、「大碗」的按鈕亮紅燈，代表可以選擇之意。選好之後，再挑選拉麵種類，我想這樣應該比較容易瞭解。另外，可能也有讓「普通」、「中碗」、「大碗」的按鈕變成醒目色的手法。人會先搜尋自己想吃的餐點名稱，未必會從上面開始依序檢視介面，這可能是沒注意到必須先指定份量的原因之一。另外，人的視線會受到紅色燈光吸引，而不自覺將目光落在配菜或白飯等選項，很難注意到最上層的「普通」、「中碗」、「大碗」按鈕。

我想從這個案例中，應該可以瞭解給予使用者適當的回饋有多麼重要。請你動腦想想，該如何改善這台自動售票機。

另外，提到餐券售票機，下圖也是一個令人感到困擾的爛 UI。請思考該如何改善它。

**圖 2-26　選擇店內→種類→飯量時，出現「請先投錢」的訊息，並且回到最初的畫面（提供：八木康輔）**

這台售票機不僅介面難用，而且反應不靈敏，以觸控操作時畫面不會跳轉，因而發生「沒點到嗎？」打算再次點選，結果畫面突然轉換，而選到其他餐點的情況（資料提供：山浦祐明）

## 廁所的門鎖：正在上廁所，卻被外人闖入！

圖 2-27　紅字說明「若只按下按鈕，廁所的門不會鎖住。」

在獨立的廁所空間中，正在上廁所時，若被別人看到，一定會非常尷尬。當然，為了避免讓別人看見這種情況，肯定會將廁所的門鎖住，可是這種個人空間真的已經變成私密環境了嗎？內心總會感到隱隱不安。

上圖是貼在電車廁所內的告示「只按下按鈕，廁所的門不會鎖住」。這間廁所的門按下「閉（close）」鈕會關閉，按下「開（open）鈕」就會打開。按下「閉（close）」鈕，門自動關閉時，還會發出「喀嚓」的聲音。會出現這種告示，應該是有人誤以為這種「喀嚓」聲代表門已經自動鎖上，沒有注意到照片右上方的門鎖，而忘記鎖門吧！由於廁所的門沒上鎖，外面的人壓根沒想到裡面有人，就把門打開，使得彼此都嚇一大跳。

其實我也有過這種經驗，不小心在別人上廁所時，打開這種廁所的門，只得連忙說「對不起」（幸好對方已經上完廁所…）。廁所有人，卻誤把門打開，這種情況不論是開門的人，或被開門的人，都會覺得非常尷尬，令人苦惱。以這個案例來看，因為聽到「喀嚓」的回饋聲，才會下意識錯以為門已經鎖上，所以我認為只要不發出這種聲音，或乾脆自動鎖門，不就好了。可是，這樣的設計或許是要防止孩童在玩耍過程中，跑進廁所，誤按下關閉鈕而被反鎖在裡面的情況吧！無論如何，這是說明製作自動化介面時，必須考量各種細節的最佳案例。

接下來再介紹幾個廁所的案例。下圖是美國某個廁所的門鎖，請問你知道該如何鎖門嗎？

圖 2-28　左：在美國看到的廁所門把／（中央）上鎖的狀態／右：沒上鎖的狀態

想轉動門把的尖起處，卻無法轉動

圖 2-29　哪邊是上鎖狀態？

上面有個好像可以推動的突起。我想「往上推，應該就會鎖住吧」於是試著這樣做，結果推不動。可能是推的方法不對，所以又再嘗試了一次，結果還是一樣，「該不會壞掉了吧？」正當我這麼想的時候，發現按下這個突起，會稍微往下陷，看起來按下這裡，就會上鎖。

其實左頁下圖（中央）是上鎖的狀態，左頁下圖（右）是沒有上鎖的狀態。儘管看著照片很難分辨，不過事實上兩者真的沒有太大的差別。附帶一提，為了確認這扇門是否鎖上，我試著轉動門把，結果門鎖就打開了，由於無法肯定廁所門上鎖了沒，內心感覺很不安，所以在上廁所的過程中，一直握著門把不敢鬆手。

上圖也是廁所的門把。由於門把上有顆按鈕，所以認為這應該是門鎖，但是按下之後，只有輕微下壓感，不曉得是否真的鎖上，而感到不安心。這扇門也是從內部轉動門把後，就會開鎖，無法確認門是否真的鎖好，因此在上廁所的期間，只好一直握著門把。

需要保障私人空間的廁所大門，應該和下圖（上）一樣，可以一眼看出呈現上鎖狀態，或可以實際動手開門，用自己的手來確認是否已經上鎖，這點非常重要。我想世上的廁所門之中，的確有許多不確定是否上鎖，令人不安的爛 UI。

最後要介紹一個感覺像是惡作劇的案例，下圖（下）是我在美國住宿幾晚的客房廁所。竟然無法把門完全關上，或許這只是生活型態的差異，不算是爛 UI，但是我深深感受到文化衝擊。

無論如何，我想你應該明白「簡單明瞭傳達事情」有多麼重要了吧？

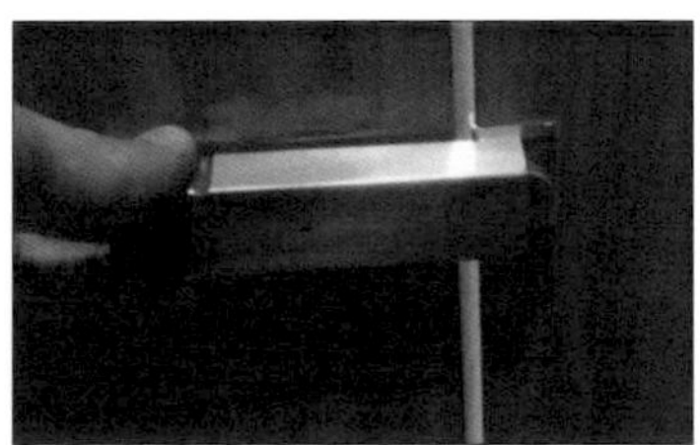

圖 2-30　以物理性的方式，讓人一眼就看出廁所門是否上鎖，這種就很容易瞭解

圖 2-31　門無法完全關上的廁所

## 浴室自動進水系統：我想在浴缸內放熱水，可是…

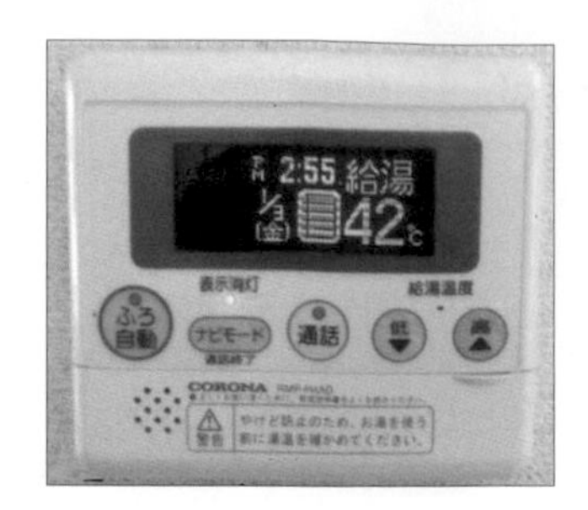

圖 2-32　浴室自動進水系統的控制器

當操作對象與 UI 在不同場所，無法即時確認狀況，經常會發生操作失敗，操作困難的狀況。

上圖是我老家浴室內，自動進水系統的控制器，利用遠端操作，可以在浴缸內放熱水，並且調整溫度。例如，按下「自動泡澡」鈕，會發出「放熱水」的聲音，並且自動在浴缸內放熱水。另外，當熱水到達設定的深度，會發出「嗶嗶」聲，同時以語音告知「熱水已放好」，並且關閉熱水（進水）。

本書讀到這裡，想必你應該已經發現，我是一個迷糊的人。之前不曉得發生過多少次忘記正在燒洗澡水，結果讓水沸騰，搞得一團亂的情況。對於這樣的我來說，這種利用聲音來提醒&自動停止的功能，真的非常有幫助。

迷糊人士可能會做出以下行為：

1. 打開浴缸的塞子，清洗浴缸。
2. 泡完後忘了放掉熱水，到了晚上又按下控制器的「自動泡澡」鈕，開始放熱水。
3. 在放好熱水前跑去看電視或看書。
4. 由於遲遲沒有聽到聲音導覽，覺得很奇怪，走到浴室檢查，結果忘記塞上浴缸的塞子，熱水全都直接排入水溝內。

我曾經長達 20～30 分鐘都沒有發現，浪費了許多水。我媽媽也曾經做過一樣的事。

這台進水器可以改變放熱水時的水深（下圖）。正常情況下，系統會配合設定的深度，自動關閉熱水，可是如果忘記塞上塞子，就無法停止供水。換句話說，在這間浴室內，可能有測量水深的構造。假使如此，我希望當提供一定水量，水位卻沒有變化時，可以增加提醒功能。至少，按下「自動泡澡」鈕之後，配合「放熱水」的動作，同時出現「浴缸的塞子是否塞上？」的提醒，這樣應該會有些改善吧！但是，每天都提醒的話，使用者反而會覺得太囉唆，這就是兩難之處。因為：人若每次都聽到相同的訊息，會自動忽略。無論如何，操作遠端介面時，由於看不到操作對象的狀態，這時一定要盡量要把回饋的資訊傳遞給使用者。

圖 2-33　利用遙控器也可以調整浴缸儲存熱水的水量（深度）。附帶一提，紅色橫條代表浴缸儲存的熱水深度

# 心智模式與無助感

到目前為止，已經透過介紹各種爛 UI 的方式來説明「回饋的重要性」。之所以需要回饋，是為了要向使用者傳遞系統資訊，以下將再進一步探討這個部分。

使用者在操作任何系統時，會期待系統按照本身的既定印象來動作。這種「使用者對某個系統的既定想法、認定的印象（動作模式）」，就稱作「心智模式」。

比方説，請回想圖 2-1 介紹過的自動售票機案例。大部分使用者的既定印象是「自動售票機退回插入的紙鈔，是因為紙鈔辨識失敗的緣故。」所以不會特別注意畫面上的變化，當紙鈔退回時，也會如此認定。這種印象會隨著使用者而產生微妙差異，也經常與系統的實際動作「因為自動售票機本身出現問題，而退回紙鈔」不一致。當時使用者的心智模式與實際動作的差距愈遠（亦即差異愈大），使用者就會覺得系統愈難用，很容易變成爛 UI。

使用者會根據過去接觸過的系統或介面來建立心智模式。舉例來説，圖 2-1 案例中出現的「自動售票機退回插入的紙鈔，是因為紙鈔辨識失敗的緣故。」這種心智模式可能是從果汁自動販賣機或銀行的 ATM 等行為（動作）中學習到而累積的經驗。

另外，世界上的門把及水龍頭的把手種類五花八門，大部分使用者都可以毫無困難地使用，都是因為第 1 章介紹的「提示行為可能性的線索」發揮效果的緣故。如果 UI 很簡單（例如，要切換推／拉或開／關，究竟要按哪裡等），只要準備線索，使用者就能順利使用。

可是，一旦變成稍微複雜的系統（該如何購買？如何輸入等），光靠單純的線索也很難操作。此時，如果不曉得系統內部的舉動，就會造成不安，而產生「現在變成什麼狀況？」、「做了何種處理？」、「我採取的行動正確嗎？」等各式各樣的疑慮。

因此，如本章説明的「利用適當的回饋，告訴使用者目前的狀態」，就變得很重要。例如，就算使用者想像的系統舉動與系統設計者心中假設的情況不一樣時，如果能利用回饋來適當傳達這件事，使用者就會修正關於動作的心智模式，順利完成操作。就像本章介紹過，「傳遞不適當回饋的 UI 」為什麼會變成爛 UI，絕大部分是因為缺少了這一點的緣故。

我認為，當你在設計系統時，要先思考使用者眼中看到的是什麼樣的系統。此外，當你遇到難用的 UI 時，請觀察你本身擁有的系統動作模式為何？實際的系統動作為何？這是在學習 UI 的過程中，非常好的練習方法。

人在遇見爛 UI，無法運用自如時，往往容易陷入負面思考「啊～我不適合這個。」、「我真笨啊！」這種現象被認知科學家唐．諾曼稱作「習得無助感（learned helplessness）」或「被教出來的無助感（taught helplessness）」[5]。希望你不要製作出這種讓人深感無力的 UI。

5 《設計&日常生活》Don Norman（著），卓耀宗（譯）、遠流出版。

# 重點整理

本章介紹的案例說明了將系統狀況當作回饋，適當傳遞給使用者有多麼重要，疏忽這一點會產生哪種爛 UI。除了有缺乏回饋而變成爛 UI 的例子，也有回傳多餘回饋而造成爛 UI 的情況。因此，以下整理了關於回饋的各項重點。

- 設身處地思考使用者的情況，提供回饋。
- 使用者的注意力是選擇性的，必須突顯回饋，不能被隱蔽（警告等重要回饋要用聲音、顏色、動畫等來強調）。
- 以使用者可以瞭解的詞彙或變化來回饋。

製作 UI 時，必須確實思考這一點。另外，在購買各種商品時，若能評估該商品是否回傳了適當的回饋，應該可以減少失敗的機率。若想進一步瞭解與電腦上的回饋有關的讀者，建議可以閱讀《微互動 Microinteractions》[6] 這本書。

本章多次提到「人的注意力是選擇性的」，在我的網站上也介紹了幾部可以實際體驗這種現象的影片[7]。每部影片都以淺顯易懂的英文來說明，你一定要試聽看看。此外還有幾本探討這種現象的書籍：《為什麼你沒看見大猩猩？》[8]、《100 Things Every Designer Needs to Know About People》[9]，這些都非常有趣。

6 《微互動 Microinteractions》Dan Saffer（著）、鄭巧玉（譯）、O'Reilly 出版

7 http://badui.info

8 《為什麼你沒看見大猩猩？》Christopher Chabris／Daniel Simons（著）、楊玉齡（譯）、天下文化出版

9 《100 Things Every Designer Needs to Know About People》Susan Weinschenk（著）、O'Reilly 出版

## 演練、實習

- 觀察身邊的自動售票機或自動販賣機，調查這些機器會對使用者顯示何種回饋。如果感覺這些機器很難用，請思考如何改善回饋方式比較適合。
- 觀察各種 UI，調查有哪些聲音當成回饋來使用。各種聲音的回饋中，除了「嗶嗶」及「噗」等機械音之外，也有講話的聲音，請討論這些是否容易瞭解，發揮功效。也一併思考哪些是容易引起注意的聲音、難以發覺的聲音、令人不快的聲音或舒服的聲音等。
- 請調查各種 UI 使用了何種顏色來當作回饋。另外，請整理什麼顏色用於哪些用途，並且探討是否容易瞭解，或難以辨識。
- 請調查各種 UI 在發生錯誤時，會顯示何種錯誤訊息。另外，假如這個訊息很難瞭解，應該如何修改，請思考解決方案。

Chapter 3

# 配對關係

你是否也曾這樣：在教室或會議室等大型房間內，當別人拜託你關掉前方燈光時，一不留神卻關掉相反方向的電燈，而感到著急？使用三口瓦斯爐時，想要點燃這個爐子，卻誤點成其他爐子，使得空鍋子乾燒？在飯店或朋友家裡，洗臉的時候，希望從水龍頭出水，沒想到卻從蓮蓬頭灑出，弄得全身濕答答？

一個場所有多個操作對象以及操作該對象（與對象相同數量）的 UI 時，能清楚瞭解對象與 UI 的配對關係，稱作「配對（媒合）順利」；若難以理解，則稱作「配對（媒合）不順利」。例如，有多個開關及多盞電燈，可以輕易瞭解哪個開關對應哪盞電燈，稱作「配對（媒合）順利」；若難以分辨哪個開關對應哪盞電燈，就稱作「配對（媒合）不順利」。

配對不順利，很容易變成爛 UI。本章是以這種配對關係為主題來介紹各種爛 UI，希望你可以徹底思考，為什麼操作錯誤？為何會產生這種爛 UI？又該如何改善？

接下來，敬請期待與配對關係有關的爛 UI。

# 一對一的配對關係

## 開關與電燈的配對關係：為什麼會關錯電燈？

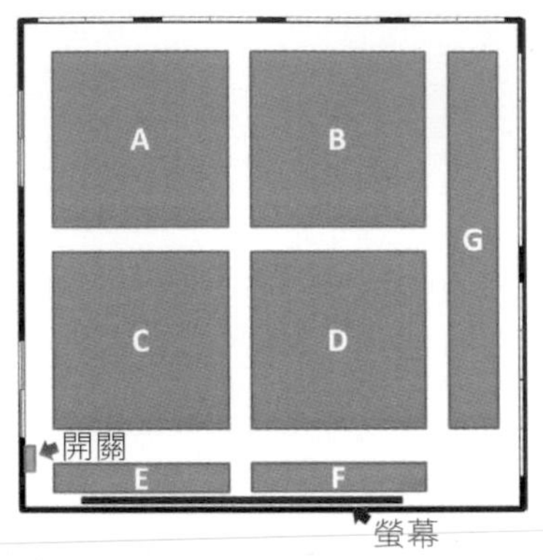


**圖 3-1　哪個開關對應到哪盞電燈？**

左：「電燈 1」、「電燈 2」、「電燈 3」…，在開關貼上了這樣的標籤／右：室內的電燈位置

你也曾在家裡、公司、學校、飯店等地，因為不曉得開關與電燈的關係而感到困擾吧？這裡就要介紹這種與開關及電燈有關的爛 UI。

上圖是說明我在一所高中遇到的開關及電燈分布示意圖。從右上的開關開始，依序貼上「電燈 1」、「電燈 2」、「電燈 3」、「電燈 4」、「電燈 5」、「電燈 6」、「電燈 7」的標籤，這裡的開關究竟是對應到上圖（右）中的 A～G 哪一個呢？請先預測看看。我在上課的過程中，為了讓聽講者能看清楚投射在螢幕上的內容，或方便聽講者抄筆記，會多次開關室內燈光。可是那次卻發生開錯燈或關錯燈的情況。

接下來要揭曉謎底，答案是「電燈 1→E、電燈 2→F、電燈 3→C、電燈 4→D、電燈 5→A、電燈 6→B、電燈 7→G」有多少人答對了呢？

課堂結束後，我請教了任職於這所高中的老師，對方表示「雖然我在這裡教書多年，還是經常搞錯這裡的電燈開關。」首先，導致操作錯誤的理由是，電燈的空間配置及開關沒有互相對應。當我打算操作螢幕前方的電燈（E、F）而正對這個開關時，卻因為 E、F 在左後方，而不自覺以為左邊的開關（5、6、7）是用來操作 E 或 F，因而關錯電燈。

繼續再介紹另一個案例。下圖是我住在泰國一家飯店時，房間內的電燈開關與電燈配置示意圖。A～D 的開關分別對應到右圖房內 1～4 的某盞電燈，請預測哪個開關將對應哪盞電燈。

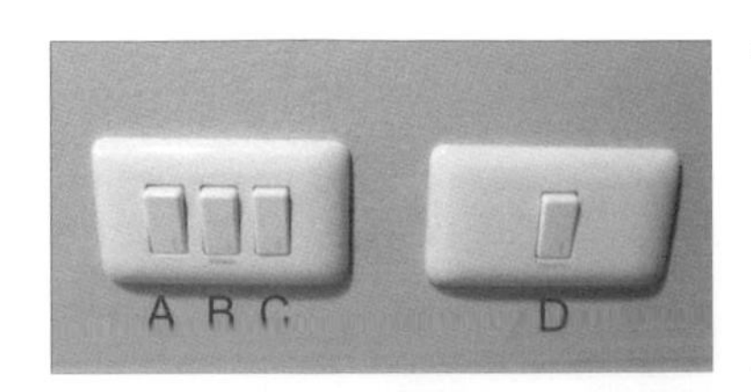


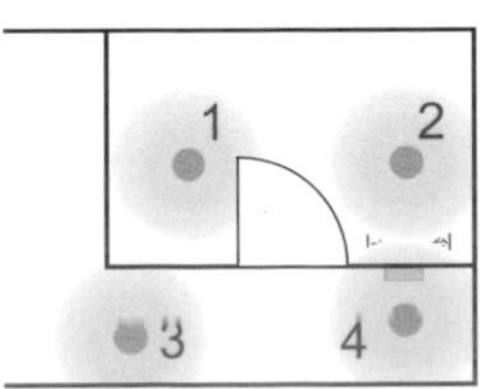


**圖 3-2　開關 A～D 如何對應電燈 1～4 ？**

圖 3-3 利用文字標示來顯示開關與電燈的配對關係。這樣做應該多少可以解決兩者之間的配對問題（紅線及紅色貼紙應該是給常用者的提示吧？）

答案是「A→1、B→2、C→3、D→4」有多少人答對呢？附帶一提，我在飯店住了 4 天，可是每天都開錯燈，直到退房之前，幾乎沒能按照想法順利開燈（尤其是當我想要打開 3 號電燈時，卻開錯浴室（1、2）電燈；或明明想要去浴室（廁所），卻誤開啟或關閉成開關旁邊的電燈）。為什麼會弄錯呢？對我而言，會覺得這個開關難用，應該有以下幾個原因：

- 在 2 個房間內各有 2 盞電燈，可是開關卻分成 3 個與 1 個。
- 站在開關前，就空間性而言，左起依序是 3、1、2，所以感覺應該是直接對應到 A、B、C。
- 1 與 2 在大門關閉時，無法確認電燈開啟或關閉。而且 1 號電燈即使打開門，也會因為形成陰影，無法確認和搞懂配對關係。

由於1 與 2、3 與 4 設置在不同房間，所以只要將開關也分成 A 與 B、C 與 D，應該會變得比較容易瞭解。

為什麼會產生這種爛 UI 呢？原因之一可以歸咎於設置者沒有經過深思熟慮。但是即使經過充分考量，若要清楚地向使用者說明開關與電燈的配對關係，仍是一點也不簡單。首先，安裝電燈的平面（天花板等）以及開關所在的平面（牆壁等）大部分都是互相垂直而非平行，使得空間配置出現扭曲。而且電燈的開關大部分都裝在牆壁的角落，操作開關時，會形成背對電燈的狀態。另外，當作操作對象的電燈在後方，成為 UI 的開關在前方，也會發生空間扭曲。舉例來說，如果可以從房間外，透過玻璃看見裡面的狀態來操作開關，減少空間扭曲之後，就能降低操作錯誤的機率，不過這種環境並不常見。

上圖是分別在開關加上說明，想標示出配對關係的狀態。即使加上文字說明，開關與電燈的對應依舊很難理解，但是有總比沒有好，至少可以減少發生困擾的情況，所以在眾多開關排在一起的場所，最好加上這種說明。另外，左頁上圖的案例中，應該加上適當的標籤（例如，電燈 1、2 是前方前、前方後，電燈 3、4 是中央前、中央後等）。

介紹了幾個電燈與開關的案例，不知道你是否已經瞭解，要標示出兩者之間的配對關係一點都不簡單？請比較家裡、公司、學校等地的開關與電燈，並且仔細思考，在空間性方面，兩者存在著何種關係？如何安排或怎樣加上標籤，才會變得比較容易讓人瞭解。

## 困難的配對遊戲：為什麼會挑錯對象？

圖 3-4　墓碑配對遊戲。左：操作對象是墓碑／右：操作用的 UI（提供：今城直樹）

上圖是一間遊樂園裡的假墓碑配對遊戲。配對的對象是墓碑，要利用眼前的 UI 來完成配對。這個配對遊戲似乎會讓人不自覺配錯墓碑，為什麼呢？

照片有點陰暗，可能有點難理解。請試著檢視墓碑，應該可以看到裡面那一排寫著「一、二、三、四」，眼前這一排寫著「五、六、七、八」。而且，在這個 UI 中，上面那一行（裡面那一行）排列著「一、二、三」按鈕，下面那一行（眼前這一行）排列著「四、五、六、七、八」按鈕（如下圖）。換句話說，前後排各有 4 個墓碑，但是 UI 卻是裡面 3 個，前面 5 個。

我想大部分的人應該都瞭解，一般使用者會把同一行的按鈕當作一組來思考。可是在這個案例中，操作對象與 UI 的分配不一致，所以若打算看著對象來操作，就會造成混淆，想指定 4 號墓碑，卻按成 3 號按鈕，要指定 5 號墓碑，結果按到 4 號按鈕，導致操作錯誤。當然，這種按鈕數量還不至於造成大混亂。可是，隨著數量增加，操作錯誤率也會不斷上升。

由於 UI 的左上方還有空間，所以我想出一個改善的方法：只要將位置安排成上面一行是「一、二、三、四」，下面一行是「五、六、七、八」，即可清楚分辨空間配對關係，降低操作錯誤的情況發生。不過因為這是遊戲，所以有可能是故意增加操作難度，這是一個說明配對關係的有趣爛 UI 案例。

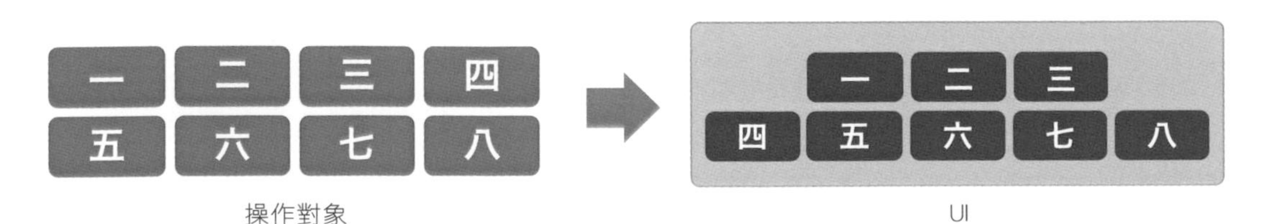


圖 3-5　操作對象與 UI 的關係
操作對象是分成 4 個水平排列，而 UI 卻是上面 3 個、下面 5 個，很容易操作錯誤

## 餐點與按鈕的配對關係：想選那道餐點，要按哪個按鈕？

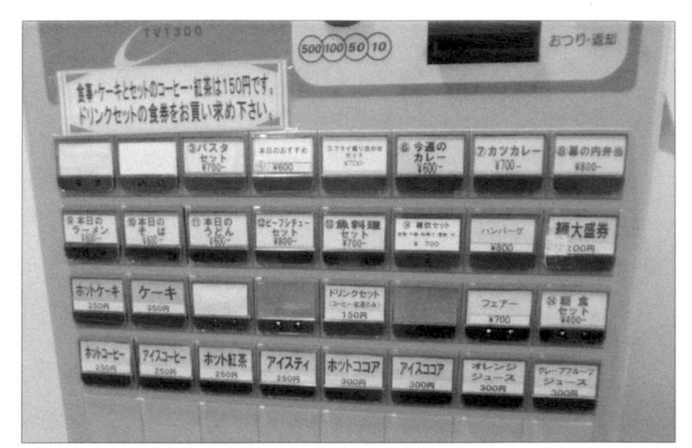


圖 3-6　展示餐點模型與售票機的按鈕，想吃那道餐點要按哪個按鈕？

我經常去的一間餐廳，其點餐流程是：先看自動售票機前方展示的餐點模型，決定餐點後，再到售票機購買餐券。但是經常可以看到有人站在售票機前苦思良久，最後只得請店員幫忙點餐。連我也一樣，假如在售票機前，無法找到目標餐點的按鈕時，就會請店員幫忙。

上圖是該餐廳的餐點模型與自動售票機。從展示的餐點模型中，可以清楚得知餐點內容，售票機看起來也沒有大問題，卻因為某個理由，使這台自動售票機變得很傷腦筋。

這個理由與本章其他案例相同，就是沒有適當顯示配對關係。下圖以插圖方式顯示本日餐點與售票機上按鈕的排列順序。從這裡可以看出，餐點與自動售票機按鈕的排列方式完全不一樣。因此，想吃漢堡，卻無法立刻找到售票機上的「漢堡」鈕在哪裡，而令人感到困擾。

假如餐點模型的展示順序與售票機的按鈕一致，應該可以減少站在售票機前傷腦筋的人數。而且，這台售票機上還有未使用的按鈕，只要整理這個部分，讓按鈕顯示變得更清楚，也可以減少感到困擾的人數。除此之外，目前展示餐點時，說明餐點內容的 POP 顏色以及售票機上的按鈕顏色沒有對應，假如賦予這些顏色意義，並且統一兩者的用色，效果應該更顯著。再者，這種售票機按鈕會變成東缺西缺的狀態，或許是有著無法更換按鈕排列等使用上的理由。無論如何，這都是一個有趣的爛 UI 案例。

圖 3-7　餐點模型的排列順序與售票機上的按鈕位置沒有對應，很難理解

## 外包裝與單包裝的配對關係：為什麼會選錯口味？

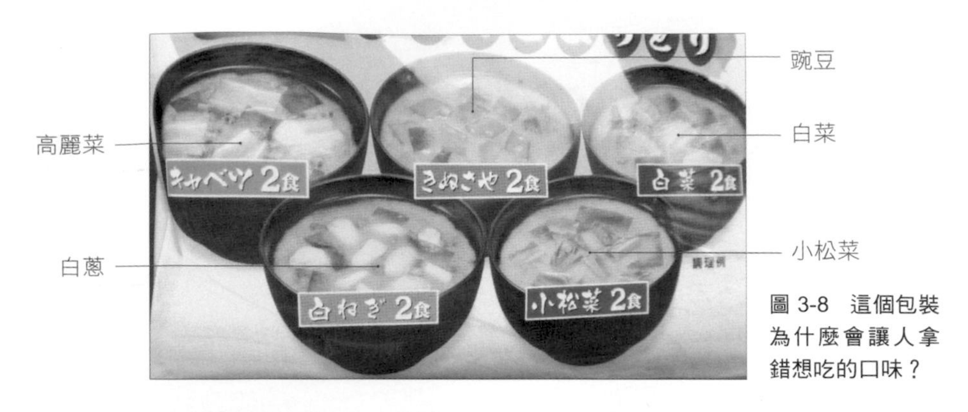


圖 3-8 這個包裝為什麼會讓人拿錯想吃的口味？

圖 3-9 單包裝的照片。高麗菜是紫色、豌豆是黃綠色、白蔥是水藍色、白菜是黃色、小松菜是粉紅色

有一天，我和太太不想煮飯，打算買便當，並且把家裡的味噌湯調理包煮來喝。上圖是味噌湯調理包的外包裝以及裡面的單包裝。從包裝上的插圖及文字可以分辨共有 5 種口味，而且單包裝上也分別畫出是哪種口味。結果我和太太卻都煮了與原本目標不同口味的味噌湯，到底為什麼會弄錯呢？

外包裝以白色文字寫上口味及幾餐的份量，而且用了 5 種背景色。然而，單包裝也同樣用文字標示口味，各種口味也使用了不同顏色。因此，只要先確認清楚，應該不會弄錯。確認各個口味的顏色之後，發現外包裝上，高麗菜是黃綠色、豌豆是粉紅色、白菜是藍色、白蔥是橘色、小松菜是深綠色；而單包裝的高麗菜是紫色、豌豆是黃綠色、白菜是黃色、白蔥是水藍色、小松菜是粉紅色。外包裝與單包裝的配色不一致。

想喝味噌湯時，使用者會確認外袋的包裝是何種口味，除了注意到的口味名稱之外，連顏色也會記在腦海裡。因此，當看到單包裝的顏色時，會以為包裝上看到的顏色（近似色）是想吃的口味，而不自覺搞錯。當然單包裝也有用文字及圖畫來顯示口味，可是銀色包裝會反射光線，使得文字及圖畫難以辨識，所以我們才會下意識依賴用顏色來辨別。

顏色在配對關係上，效果非常顯著，因此只要善加運用，就可以創造好用、不易弄錯的 UI。另一方面，從這個案例也可以明白，用法錯誤會讓使用者陷入混亂。為什麼不用相同顏色？假如不使用相同顏色，為什麼要用 5 種口味來分顏色？真是神秘的外包裝與單包裝的組合。這個有趣的爛 UI 告訴我們，如果要使用顏色來表示配對關係，就應該賦予意義。

# 距離的配對關係

## 電梯與操作面板：這個操作面板是控制哪台電梯？

圖 3-10　左：這是有 2 台電梯的電梯大廳／右：有 A 與 B 的 2 個操作面板。
如果要打開電梯 1 的大門，應該要操作 A 或 B 面板？（提供：くらもといたる）

上圖是尼泊爾一家飯店內的電梯以及 UI。請注意上圖（右），這裡有 1 與 2 這 2 台電梯，還有 A 與 B 等 2 個操作面板。如果要操作「電梯 1」，你想使用 A 或 B 哪一個操作面板？

我想大部分的人應該都會回答，如果要操作電梯 1，當然是操作面板 A 啊！可是，請見下圖。這是放大操作面板 A 的畫面，上面記載著「Please use this Button for the Elevator on the Right side. Inconvenience Is regretted（若要使用右側電梯，請使用這個按鈕，抱歉造成困擾）」。換句話說，按照指示，操作電梯 2（右側電梯）的時候，要使用面板 A，因此電梯 1（左側電梯）是以操作面板 B 來控制。

本章後半部分也會說明，人們在遇到有兩對的物體時，會自動對應到附近的物體。不曉得是因為增加電梯設備時，找不到設置操作面板的空間？還是因為缺少修改的資金，才會造成這種情況，我覺得這個案例非常有趣。

不過，假如有人想持續開啟電梯 1 的大門而按住按鈕，實際上卻是誤操作成（呼叫）電梯 2，結果電梯 1 的大門很可能因此夾傷人，所以我希望它可以做出改善。

**圖 3-11　左：放大操作面板 A 的模樣／右：再進一步放大操作面板 A 的一部分（提供：くらもといたる）**

「Please use this Button for the Elevator on the Right side. Inconvenience Is regretted」上面記載了這段話，似乎要用這個面板來操作右側的電梯。因此，變成要用操作面板 A 來控制電梯 2，用操作面板 B 來控制電梯 1

## 廁所的左右標誌：哪邊是男廁？哪邊是女廁？

圖 3-12　用箭頭指出的左邊廁所是男廁還是女廁？

上圖是設置在一間大學的男女廁入口之間的廁所標誌。當你看到這張照片時，你覺得照片左側的廁所是男廁還是女廁？

聽到這個問題，有 9 成以上的人都回答男廁，其實答案是女廁。換句話說，左邊的廁所是女廁，右邊的廁所是男廁。請問為何有這麼多人弄錯？請思考原因是什麼。

下圖（左）是從上方檢視這間廁所的插圖。老實說，這間廁所的標誌只是顯示女廁與男廁左右排在一起而已。

可是，如果思考一般人會如何看待這個標誌時，問題就很清楚了。從走廊上走過來的人，會從斜角看見這個標誌。如此一來，與牆壁垂直設置的廁所標誌看起就來像貼在牆上，如下圖（右）所示。兩間廁所應該位於空間性標誌的前面與裡面，卻因為標誌看起來像貼在牆壁上，所以判斷靠近自己的廁所是男廁，裡面的廁所是女廁，才會因此出現變成一不小心踏入異性用廁所的人。其實，連長期研究爛 UI 的我，也在走進女廁之前，才赫然發現錯誤，緊急煞車，差點就變成犯罪者了。

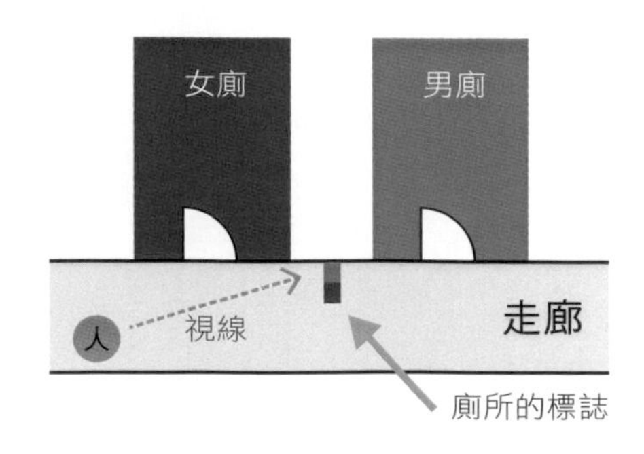


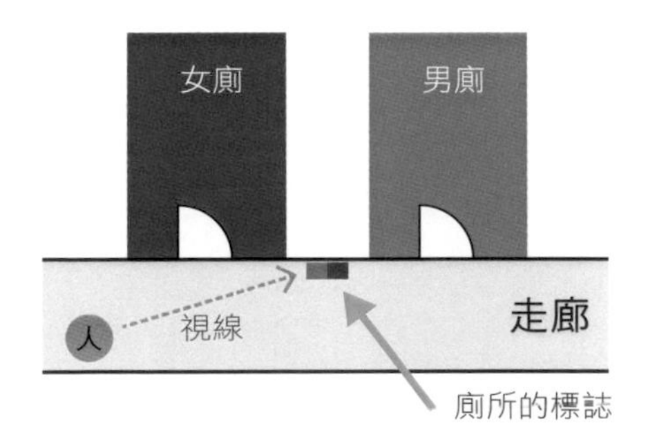


圖 3-13　廁所的標誌看起來是如此。紅色及藍色標誌分別顯示了代表女性的符號及男性的符號
左：從走廊看這個標誌的樣子／右：標誌左邊是女廁，可是標誌看起來像貼在牆壁上，所以才會與男廁搞錯

圖 3-14　左：儘管以大型標誌來表示左邊是女廁，右邊是男廁，卻想要走進左邊的廁所。這肯定是因為不注意才弄錯，如果這個標誌可以左右顛倒的話……／右：柱子的哪邊是男廁？哪邊是女廁？（提供：河野恭之）

其實這種案例屢見不鮮。絕大多數的廁所標誌應該都是由設計師製作，可是很少有設計師參與到設置標誌的工作。大部分的情況是，對 UI 沒有研究的人，想都不想就直接把準備的標誌放在那裡。因此，經常發生簡單明瞭的標誌卻無法發揮效果或造成反效果的情況。這也是任何人都可能會成為爛 UI 創造者的原因。

一模一樣的問題，這是一間醫院的廁所（上圖左）。廁所的入口兩邊顯示著大型的男、女標誌，我卻將注意力放在上面的男女組合標誌，結果差點跑進女廁。

在法國機場的廁所（上圖右）還有另一個更糟的案例。眼前的柱子上，有著男女標誌，左右兩邊的裡面有著男廁與女廁。這根柱子的左邊是男廁還是女廁呢？下圖是直接按照位置關係，將這間廁所的標誌放大後的結果。設置在眼前柱子上的標誌變成左邊是男廁，右邊是女廁。然而，位於這根柱子兩側裡面的廁所標誌卻是左邊為女廁，右邊為男廁。換句話說，柱子顯示的左右關係與實際廁所正好顛倒。像我這種經常粗心大意而犯錯的人，應該會發生原本要走進男廁，卻誤入女廁的情況吧！這或許是在繪製男女標誌時，完全沒有注意別人會如何判斷，而產生的爛 UI。

為了減少世上不小心走錯異性用廁所，而被誤認為是色狼的人，希望可以多留意這類廁所標誌的設置方式。

圖 3-15　這是放大中央標誌與廁所前標誌的狀態。左邊是女廁，右邊是男廁（提供：河野恭之）

## 廁所標誌的意義：男女共用的廁所？

圖 3-16
男女共用的廁所？

接下來繼續討論廁所的案例。上圖是我在一間大學看到的廁所標誌。當你看見這個標誌時，請想一想標誌旁邊的這扇門裡是哪種廁所？

當我看到這個標誌與這扇門時，由於一扇門旁只貼上一個標誌，所以我認為這可能是男女共用的廁所或這扇門裡，還分成男廁與女廁。

不過事實上，這扇門裡面的是男廁，如下圖所示。另外，下圖（左）的照片左側，裡面還有一扇門，那裡是女廁。換句話説，形成了如下圖（右）的位置關係。由於每扇門都沒有加上任何標誌，所以令人感到非常不安。

我認為這個案例的左右位置關係沒有錯誤，可是單憑這個標誌就要顯示男廁、女廁的存在及位置，實在太簡陋了（而且女廁又在非常裡面）。這個案例或許是由非設計師造成的爛 UI。

將來，當雷射切割器或 3D 印表機普及之後，任何人都可以製作出這種標誌吧！一旦變成這樣，碰到有問題的標誌時，就可以自行改善。但從另一方面來説，可能會變成許多人沒有深思熟慮就設置標誌，而引發混亂的案例也越來越多。為了避免這種情況，我希望讓更多人顧及使用者立場，因此才撰寫了這本書。

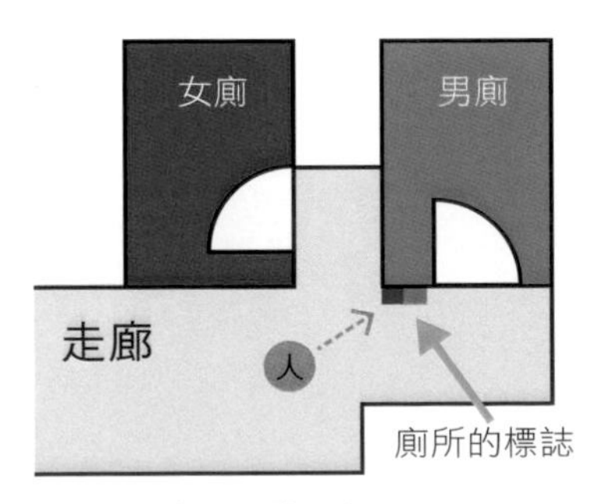


圖 3-17　右邊是男廁，左邊內凹處是女廁。附帶一提，每扇門上面並沒有加上顯示男廁或女廁的標誌

## 表格中的選項按鈕：這個按鈕是對應哪個標籤？

San Francisco Tours | Tour Schedule | Airport Shuttle Transfer | San Francisco Travel Guide | About Us | Tour Photos | Tour Reviews

Extranomical Adventures San Francisco

Need help? Click to Chat or call 1-866-231-3752

Yosemite Tours
California Wine Country Tours
Muir Woods Tours
California Tours
Monterey Tours
San Francisco Hotel Packages
San Francisco City Tours
Alcatraz Tours
Walking Tours of SF
San Francisco Culinary Tours
San Francisco Bay Cruises
Whitewater River Rafting
Private Tours
Corporate Charters
Los Angeles Tours
San Francisco Tour News
Tour Reservations

San Francisco Tour Reservations

FOR RESERVATIONS PLEASE CALL TOLL-FREE
1-866-231-3752
1-415-357-0700 internationally
OR SUBMIT THE FOLLOWING SECURE FORM

PASSENGER DETAILS

Tour & Hotel Package: Yosemite Two-Day Tour - Dorm Room (A$235, C$205):PYBU21
Hotel & Tour Package Prices are based on single occupancy.
Passenger Title: Mr ◉ Mrs ○ Ms ○ Miss ○
First Name: Satoshi
Last Name: Nakamura
# of Adults: 1 (Age 12+)

CARD HOLDER DETAILS

Title Mr ◉ Mrs ○ Ms ○ Miss ○
Cardholder's First Name: Satoshi
Cardholder's Last Name: Nakamura
E-mail Address: * Will Be Sent Order

圖 3-18　預約旅遊行程的網頁，選取的是 Mr？還是Mrs？

上圖是是使用網際網路預約旅遊行程時的網頁截圖。旅遊者姓氏前面要加上的尊稱「Mr」、「Mrs」、「Ms」、「Miss」，這個項目是利用選項按鈕（從選項中選擇其中一個項目的 UI）來做選擇。請問這張圖中，究竟選擇了「Mr」或「Mrs」哪一個呢？我想，如果按照順序看下去，就不會弄錯，可是選項按鈕的位置很曖昧，應該選擇「Mr」，看起來卻像選擇了「Mrs」。

另一個類似的案例，下圖（左）是一位學生製作的問卷調查部分頁面。兩者同樣都出現同樣的問題，難以辨識選項按鈕與文字內容的配對關係，尤其是「居住地」這個項目特別嚴重。我想恐怕是這位學生剛學會選項按鈕的製作方法，而想要積極使用的緣故吧！可是站在使用者的立場，這樣會覺得很困擾。

下圖（右）是讓人搞不清楚按鈕與英數字配對關係的開鎖系統。

想要顯示哪兩者的配對關係時，距離將會變得非常重要，所以當你在製作網頁時，一定要特別注意空間的運用方法。

アンケートにご協力下さい

年齢

性別
○ 男 ○ 女 ○ 回答しない

身分
○ 社会人 ○ 学生 ○ それ以外

居住地
○ 北海道 ○ 青森県 ○ 秋田県 ○ 岩手県 ○ 山形県 ○ 宮城県 ○ 福島県 ○ 茨城県 ○ 栃木県 ○ 群馬県 ○ 埼玉県 ○ 東京都 ○ 千葉県 ○ 神奈川県 ○ 新潟県 ○ 長野県 ○ 山梨県 ○ 静岡県 ○ 富山県 ○ 岐阜県 ○ 愛知県 ○ 石川県 ○ 福井県 ○ 滋賀県 ○ 三重県 ○ 奈良県 ○ 京都府 ○ 大阪府 ○ 和歌山県 ○ 兵庫県 ○ 鳥取県 ○ 岡山県 ○ 島根県 ○ 広島県 ○ 山口県 ○ 香川県 ○ 徳島県 ○ 愛媛県 ○ 高知県 ○ 福岡県 ○ 大分県 ○ 宮崎県 ○ 熊本県 ○ 鹿児島県 ○ 佐賀県 ○ 長崎県 ○ 沖縄県 ○ それ以外

圖 3-19　左：學生製作的問卷調查網頁。居住地如果是廣島縣，應該按哪個選項按鈕呢？／右：哪個按鈕對應到哪個鎖？

# 撥動方向的配對關係

## 切換把手：本來想刷牙，為何變成淋浴？

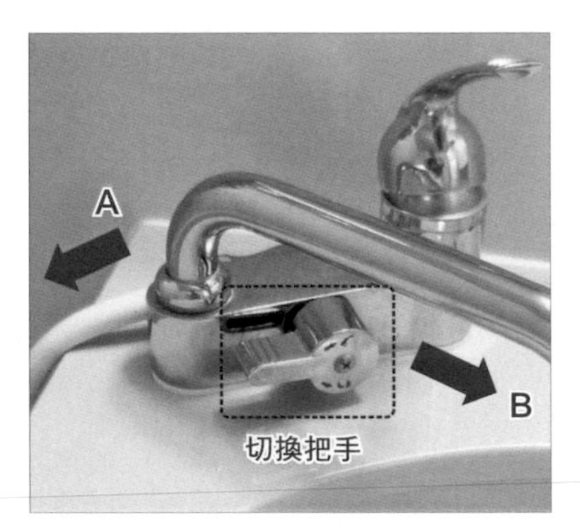


圖 3-20　將切換把手撥到左邊，讓水龍頭流出熱水，此時熱水會從 A 或 B 哪邊流出來？

你是否也曾這樣？想要刷牙、洗臉，而打算讓水從水龍頭流出，結果弄錯，水從蓮蓬頭灑下來，搞得全身衣服濕答答。

舉例來說，請回想一下上圖的狀況。A 的前方是蓮蓬頭，B 的前方是洗臉台的水龍頭。這裡的切換把手可以撥到左邊或撥到右邊，如照片所示，請問當把手撥到左邊時，熱水會從 A（蓮蓬頭）流出來？還是 B（水龍頭）？請思考理由是什麼，再繼續往下看。

我認為撥到左邊是從 A（蓮蓬頭）流出熱水，撥到右邊是從 B（水龍頭）流出熱水。理由是，面向這個切換把手時，蓮蓬頭在左邊，水龍頭在右邊。此時，我打算在浴缸內放熱水，舒服地泡個澡，所以把水龍頭從洗臉台轉向浴缸，基於上述理由，我將切換把手撥到右邊。當我正利用把手來調整溫度及水量，希望水龍頭能大量流出熱水時，熱水竟然從蓮蓬頭流出來，而不是水龍頭。

更不幸的是，因為蓮蓬頭朝向我這邊，我還穿著衣服，就被高溫的熱水噴到，不僅變成落湯雞，而且還被燙傷。

換句話說，答案如下圖所示，B 才是水龍頭。這個切換把手撥到左邊時，熱水從 B 前方的水龍頭流出，撥到右邊是從 A 前方的蓮蓬頭流出，你的預測正確嗎？

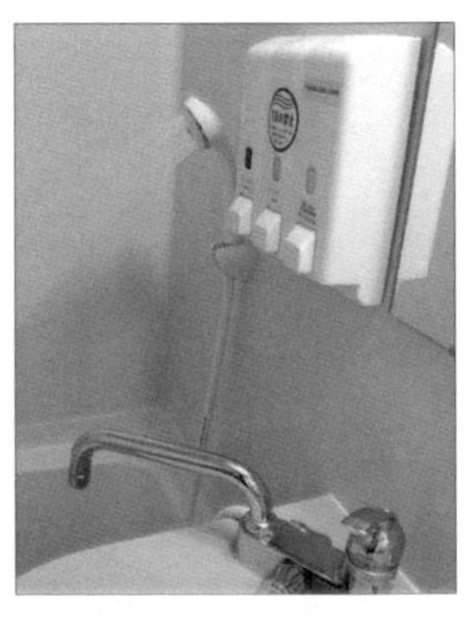

圖 3-21　左：撥到左邊，熱水從水龍頭（B）流出／右：撥到右邊，熱水從蓮蓬頭（A）流出

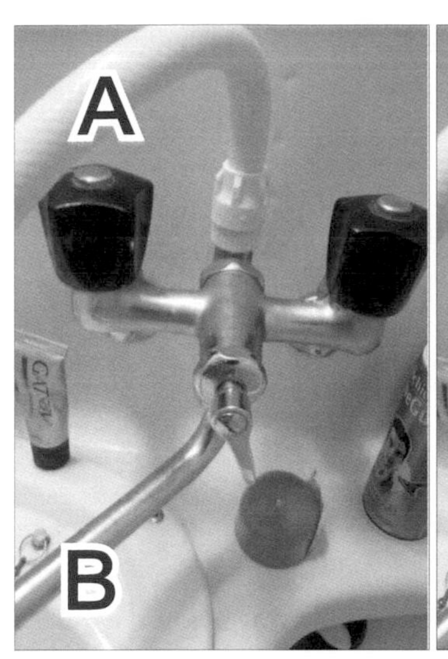

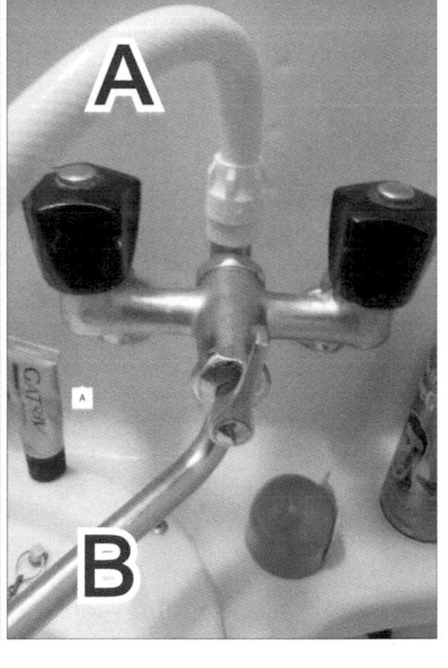


圖 3-22　左右兩張圖，哪一邊可讓熱水從水龍頭（B）流出？（提供：KY）

我經常犯這種錯誤。不光是剛才的案例，到目前為止，我曾經數度在出差住宿的飯店中，發生想要放熱水、洗臉、刷牙時，冷水或熱水卻意外從蓮蓬頭噴灑出來，明明已經換上乾淨的衣服，卻落得淋成落湯雞的悲慘下場。照理來說，既然已經被騙了好幾次，應該更加注意才對，可是有時因為出差太累或時差而精神不濟時，就會疏忽而不自覺地發生這種慘事。

附帶一提，只要仔細觀察左頁下圖就會明白，止水閥與水龍頭、蓮蓬頭的連接處，對應著一個切換把手，左邊是水龍頭、右邊是蓮蓬頭，往左撥是從水龍頭出水，往右撥是從蓮蓬頭出水，按理應該不至於弄錯。而且把手上還顯示著蓮蓬頭及水龍頭的小圖示。

可是，一般使用者並不會像這樣觀察入微，而且手把上的標誌也不大，算不上容易辨識。因此，注意力往往只放在水流出來的前端操作，結果做出蠢事。部分飯店在清掃客房時，會刻意調整蓮蓬頭，不讓其面向洗臉台。對於我這種漫不經心的人來說，這種做法實在很貼心。

既然提到水龍頭這個主題，接下來繼續介紹幾個類似的案例吧！上圖是一間浴室內，可切換蓮蓬頭（A）以及水龍頭（B）的把手。在左右兩邊哪一種狀態下，熱水才會從水龍頭（B）流出，讓水儲存在浴缸內呢？理由是什麼？

答案是右邊。換句話說，當把手朝上時，熱水會從水龍頭（B）流出。你答對了嗎？我每次遇到這種把手，十之八九都會弄錯。提供這張照片的學生，原本打算在浴缸內放熱水，而將把手撥成左圖的狀態，結果熱水從蓮蓬頭（A）噴出來，穿著衣服淋成落湯雞。

請問，為什麼他會犯這種錯呢？首先最大的問題，就是這裡完全沒有說明把手在何種狀態下，水會從哪邊流出的資訊。而且，弄錯方向的人看到這種形狀的把手，很容易誤判該把手是類似時鐘的介面，以為把手的前端（握把部分）指示著某個對象。以這種止水閥為例，上面連接蓮蓬頭（A），下面連接水龍頭（B），因此以為把手的方向與蓮蓬頭及水龍頭對應，而期待把手朝上時，水從蓮蓬頭出來，朝下是從水龍頭出水。實際上，把手前端與出水位置沒有配對關係，才會穿著衣服被淋得一身濕，有時甚至還會造成更嚴重的情況。

圖 3-23　哪邊是從蓮蓬頭出水？哪邊是從水龍頭出水？

按照箭頭指示往上轉，應該是從蓮蓬頭出水吧？試過之後確定無誤。不過，考量到蓮蓬頭與水龍頭的出水位置配對關係，這樣夠清楚嗎？

蓮蓬頭與水龍頭的切換把手種類琳瑯滿目。上圖是我在東京一間飯店看到的切換把手。以這個把手為例，它的結構是，在上圖（左）的狀態，從水龍頭出水；上圖（右）的狀態，從蓮蓬頭出水。因為上面只畫了箭頭，令人有點擔心，不過當時的確完成正確操作。只不過，兩者的配對關係不夠明確，我希望可以再加強說明。

下圖是京都一間飯店裡的蓮蓬頭／水龍頭切換把手。在流出冷水或熱水時，用手握住並扭轉把手，就會維持在由蓮蓬頭出水的狀態；當關閉冷水或熱水，手放開之後，會自動回到原來的位置，此時會從水龍頭出水。另外，使用了蓮蓬頭之後，關閉冷水或熱水時，也會自動回到原來的位置，所以不會弄錯而淋成落湯雞。不過也因此蓮蓬頭經常停止出水，使用上稍微有點麻煩，但是絕對不會發生穿著衣服淋濕的悲慘狀況，就我個人而言，我喜歡這個 UI。

以上介紹了幾個與蓮蓬頭、水龍頭切換把手有關的案例，你是否已經瞭解，若要利用旋轉操作來清楚顯示 A 與 B 兩個對象的配對關係，將有多麼困難。請務必觀察你身邊的切換把手，確認好不好用，並且思考該如何改善。

圖 3-24　左：若要切換成由蓮蓬頭出水，必須在流出冷水或熱水的狀態下，順時針旋轉後放開／右：關水之後，自動恢復原狀

## 控制溫度的把手：怎麼做才會流出熱水？

圖 3-25　把手在 A 還是 B 的狀態會出熱水？最左邊的圖為預設狀態

上圖是我投宿於美國一家飯店時，看到的蓮蓬頭把手。請問，在 A 與 B 哪一個狀態下，會流出熱水？另外，你的理由是什麼？我拿這個問題詢問學生，答案分成兩派。而我基於以下這些理由，認為在 A 狀態下會流出熱水。

1. 刻度是從中心開始，分別往順時針及逆時針方向逐漸變粗，這應該是以轉動把手的方式，配合旋轉量，使水量增加吧！
2. 在最初狀態，手把下端指到藍色刻度與紅色刻度的中間點，換句話說，改變把手下端的位置，應該可以選擇熱水或冷水吧！
3. 順時針旋轉把手後，前面有藍色刻度及字母 C；逆時針旋轉後，前方有紅色刻度及字母 H。這就表示，逆時針旋轉把手，應該會流出熱水吧！

到目前為止，在課堂上回答 A 的人大概都提出和我相同的理由。另外，回答 B 的人表示，因為紅、藍刻度由上往下逐漸變細，看起來像箭頭的緣故。那麼，你認為的理由又是什麼？

正確答案是 B。換句話說，如果要讓熱水流出來，要變成 B 狀態；若要流出冷水，則要變成 A 狀態。姑且不論你是否答對，這個爛 UI 的有趣之處就在於，假如變成 B 狀態會流出熱水，你應該認為，只要順時針旋轉把手就可以了吧？事實上，這個把手從初期狀態開始，只能逆時針旋轉（下圖）。也就是說，如果要讓熱水流出，就得逆時針旋轉把手將近 270 度。即便是流出熱水時，剛開始也一定是先流出冷水，旋轉超過 180 度以上，才會流出溫水。因此，我曾經一度以為開關壞掉，而煩惱了好一陣子。

假設這個把手的刻度是由藍逐漸變紅，或把手下方沒有突起，或許還比較容易瞭解。我大致檢查了一下，發現這個把手的基座上，有著像代表「順時針旋轉即 OFF」的文字及箭頭。可是，OFF 這個英文字與設計融合成一體，不容易發現，而且基座下方的箭頭也不曉得有何用意，實在不是個好的線索。就各方面來看，這是一個十分有意思的爛 UI。

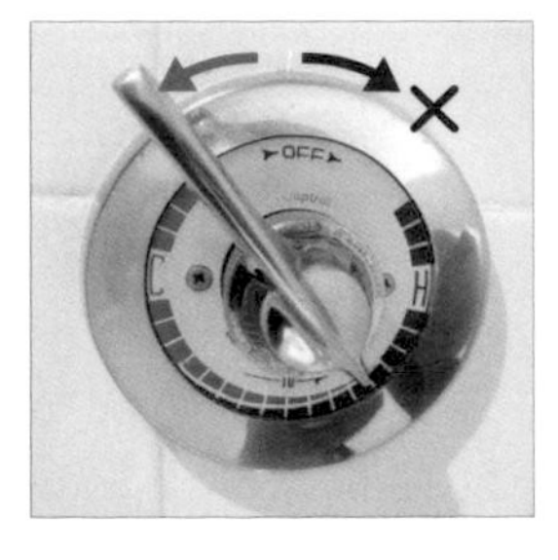

圖 3-26　往左旋轉會流出冷水。若想使用熱水，必須旋轉 270 度

# 欠缺配對關係的資料

## 飯店的房卡：我的房間是幾號？

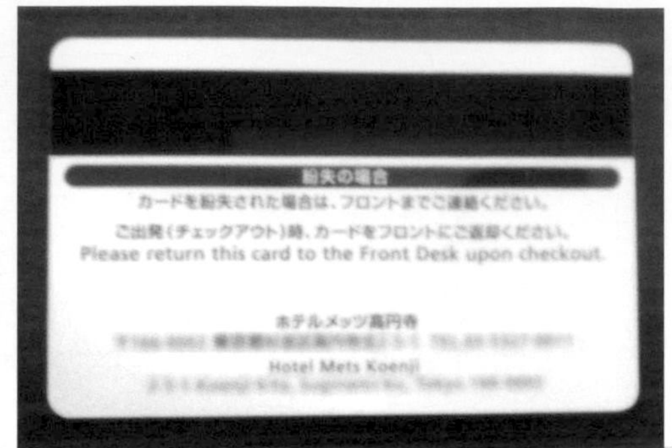


圖 3-27　這是沒有記載房間號碼的飯店房卡，雖然無可奈何，卻令我非常困擾

現今，大部分的飯店都使用房卡來當作客房鑰匙（上圖）。房卡是什麼？這是在櫃台取得記錄了門鎖資料的卡片，站在住宿的房間門口，讓讀卡機讀取卡片內的資料，即可打開房門。

由於房卡的門鎖資料可以隨時改變，萬一客人不小心遺失卡片，也不需要更換房間的門鎖，所以我認為就減少飯店管理的風險而言，的確是個好方法。但是，這種房卡並非零缺點。

過去飯店使用的房門鑰匙上，通常都附上記載著房號的說明，但是在櫃台取得含有門鎖資料的房卡，只要更改卡片中記錄的門鎖資料，任何一張房卡都可以與各個房間配對，因此如上圖所示，房卡本身不會寫上房號。一般在辦理住房手續時，櫃台會交給我們房卡以及寫著房號的鑰匙卡夾，只要隨身攜帶，就不會有問題。由於房卡也是一種卡片，所以我們常會不自覺不帶鑰匙卡夾，而單獨將房卡放入皮夾內，攜帶外出（鑰匙卡夾無法一起放進皮夾裡）。

房卡的好處是，即使不小心遺失，也不用擔心會被拿來做非法用途，可是一旦忘記自己住宿的房號，就有點麻煩。比方說，我曾經有一次走到餐廳要享用早餐，服務人員詢問我的房號時，因為沒有認真記下來，而回答不出來，還講出根本不存在的房號，使得對方露出懷疑的表情。還有一次，在別的飯店，外出後要回到房間時，卻沒有記下正確的房號，而想打開錯誤的房門，做出各種可疑的行為。除此之外，參加團體旅行時，大家聚集在大房間內喝酒，結束之後，由於很多人都把房卡放在桌上，而無法辨別房卡是誰的，結果只好依序拿著所有房卡逐一試試的窘境。過去，因為到國外出差，和我住在同一間客房的學生，發生過在房間入口插入房卡，也無法打開房門，以為自己記錯房號，而花了 1 個小時，在附近繞來繞去的慘況。其實，當時是磁卡有問題，卻因為沒有顯示房號，而在懷疑房卡之前，先懷疑自己是否記錯。

入住時，在房卡貼上記載著房號的貼紙，或許可以解決不曉得住在哪間客房的問題。可是要撕下來很費工，而且插入型房卡可能會發生剝落的貼紙阻塞卡片插入口的風險。這個問題可能難以用簡單的方法來解決，但我認為正因如此，爛 UI 才有值得研究及產生商機的可能性。請你務必試著思考，究竟有什麼好的解決方案。

## 外包裝與內容物的配對關係：哪一本是下一集？

圖 3-28　左：這本是第幾集？（提供：高橋俊也）／右：這是搬家用的紙箱。裡面究竟放了什麼？

在日本各大便利商店販售的平裝本漫畫，是採取以厚紙取代封面的簡易裝訂，用便宜的價格銷售過去的知名漫畫。其中有許多是已經絕版，又再重新出刊的漫畫，非常寶貴。但是，這種便利商店的平裝本漫畫中，卻潛藏著不利於整理或不方便一口氣看完全套漫畫的缺點。

上圖（左）是學生家中的書櫃。上面排滿著名為「MAJOR」的系列漫畫（全套有 78 集）。請問，當你要依序閱讀這個系列的漫畫時，你會怎麼做？我想大部分的人都會按照封面或書背上顯示的集數來排列，再依照順序閱讀。

請你仔細觀察這張圖。雖然封面與書背上，標示著宣傳該本漫畫內容的簡短文字，卻沒有提供這是第幾集的重要資訊（顯示集數）。假如想按照順序來翻看漫畫，一定要先看過故事情節，確認是否連貫，才能得知那本漫畫是第幾集。此外，即使按照順序排列在書櫃中，仍得一本一本確認內容。對於打算依序閱讀這套漫畫的人而言，可說是非常令人傷腦筋的 UI。

以便利商店的漫畫為例，這種漫畫未必會收錄完整內容（精選受歡迎的內容、與特定人物相關的內容等），有時也會省略一部分。或許因此與原創內容產生顯著差異，才會無法標示集數。另外，也可能是出版上的考量。不過，站在讀者的立場，仍希望可以提供一些線索。

最常因為配對關係的資訊缺乏（不足）而造成困擾的，就是紙箱與內容物（上圖右）。若不打開紙箱，就無法確認裡面的內容物，所以經常出現「那個東西放在哪個箱子？」而四處尋找的情況。紙箱外側雖然可以寫上裡面裝了什麼物品，或裡面的東西原本放在哪裡等資料，可是這些都是按照收納時的情況事先寫上去的，找東西的時候，通常沒有多大用處，一樣令人困擾。

從上述的案例中，我想你應該可以瞭解，外包裝與內容物的配對關係有多麼重要。

## 多色原子筆的壓桿：哪個壓桿是紅色？

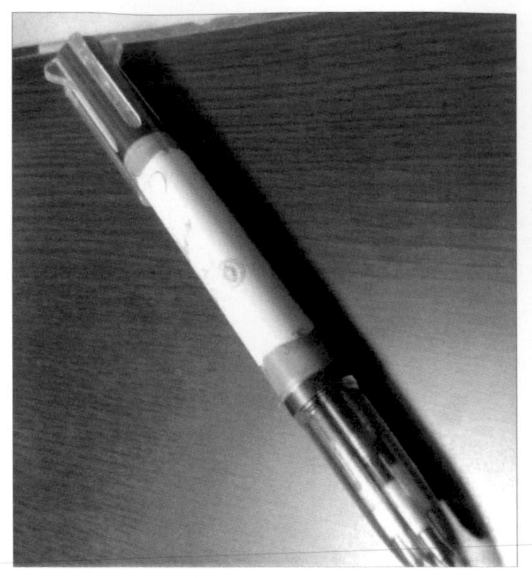

圖 3-29　左：切換式 5 色原子筆。要改變顏色有點麻煩，為什麼？（提供：井上真菜）／
右：亂七八糟的電線，分別是對應哪一頭？

接下來，還要再介紹幾個關於配對關係的案例。上圖（左）是學生攜帶的多色原子筆。聽說這支多色原子筆要切換顏色，非常麻煩，你知道原因是什麼嗎？

既然寫出多色原子筆，我想大部分的人都會注意到，這支原子筆明明有多種顏色，但是切換顏色用的壓桿卻是透明、無色的。因此，當要切換這支多色原子筆的顏色時，必須先檢視筆尖，確認想要使用的顏色對應哪個壓桿，才能執行按壓操作（亦即兩端都要確認）。這是明明只要在壓桿加上顏色，就可以省掉這種麻煩…的爛 UI。

另外，經常讓人搞不懂兩端配對關係的，就是線材。上圖（右）是我的研究室地板。因為網路不穩定，懷疑斷線了，而打開地板，但是不曉得哪條和哪條電線彼此對應，而大傷腦筋。只好一條一條拉動，才能找出對應的電線，實在非常辛苦。你應該可以瞭解，提供配對關係這件事有多麼重要了吧！

另外，如果不想為了這種配對關係而頭痛，只要和下圖一樣，在兩端加上對應資訊，就能有效解決這個問題。

圖 3-30　左：網路線兩端都加上相同的標籤，配對關係一目了然／
右：可以輕易瞭解前方與哪裡連接的醫院內部指引

## 女廁的引導說明：為什麼在這裡提示？

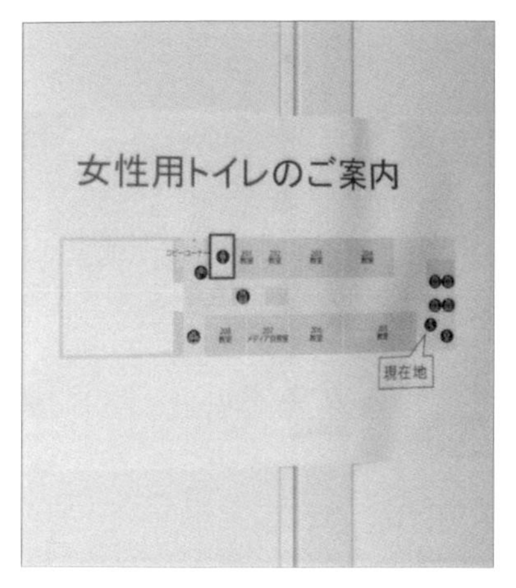

圖 3-31　女廁的引導說明（提供：三輪聰哉）

最後，我要介紹「提供了配對關係資訊，卻還是失敗」的案例。上圖是貼在大學建築物內部的女廁引導說明。除了這個樓層，其他大部分都是男女廁相互為鄰，而該層樓的男女廁相距較遠，所以將標示女廁位置的告示貼在男廁附近。這種引導說明的確有幫助。

可是，問題出在提供配對關係訊息的位置。如上圖（中央）所示，上圖（左）的引導說明張貼在牆壁上。但是，這張說明的位置，卻位於上圖（右）箭頭指出的部分。換句話說，引導說明貼在要進入男廁的牆壁上。由於接下來是女賓止步，基本上可以看到這張說明的人，只有男性及殘障人士。因此，特意準備的女廁引導說明，女性卻看不到。如果貼在上圖（右）的左前方，我想就不會有問題，或許是因為防災緣故，而無法貼在該處吧！我想最好再多思考一下張貼位置。

下圖則是一間出租兼銷售影音商品的商店照片。櫃台提供出租、歸還、結帳等三種服務。看到櫃台時，以為這裡只提供結帳服務，其實這是同時提供結帳及歸還兩種服務的櫃台。但是，顧客看到箭頭及文字，以為「這是結帳專用櫃台」，而要歸還影音商品的顧客又不會排在這裡。左側裡面有三個出租櫃台，那裡排了許多要租借影音商品的顧客，不過要歸還商品的人也排在那裡了。所以這是店家特地加上提供結帳服務的說明，沒想到卻變成「結帳專用」櫃台，而讓人傷腦筋的案例。

這個案例告訴我們，提供訊息的場所及內容都很重要。當你在提供訊息時，也要多加留意。

圖 3-32　結帳櫃台（提供：植田雄也）

# 「前注意特性」& 色彩通用設計

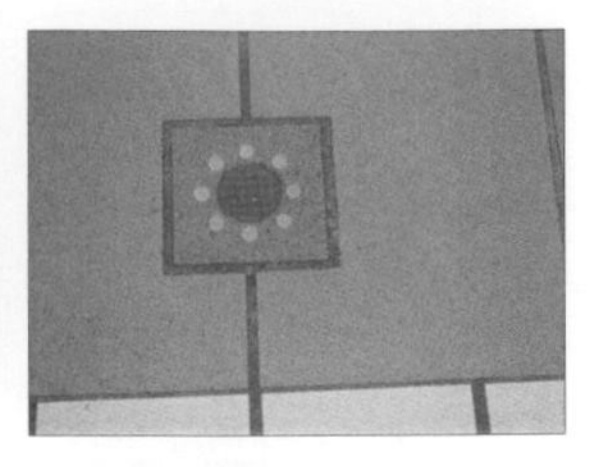

**圖 3-33　前往米原車站的新快速列車到左側的 △ 1～12 為止，前往吉祥寺的普通車到 8 個閃爍點的位置為止**

你應該看過車站月台的地面上，以數種模式反覆閃爍的燈號圖形吧？在各式車種都會抵達的車站月台，會在電車行駛告示板及地面上，顯示對應的圖形、顏色、模式等，藉此標示電車停靠的位置（上圖）。

為什麼要用形狀、顏色、動作模式來顯示配對關係呢？原因之一是，人類在辨別對象時，形狀、顏色、模式可以發揮顯著的作用。

下圖分別在 24 個、96 個、600 個圓形中，加入 5 個紅色圓形。請你試著分別找出這些紅色圓形。當你在尋找這些紅色圓形時，花費的時間是否不一樣？以左邊的 24 個圓形為例，右邊 600 個圓形的數量是它的 25 倍，但是找出紅色圓形的時間也是 25 倍嗎？

我想，大部分的人在尋找紅色圓形時，時間上沒有太大的差別。這種即使沒有依次（按照順序）尋找，也能瞬間掌握情況的視覺特性，稱作「前注意特性」（前注意變數 Preattention）。這種視覺特性即使在非意識性的狀態下，也能立即感受，具有非常強力的配對關係效果。目前已經證實，這種可以瞬間掌握的視覺特性，除了顏色（色階或明度）之外，還包括形狀、大小、方向、位置（錯開排列整齊的狀態）、質感等（如右頁上圖）[1]。

雖然這種配對關係的效果非常明顯，卻有幾點必須特別注意，亦即與顏色識別有關的部分。

平常我們很少意識到，人類有許多色覺類型，他們眼中看到的顏色並不一樣。世上 C 色覺類型者最多，所以稱作一般色覺者，除此之外，P、D、T 色覺類型稱作色弱者。這裡的問題在於，一般色覺者的比例非常多，所以各種 UI 的顏色都以 C 色覺類型者能辨別的顏色來設計（日本色弱者的比例是每 20 名男性有 1 人，每 500 名女性有 1 人；澳洲是男性為 8%、女性為 0.4%[2]）。因此，UI 上使用的顏色，對於色弱者而言，可能會出現識別障礙（例如：以顏色來對應場所、性別、動作狀態等），而造成困擾。

1 《Designing Interfaces, 2nd Edition》Jenifer Tidwell（著）、O'Reilly Media 出版

2 《Introduction to Information Visualization》Riccardo Mazza（著）、Springer 出版

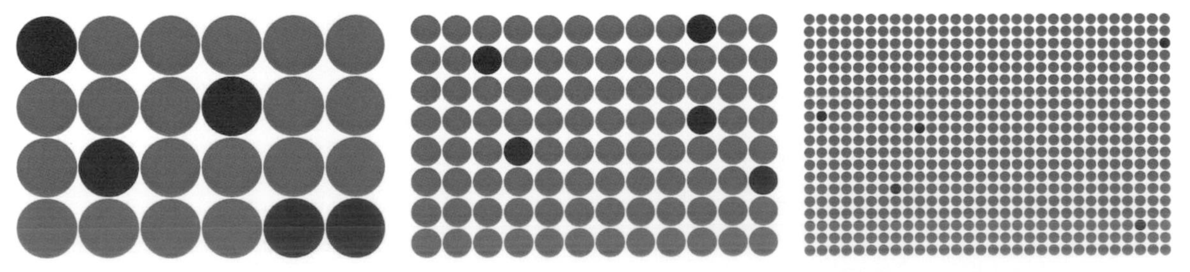

**圖 3-34　請從 24、96、600 個圓形中找出紅色圓形。附帶一提，當識別種類增加，效果就會消失**

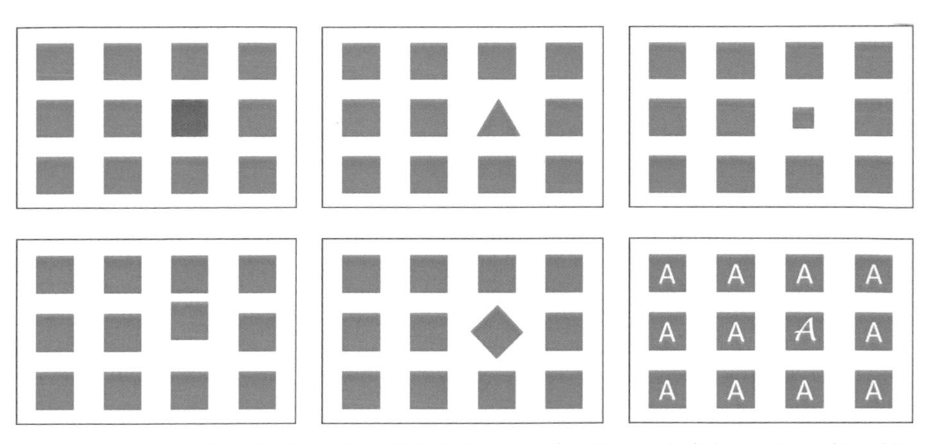


圖 3-35　各種「前注意特性」可以識別的物件（顏色或形狀、大小或方向、場所或質感）

這種認為設計必須考量到顏色辨識差異的概念，稱作「色彩通用設計」（Color Universal Design）[3]。色彩通用設計所追求的是，採取盡量讓大多數的人可以辨別的配色，或即使無法辨別原本的顏色，也可以傳遞訊息的方法。然而，一般色覺者很難判斷在色弱者眼中看到的景象，所以市面上才會推出可以模擬這種狀態的各式軟體。比方說，「色のシミュレータ[4]」這個 APP 是透過裝置來體驗別人眼中色彩的模擬器。模擬器並非盡善盡美（可能因為相機好壞而有差異），卻可以幫助你掌握大致的狀態（下圖），藉此測試你想用在 UI 上的顏色，是否每個人都能正確辨識而不至於誤解。

3　NPO 法人 Color Universal Design 機構 http://www.cudo.jp/
4　色のシミュレータ http://asada.tukusi.ne.jp/cvsimulator/j/

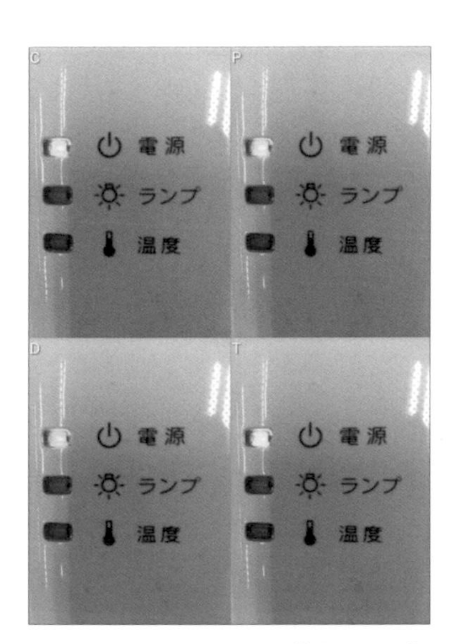


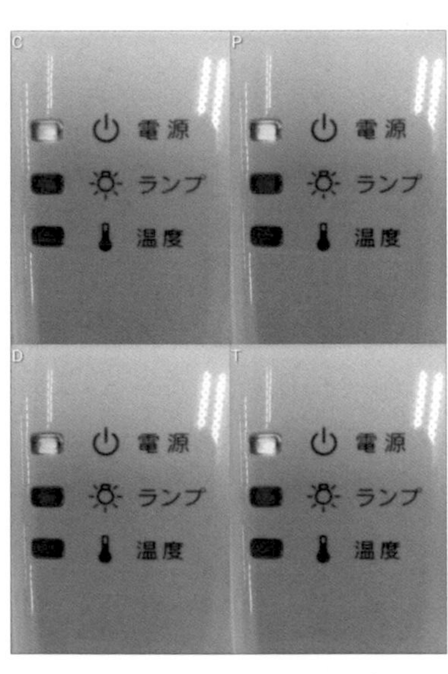

圖 3-36　使用 APP（以 HTC j Butterfly 為例。此 APP 有 Android、iPhone 版本）拍攝的照片。左：關閉投影機／中央：開啟投影機／右：電燈開關

各圖左上到右下依序是 C 型（一般型）、P 型（1 型）、D 型（2 型）、T 型（3 型）。一次可以排在一起確認，比較容易瞭解

# 重點整理

本章列舉了電燈與開關、蓮蓬頭與水龍頭、冷熱水的切換把手等案例，來介紹各種與配對關係（Mapping）有關的爛 UI。由於大部分都是身邊常見的案例，所以對遭遇過相同爛 UI 經驗的人來說，應該能深刻體會到配對關係的重要性！

成為操作對象的 UI，並非只要做出來就行，還得賦予一定程度的意義，明確顯示配對關係，否則會讓人搞不懂怎麼用。可是，要妥善提供操作對象與操作方法的配對關係，非常困難，所以才會常常製造出爛 UI。

除了這次介紹的案例外，沒有清楚提供配對關係而形成的爛 UI 案例隨處可見。比方說，最知名的問題，就是有 4 個爐心的瓦斯爐以及操作爐心的 4 個開關，彼此的配對關係。假如難以瞭解爐心與開關的配對關係，就可能發生在錯誤的爐心點火，導致把菜燒焦，或把為了盛盤而放在爐口上的盤子打破（其實不能這樣放）等情況，所以必須特別注意。

或許有人認為，自己以後不可能有機會製作和本章案例一樣的 UI。可是我想你至少會遇到後半段説明的案例，為了收納於紙箱內的物品還有大量線路而煩惱，或不曉得文件放在哪個文件夾內，而頭痛的情況。這些可説是使用者為了將來的自己而製作出來的 UI。若要避免到時讓自己傷透腦筋，最好多加留意配對關係。另外，熟悉各種爛 UI 或許在某天會派上用場。所以請務必要將這些案例記在腦海裡。

## 演練、實習

- 請製作住家、學校、公司等各種房間的平面圖，並且試著用圖示顯示這些房間的電燈與開關之間，有何種配對關係。請檢討這些配對關係是否合理？如果要改善，該怎麼做？
- 請調查家中浴室的蓮蓬頭與水龍頭切換開關是哪種類型。如果與家人同住，請一併調查家人在使用上有沒有問題。另外，請拍下照片，提供給其他人看，請對方預測操作方法。假如預測結果與實際操作方法不一致，極有可能是爛 UI，所以請想一想，為什麼對方會猜錯。
- 請搜尋男女符號合在一起的廁所標誌，找出因為該標誌而無法判斷男女廁位置的案例。
- 家中、學校、公司等地是否已經在電線類物品加上標籤，變得比較容易辨別？假如沒有標籤，請思考加上何種標籤比較容易辨識。
- 請利用色彩模擬器，調查各種使用於 UI 的顏色，在各種色覺類型者的眼中，會是什麼模樣。另外，也請檢討是否有因為依賴顏色而產生無法傳遞的訊息，應該如何調整等等。

Chapter 4

# 群組化

你是否也有過這樣的經驗，車站裡明明有顯示出口位置的告示板，卻還是不曉得該往哪走？想開啟電梯門，結果不小心誤按到關閉鈕，差點夾到人？閱讀活動宣傳單時，看不太懂而感到傷腦筋？

這個世界上存在著數量龐大的 UI，這些 UI 都不一樣，可是不論看到哪種 UI，我們都會曉得「哪些 UI 有類似功能，哪些屬於同一群組。」這是為什麼呢？明明沒有任何說明，怎麼會知這些事情？

這是因為人類擁有「群組化（體制化）」的能力，會把多個元素當作單一或多個群組（集合）來辨識。而本章就要介紹與這種群組化能力有關的爛 UI。

或許你會認為本章提到的內容理所當然。可是，一旦由你來製作 UI 時，這些卻是最容易忽略掉的重點。所以希望當你在製作 UI 時，可以回想起這些內容。

接下來，敬請期待與群組化有關的爛 UI。

# 哪些是相同群組？

## 令人困擾的指示板：化妝室在哪裡？

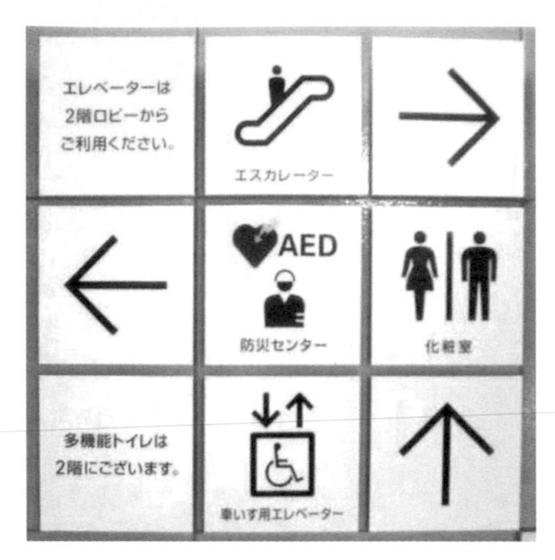


圖 4-1　化妝室在哪個方向？

上圖是在 Twitter 造成討論話題[1]，新宿一家大樓的指示板。請問化妝室（廁所）在哪裡？同時請一併思考理由為何？

看到這個指示板，會覺得化妝室在右邊，也會以為在左邊，甚至認為在正前方。這稱得上是讓人感覺有各種可能性，很容易明白問題出在哪裡的最佳爛 UI 案例。截至目前為止，我曾經拿這個問題詢問過將近 200 名聽講生，大概有 7～8 成左右的聽講生回答「左邊」，其餘認為是「右邊或上面」，請問你覺得在哪裡？

絕大多數的聽講生回答「左邊」。關於這個案例，弄錯方向的人或許沒有想像中多。當你在冷靜閱讀本書或聽課等心平氣和的狀態下，看到這個指示板，倒不會有什麼問題。可是如果你正處於急著想上廁所，無法冷靜的時候，就會感到很焦躁了。

為什麼這個指示板會讓人困擾，難以分辨化妝室方向呢？別用簡單一句「因為很難看懂！」就帶過。在學習 UI 的過程中，試著深入思考原因，是非常重要的一件事。

讓我們來分析一下這個指示板。首先，指示板有 9 個方格，其中 3 格是大型箭頭，其他 6 格包含手扶梯、化妝室等標誌、多功能廁所等資訊。箭頭方格是用來指出該往哪個方向前進，6 個資訊方格是顯示這裡有手扶梯、化妝室。換句話說，應該要組合 6 個資訊方格及 3 個箭頭方格，才知道手扶梯或化妝室的方向。所以必須先了解，6 個資訊方格各屬於哪個箭頭方格的群組。

先請注意「化妝室」的方格，想想看與化妝室配對的箭頭方格是哪一個？應該包含在「向右」、「向左」、「向上」哪個箭頭群組內？

化妝室方格上面有往右的箭頭，下面是往上的箭頭。然而，化妝室左邊第 2 格是向左的箭頭。由於不容易分辨化妝室方格是和哪個箭頭方格同一組內，才會搞不清楚化妝室在哪個方向。

1 「抵達新宿，搞不清楚廁所在哪！製作這個告示板的人真的是…Twitpic」 http://twitpic.com/6h3fd3

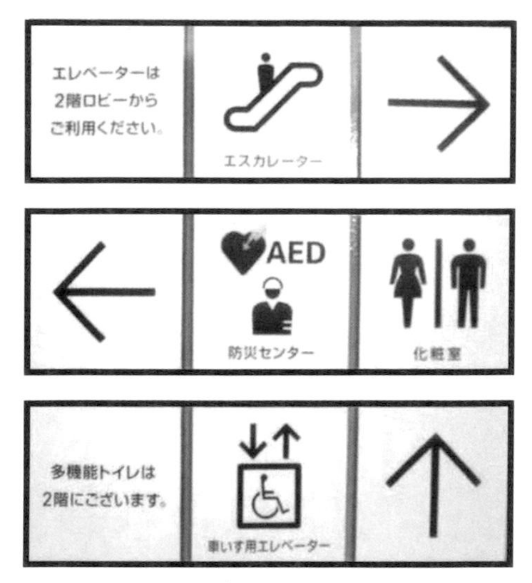


圖 4-2　各個方格歸納在哪些群組內？

上圖是我實際到現場勘查之後，以紅框顯示各方格所屬群組的圖示。如這張圖所示，化妝室方格與向左箭頭方格為同一群組。

前往其他樓層時，發現別的地方還張貼著以 3×2 或 1×3 組成的方格（下圖）。3×2 的方格組合上層有向右的箭頭，下層有往上的箭頭，但是這些箭頭都統一放在右邊，因此很容易瞭解方格對應哪些箭頭（只不過，這裡的向上箭頭會與向右箭頭相撞，最好上下反過來）。另外，1×3 方格組合只有 1 個箭頭，所以根本不會弄錯。從隨意安排方格位置以及貼法毫無原則來看，恐怕是設計師沒有規畫方格的配置方式，而建築業者或管理公司就直接將設計師製作的方格板以等距方式貼上去而已。一想到製作過程，就覺得這真是非常有趣的爛 UI。

這組指示板是思考最佳配置的好案例，請你動腦想看看，怎麼做才能避免產生疑慮。

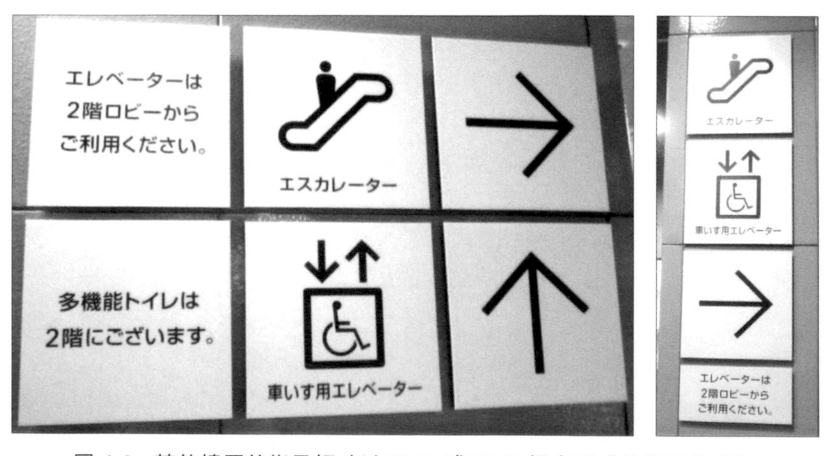


圖 4-3　其他樓層的指示板（以 3×2 或 1×3 組合而成的指示內容）

## 自動售票機的按鈕：如何換成大碗拉麵？

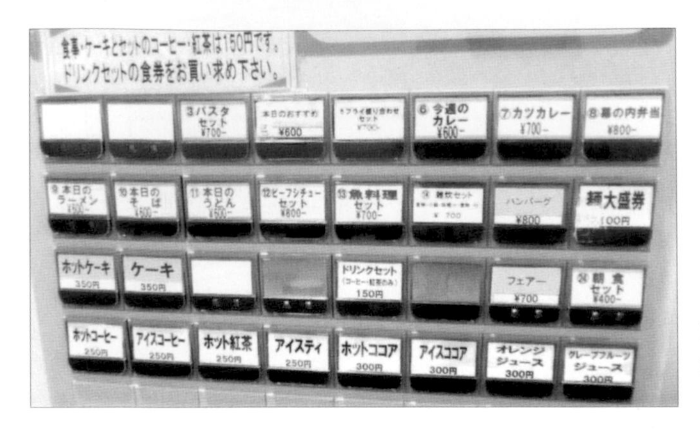


圖 4-4　如何才能換成大碗拉麵？（2013 年 4 月）

誠如先前多次介紹過的，餐券自動售票機根本是爛 UI 的寶庫。因為餐券自動售票機必須處理各種不同種類的餐點，而且有時金額還會不同，甚至會經常新增、刪除餐點等。

上圖是某餐廳的自動售票機。其中的拉麵、蕎麥麵、烏龍麵、義大利麵的麵量都可以加大，變成大碗，可是我卻找不到「大碗」的餐點。由於後面有人排隊，我只好放棄尋找，開口詢問店員「我想點大碗的麵…」對方說「在那邊」，按鈕在售票機右邊（「大盛券」按鈕）。

可能我太專注在左側的「義大利麵套餐」、「拉麵」、「蕎麥麵」、「烏龍麵」等 4 種麵類，認為「大碗麵券」（「大盛券」）應該在附近，才會找不到。我想，只要利用顏色顯示或拉近與其他麵類之間的距離，應該比較容易發現。

另外有一天，我看到上面寫「餐點附咖啡」，為了尋找「飲料套餐」的按鈕，我又花了一些時間。問題是，我把目光集中在最下層的飲料上，才會一直找不到。

仔細觀察這台自動售票機，我發現一件有趣的事情。那就是，圓圈文字有 3～14 號以及 24 號，其餘的按鈕沒有號碼。可能原本餐點都有用數字來代表，只不過時間一久，更換成其他餐點後，就出現缺漏。

後來我再次看到這台售票機的 UI 時，該自動售票機的按鈕已經調整過，全都加上數字了（下圖）。另外，假設選擇 23 號的「飲料套餐」，會出現其他指示，變得十分容易瞭解。同樣地，「大碗麵」顯示為 16 號，看起來更加清楚。不過，用顏色來區別似乎沒有太大的意義…。

圖 4-5　更新後的顯示狀態（2014 年 1 月）
雖然加上顏色，但是位置沒變動，反而增加辨識的難度。而且這些顏色是依何種規則加上去的呢？

## 共用書櫃：那本書在哪裡？

**圖 4-6　想找的書混在這個書櫃中**

為什麼「開眼！JavaScript」混在與 UI 有關的書之中……

你是否有過這樣的經驗，不曉得收藏在書櫃中的書跑到哪裡去了，為了找出那本書，就花了十幾分鐘？另外，以為弄不見而放棄尋找的書，偶然在壓根沒想到的地方發現它？

上圖是我的研究室內，大家共用的書櫃。我打算在課堂上使用的程式語言書籍「開眼！JavaScript」不知道放到哪裡去，而大傷腦筋，後來終於發現，我要找的書竟然混在領域完全不相干，以 UI 為主題的書籍中。

若把書櫃當作一種可以「管理、尋找、取出書籍」的結構，那麼書櫃也可說是一種 UI。可以輕易找到目標書籍的書櫃是好 UI，而相反的就是爛 UI。即使是個人用的書櫃，找不到書也是常有的事，不過共用書櫃也一樣常發生應該放在書櫃中的書，卻怎樣都找不到（或像我這樣，找了一會兒才找到）。

整理書籍的工作不限於個人或小型機構共用的書櫃，圖書館或書店的書櫃也常會進行整理，而容不容易找到目標書籍，每間圖書館或書店都不一樣。書籍整理有各種圖書分類法，日本採取的是國立國會圖書館分類表[2]、日本十進分類法[3]等。話雖如此，這種分類對於一般人而言，並不簡單，而且也不適合用來整理小型書櫃。

整理書櫃時，最重要的是使用書櫃的使用者形象。有哪種使用者？該使用者會用什麼方法來找書？製作 UI 時，先在腦中設想這些情境，會非常有幫助，所以請務必練習看看。附帶一提，我常下意識按照顏色整理 O'Reilly 的書籍，沒有依照程式設計語言等類別整理歸納，結果書櫃亂七八糟，經常找不到我要的書。

請把書櫃當作 UI 來仔細觀察，並且設想使用者的輪廓，用心思考，怎樣分組歸納才容易瞭解，不會造成困擾。

2　http://www.ndl.go.jp/jp/library/data/ndl_ndlc.html

3　http://www.ndl.go.jp/jp/library/data/pdf/NDCbunruikijun2010.pdf

# 將類似的物體群組化

## 電梯按鈕的排列：微笑關閉電梯門

圖 4-7　這是我在匈牙利遇到的電梯操作面板，為什麼原本想打開電梯門，卻不小心按到關門鈕？

這是發生在匈牙利一處知名觀光景點，當時我登上景色優美的建築物，眺望四周，結束後正要搭乘電梯回到地面上。當我進入電梯，打算操作按鈕時，看見前方有對老夫婦以有點急促的腳步走過來。我對老夫婦微笑示意「別急，慢慢來，我會開著門等你們的。」正當我按下電梯的「開門」按鈕時，電梯門竟然關起來了。當時的衝擊、焦慮、還有老夫婦驚訝的表情，我至今仍難以忘懷。對欲搭乘電梯的人微笑，同時關上電梯門，這種行為實在太惡劣了。

上圖就是這個電梯的操作面板，為什麼會發生這種失誤（想維持開門狀態卻關閉）？請你動腦想一想（當然我不是故意要關門的）。

以下是當時我如何判斷並操作電梯的過程。

1. 發現想搭乘電梯的老夫婦，決定等待兩人進電梯，以微笑向對方示意「不用著急，慢慢來。」
2. 瞄了一下電梯操作面板，發現「關門」鈕。判斷旁邊似乎與開關有關係的三角形按鈕就是「開門」鈕，而按下該鈕。
3. 電梯大門和預期相反，正在關閉，慌忙確認自己剛才按的按鈕，發現我以為的「開門」鈕，其實是「關門」鈕，卻找不到「開門」鈕，結果電梯門完全關閉。

有些電梯會在相同的操作介面上，設置好幾個功能相同的按鈕。這是為了讓各種人士方便操作，而將按鈕設置在正常成人高度、適合行動不便人士或孩童高度的位置上。一般來說，兩個「關門」鈕不會水平排在一起（又不可能有兩人同時操作）。另外，「開門」鈕沒有排在「關門」鈕旁，這也有點奇怪，真是令人感到頭痛的爛 UI。假如有人知道這兩個並排的電梯按鈕真正的意思，拜託請告訴我。

## 兩扇門：一邊是電梯大門，那麼另外一邊呢？

圖 4-8　面對大廳的兩扇門，右邊是電梯門，左邊是什麼門？（提供：稻見昌彥）

上圖這是中國一家飯店大廳內的兩扇門。右邊是電梯大門，左邊看起來是什麼門呢？

我刻意裁切掉照片的上半部，形成比較不易辨識的狀態，我想大部分的人都會回答左邊也是電梯門吧！下圖是沒有裁切上半部的原圖。文字稍微有些模糊，但是上面的確以黑底綠字寫著「安全出口」、「EXIT」。換句話說，左邊是緊急出口的大門。雖然這是緊急出口的大門，外型卻和電梯大門一樣豪華，根本看不出這是緊急逃生用的大門。

當然，大門上寫著「安全出口 EXIT」，清楚顯示這是緊急出口，但是遇到災害時，電梯無法使用，所以住宿的房客也不會靠近看起來像電梯的地方吧！另外，發生火災時，這種靠近天花板的標誌會被濃煙覆蓋，使得特意顯示的資訊無法辨識（煙霧會先佈滿上方），所以我認為這種提示方式有點危險。

我想高級豪華飯店要安排緊急出口這種性質特殊的設施，也不是件簡單的事。但是為了讓房客在災害時可以安全避難，應當再仔細考量。

圖 4-9　左邊大門上方寫著「安全出口 EXIT」（提供：稻見昌彥）
遇到緊急情況，真的可以從這裡逃生嗎？

## 電腦主機的按鈕：為何想要打開蓋子，卻變成重新開機？

**圖 4-10　電腦組裝用機殼（提供：真鍋知博）**

在大型電源按鈕上方有個開關式的蓋子，裡面有 3.5 吋抽取盒以及 USB 線插槽

我在第 1 章曾經介紹過，電腦機殼中有許多有趣的東西。上圖是自己組裝的電腦，外殼下方有顆大型的電源按鈕，上面是麥克風等各種連接裝置的插槽。這是可以擴充各種功能的機殼，如下圖（左）所示，能開關機殼的其中一部分，插入 USB 線，也能插拔 3.5 吋抽取盒（這張照片中，3.5 吋抽取盒內還沒有放入任何東西，不過這裡通常是插入讀取 SD 卡或 XD 卡等讀卡機，過去則是插入磁碟片的裝置）。大致觀察之後，看起來似乎沒有什麼問題。

如果要開關這個機殼的其中一部分，需要按下圖（右）所示的圓形按鈕。「PUSH」按鈕的下方有著形狀幾乎一模一樣的「RESET」按鈕。這顆「RESET」按鈕的功用是強制讓電腦重新啟動。假如為了執行某項操作（比方說，插入 USB 隨身碟），而想按下「PUSH」按鈕，卻誤按到「RESET」，使得電腦重新啟動時，儲存在硬碟內的內容就被刪除而消失不見。換句話說，基本上「RESET」是不應該碰到的按鈕，可是形狀卻和「PUSH」按鈕一樣，而且又在旁邊，因此潛藏著按錯按鈕的風險。把這種功能完全相反，但是形狀卻一模一樣的按鈕擺在一起，很容易造成操作錯誤。如果想避免這種情況，最好把兩個按鈕分開，並且讓兩者的形狀及大小都不一樣。

另外，我仔細思考之後，覺得「PUSH」按鈕的名稱也不太好。因為不論是「RESET」按鈕或「PUSH」按鈕，兩者都必須 PUSH（按壓），我想改成「OPEN」按鈕會比較合適。

這真是個集合了各種爛 UI 元素，讓我學到很多寶貴經驗的電腦機殼。

圖 4-11　左：開關式機殼／右：PUSH 按鈕與 RESET 按鈕（提供：真鍋知博）

## 傷腦筋的標誌：自行車道從這裡開始／自行車道到這裡為止

圖 4-12　左：「自行車可通行到這裡」、「自行車道從這裡開始」／
中央：「從這裡開始自行車可通行」、「自行車道到這裡為止」／右：自行車標誌放大圖

在京都，騎乘自行車的人數眾多，這些自行車騎士之中，常有人不遵守規矩，所以陸續設立了自行車道。儘管設立自行車道本身的立意良好，但是這種設置方法卻有點問題。上圖（左）的左邊是「自行車可通行到這裡」，右邊是「自行車道從這裡開始」。然而，上圖（中央）的左邊是「從這裡開始自行車可通行」，右邊是「自行車道到這裡為止」。上圖（右）是放大「自行車道從這裡開始」、「自行車道到這裡為止」的部分。兩者明明意思完全相反，卻使用一模一樣的標誌，如果沒有把文字看仔細，根本無法判斷，一不留神就會弄錯，誤入沒有自行車道的地方。

為什麼會造成這種情況？如下圖（左）所示，因為自行車道是以分割大型步道的方式來建立的，可是自行車道中，還包括等著過斑馬線的行人等待區、巴士站候車處、天橋的樓梯等自行車無法通過的空間。換句話說，如下圖所示，這裡共包括了「自行車可通行的人行道」、「自行車不可通行的人行道」、「自行車道」、「沒有自行車道的人行道」等 4 種空間。

京都是極受歡迎的世界級知名觀光地區（在美國知名旅遊雜誌《Travel+Leisure》2014 年世界最受歡迎的都市排名中，奪得了第一名），國外遊客如織，這裡也提供了大量的自行車租賃服務。可是國外觀光客根本看不懂日文說明，所以必須善用標誌等視覺性資料來完整傳達訊息。舉例來說，如下圖（右）所示，只要使用禁止自行車通行的標準標誌，就不會弄錯。可是現在的標誌連日本人也覺得很麻煩，希望可以改善。

繼續前面的話題。只要看到下圖（左），應該就能想像空間有多麼複雜，這附近大約 700m 左右的區間內，共出現 5 次「自行車道從這裡開始」、「自行車道到這裡為止」的標誌，要騎乘在正確的道路上，實在不容易。

騎自行車時，人的注意力會集中在騎車上，希望可以想辦法提供容易瞭解的視覺性提示。

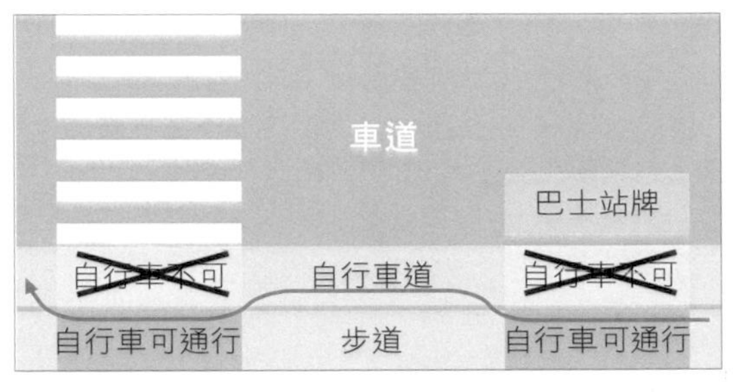

圖 4-13　左：車道、自行車道、人行道／右：禁止自行車進入的標誌

# 利用線條建立群組

## 時刻表內的群組：為什麼想搭乘的巴士沒有來？

圖 4-14　左：灰狗巴士時刻表／右：要前往「LAREDO, TX」，我想搭乘往「SAN ANTONIO, TX」的巴士

這是我出差時，要從德克薩斯州的奧斯丁前往聖安東尼奧時發生的事。由於兩地之間的距離達 130km，所以我選擇搭乘灰狗巴士這種中長途的巴士前往。這次我要介紹的是，在灰狗巴士站看到的巴士時刻表（上圖左）。從這張時刻表可以得知，巴士會前往「SAN ANTONIO」、「BROWNSVILLE」、「LAREDO」等各個目的地。其中，我的目的地是聖安東尼奧（SAN ANTONIO）（時刻表的最上方）。

我預約的是 Will Call 這種類型的車票，至少要在發車前一個小時完成取票，所以我提早抵達巴士站，取完票後，悠閒地在巴士站等車。前往各目的地的巴士來來往往，但是每次都會以「休士頓」、「休士頓」這種廣播方式提醒乘客，應該不會錯過要搭乘的巴士，我覺得很放心。出發的時間差不多，而且巴士也來了，我便走過去……沒想到這台巴士卻是要前往「LAREDO, TX」（拉雷多）（上圖右）。

我又等了一會，前往聖安東尼奧的車始終沒有來。站員也只廣播「拉雷多、拉雷多」。我感到有些不安，再度確認時刻表，我要搭乘往聖安東尼奧的巴士是下午 1 點 35 分發車。我順便看了往拉雷多的巴士，它也是下午 1 點 35 分發車。同時間出發，往拉雷多的巴士很早就到了，但是卻看不到聖安東尼奧的巴士進站。

由於前往聖安東尼奧的發車時間已經迫在眉睫，實在太詭異了，我便詢問巴士站的站員「請問前往聖安東尼奧的巴士還沒到嗎？」結果對方回答「這台前往拉雷多的巴士途中會經過聖安東尼奧喔！」我與其他聽到這句話的數名乘客才驚覺「這台就是要往聖安東尼奧的巴士啊！」而慌忙上車。看來大家都是看了時刻表，以為前往聖安東尼奧與拉雷多的巴士是不一樣的。

如果是同一台巴士，只要寫在一起就好了，而不是用水平線隔開目的地，並且寫上時間。因為沒有寫在一起，才會發生沒搭上巴士的情形。

一般人一看到框線，往往會直覺認為資料是分開的，而框線裡的內容是同一群組。因此，這種顯示方式會讓人誤以為前往「SAN ANTONIO」與「LAREDO」的是不同巴士（連以英文為母語的人也感到不安，猛問「往聖安東尼奧的巴士還沒來嗎？」所以應該不是英文能力的問題）。

看過這個案例，我想你應該明白，資訊要歸類成同一群組的重要性了。當你利用線條建立群組時，希望你能想想看到的人會如何思考。

# 「完形心理學」與「群組法則」

圖 4-15　試著以各種方式組合「木」這個字，你知道分別該怎麼唸嗎？

以下要介紹「完形心理學（Gestalt Psychology）」這種 UI 中的關鍵字。Gestalt 這個字源自於德文，意思是整個姿態、形狀、現象，代表「當作整體來認知，而非各個組成部分相加」（「認知」是指：不光是知覺，還利用推理、判斷、記憶等來處理外界資訊的過程）。

舉例來說，上圖自左起，你看到了什麼？到目前為止，在我詢問這個問題時，最多人回答，最左邊是「森」，正中間是「木林」，最右邊是「3 個木」。儘管這些只是改變 3 個「木」字的位置，卻形成看起來是「『森』單一個字」、「『木』與『林』兩個字」、以及「3 個『木』字」等 3 種類型。

請問，為什麼會發生這種看法不同的情況呢？上圖最左邊不會被認為是由 3 個「木」字的獨立組成，而被視為整體，認知成「森」字的原因為何？為什麼我們會把複雜部分組成的文字（例：鬱、國、鼠、孌等）當作一個字來認知？如下圖所示，就像我們看到鳥群或魚群，不會認為是一隻一隻的鳥或魚，而是認知成具有特殊意義的大型生物，又是什麼原因？（應該有人在日本教科書中讀過，「Swimmy」[4] 這個小魚集合起來變成大魚的寓言故事吧！）

人類把某個集合當作群組（完形）來認知的結構，在心理學的領域稱作「體制化法則（群化法則）」而廣為人知。體制化／群化這個名詞有些難懂，所以你只要記住，這是群組化用的法則即可。另外，這種群組化的法則以「接近法則」、「相似法則」、「良性連續法則」、「閉合法則」、「共同命運法則」最有名，以下將針對這 5 種法則來舉例說明[5]。

4 《Swimmy》、Leo Lionni（著）、書林出版

5 這次沒有說明，其他還包括「對稱性法則」及「面積法則」等各種法則。

圖 4-16
鳥群和魚群

## 接近法則

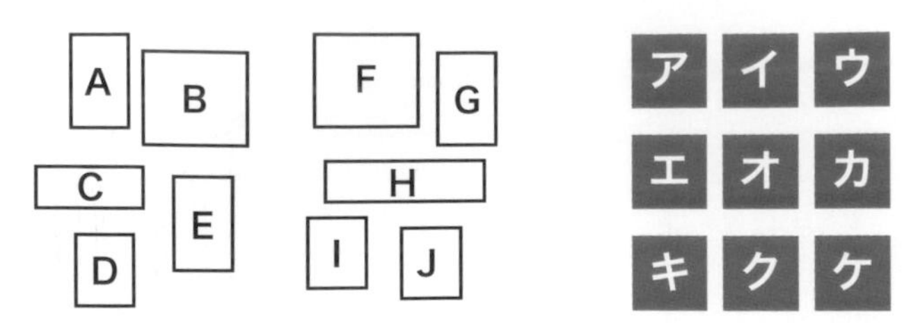


**圖 4-17　左：若要把「A」到「J」共 10 個矩形分成 2 個群組，可如何分組？／**
**右：在「ア」到「ケ」的 9 個矩形之中，誰與「イ」屬於同一群組？**

在上圖（左）的範例中，畫出了含有「A」到「J」共 10 個英文標籤的白底矩形。請問，若要將這 10 個矩形分成 2 組，該怎麼分類？另外，上圖（右）畫了同樣大小、相同顏色的 9 個矩形。每個矩形加上從「ア」到「ケ」的標籤，其中哪個矩形與「イ」屬於同一群組？

絕大多數的人都回答 A 到 J 的 10 個矩形可以分成「ABCDE」與「FGHIJ」等 2 個群組，而從ア到ケ的 9 個矩形，最多人回答與「イ」同一組的是「ア」與「ウ」（並非全部的人都這麼回答，只是這個答案最多）。

為什麼會認知成這種群組，因為這裡存在著稱作「接近法則」的概念。所謂的接近法則是指「與距離較遠的個體相比，距離接近的個體之間，有著比較強烈的關係，因此容易被認知為同一群組」，這點與第 3 章的「配對關係」相同。以上圖（左）為例，A 到 J 的圖形之間，存在著一定的距離，但是這些距離與橫在「ABCDE」及「FGHIJ」之間的大空格相比，小上許多，因此我們很容易認知為「ABCDE」與「FGHIJ」等 2 個群組。另外，以上圖（右）為例，比較「イ」與周圍「ア」、「ウ」、「オ」的距離，可以發現「イ」與「ア」、「イ」與「ウ」相比，「イ」與「オ」的距離稍遠，才會變得容易認知「アイウ」為同一個群組。

如上圖所示，若要表現「彼此是有關係／無關係的個體」時，距離非常重要。沒有保持適當距離，而變成爛 UI 的案例不勝枚舉，例如本章最初介紹過的指示板（下圖左）以及書櫃裡書籍的排列方法等。

下圖（右）是冷氣機的遙控器，「冷氣」、「暖氣」、「除濕」等 3 個按鈕緊密排列在一起，這些都是啟動機器（開啟電源）的按鈕。然而，與「啟動」相反的「停止」鈕卻不在這裡。照理來說，「停止」按鈕應該排在「冷氣」、「暖氣」、「除濕」的附近。可是，這個遙控器卻把「停止」按鈕放在設定溫度、風量、風向、時間等的位置。因此，會產生乍看之下，很難發現「停止」按鈕在哪裡的問題。

一般而言，將類似功能的介面擺在一起，不同功能的介面放在遠處，比較容易使用。另外，海報等宣傳品最好把有關的資料擺在一起，無關的資料擺在遠處，才會一目了然。

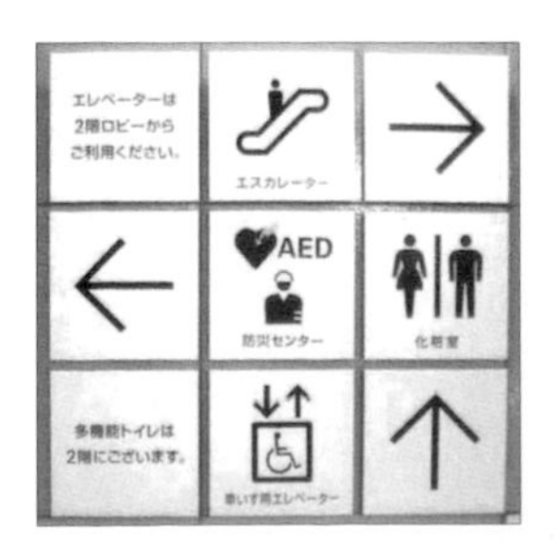


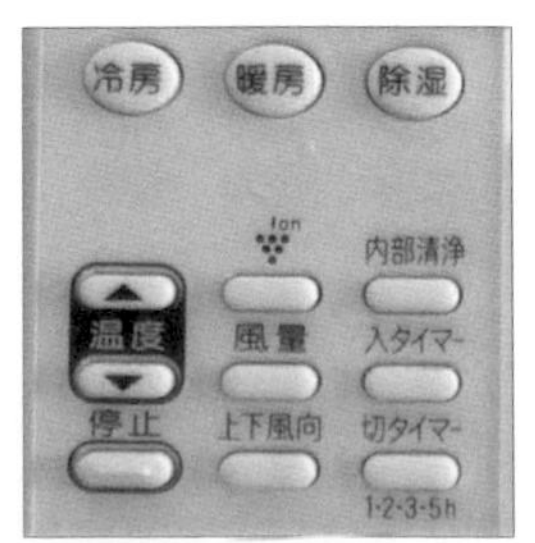


**圖 4-18　左：令人困擾的指示板／**
**右：按哪裡才能讓冷氣機停止？**

## 相似法則

A B C　ア イ ウ
D E F　エ オ カ
G H I　キ ク ケ

圖 4-19　左：從「A」到「I」的 9 個圖形中，哪些與「E」同一群組？／右：從「ア」到「ケ」的 9 個矩形之中，與「イ」為相同群組的是？

上圖（左）有 9 個貼上「A」到「I」標籤的圖形。請問哪些與「E」同一群組？另外，上圖（右）有「ア」到「ケ」等 9 個相同大小的矩形。在這張圖示中，與「イ」同一群組的是哪些？請一併思考理由為何。

以 A 到 J 的圖形為例，幾乎所有人都回答和「E」相同群組的是「D」與「F」。另外，在ア到ケ的圖形中，大部分人的回答是與「イ」同一群組的是「オ」與「ク」。後者的矩形及配置位置與左頁上圖（右）完全一樣，所以回答和「イ」同一群組的是「ア」與「ウ」，一點也不奇怪，但是絕大多數會判斷「オ」與「ク」和「イ」同一組。

為什麼會如此認知，因為這裡有著稱作「相似法則」的概念。所謂的相似法則是指「同形狀、同顏色、同方向等具有共同特徵的圖形，容易被認知為同一群組。」以上圖（左）為例，「D」、「E」、「F」是圓形，其他是矩形。人類傾向將相同形狀的物體當作同一群組，所以把「D E F」認知為同一群組。另外，上圖（右）的「イ」、「オ」、「ク」是綠色，其他為藍色。人類傾向將相同顏色認知為同一群組，因而會把「イオク」視為同一組。從這個案例可以清楚瞭解，距離接近的物體，未必會認知為相同群組。形狀、顏色等是形成群組的重要因素，因此製作 UI 時，必須徹底思考再選擇。

如上所述，當你要表現「個體之間有／無關係」時，顏色與形狀是非常重要的因素。由於顏色與形狀的用法不適當，而變成爛 UI 的案例極為常見。不過，也有善用顏色及形狀歸納群組，成功製作出好 UI 的案例。

下圖（左）以黑色顯示「每月第」，以紅色顯示「4 個星期天」，令人一頭霧水。下圖（中央）是飯店的電梯按鈕。看起來有 2 個按鈕，其實上面那個不是按鈕。下圖（右）是保齡球場的電梯按鈕，為什麼用這 2 個圖示排在一起呢！使用相同形狀或相同顏色時，請特別注意。

圖 4-20　左：因為顏色不同，而不自覺念成「每月第」、「4 個星期天」／中央：看起來像有 2 個電梯按鈕，但是上面的按鈕，其實只是標誌（提供：大槻麻衣）／右：「上按鈕」與「下按鈕」的組合很奇怪（提供：寺田努）

## 良性連續法則

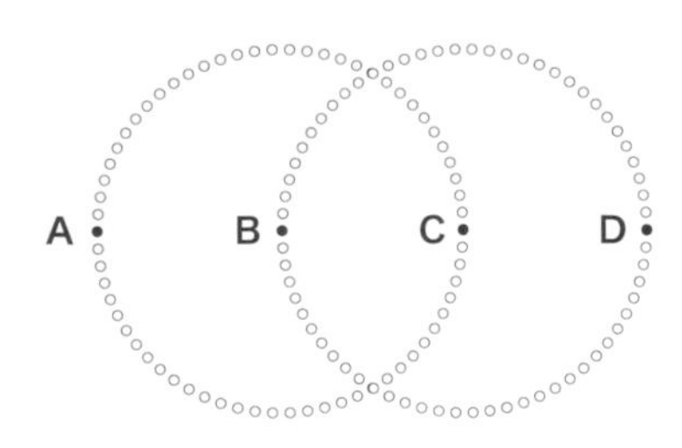


圖 4-21　「B」、「C」、「D」哪一個與「A」屬於相同群組？

上圖有「A」、「B」、「C」、「D」等 4 個黑點，請問與「A」同一群組的是「B」、「C」、「D」等 3 個點之中的哪一個？

當我提出這個問題時，最多人回答「C」。認知 A 與 C 為相同群組，因為這裡存在著「良性連續法則」。所謂的良性連續法則是指「連續性元素容易被認知為相同群組」。

為了讓你瞭解什麼是良性連續法則，這裡使用了不同顏色來表示人類如何把各種小圓當作群組來辨識（下圖左）。由於小圓有規律性排列在一起（良性連續排列），所以如下圖（右）所示，被認知為 2 個大圓，因此我們很容易把「A C」、「B D」當作相同群組來認知。

像這樣，只要善用良性連續法則，就能輕易瞭解哪些元素屬於同一群組。下圖（左）就是巧妙運用了這項法則的案例。當漫畫的書背排列在一起時，加上如同形成一直線的粉紅色標籤，漫畫是否排列整齊，有沒有缺少哪一集，馬上就一目了然。然而，如果沒有意識到這種良性連續法則，會讓毫不相干的個體產生關係，而造成使用者的困擾（下圖右）。

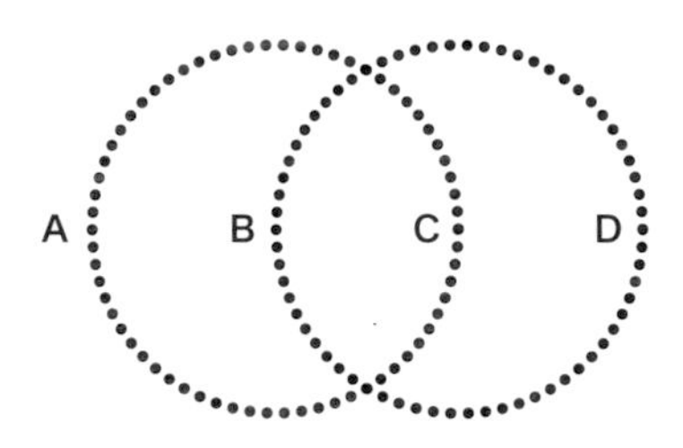


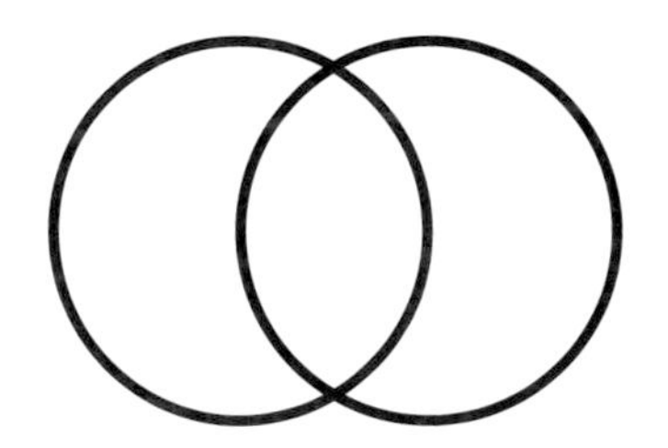

圖 4-22　「C」與「A」為同一群組，「D」與「B」是同一群組。人會將小圓的集合體認知為 2 個大圓形

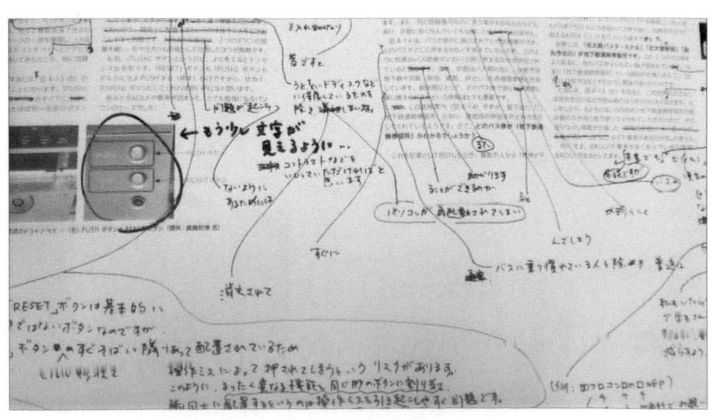

圖 4-23　左：醫院的書櫃。因為善用良性連續法則，使得先後順序非常明確／右：正在校稿中的原稿。很難看懂吧？真是抱歉

## 閉合法則

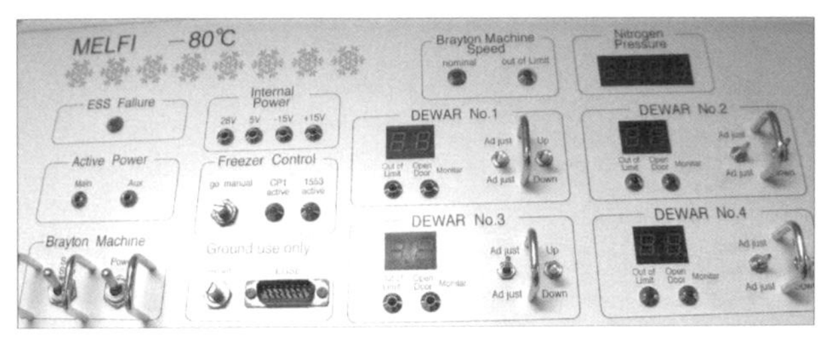


圖 4-24　太空船內的 UI。各項內容都用框線建立群組（在 JAXA 拍攝）

將數字排列成「123456789」時，你覺得有哪些群組？多數人會認為有「123」及「67」的群組（甚至是「45」及「89」的群組）。

以下將 1 到 9 的數字排列出 3 種方式，在 1 與 2、4 還有 5、7、8 之間，以及 9 的右側加上符號。請問，這些數字中，是否存在著群組？如果有，是哪種群組？

1　1 {234} 567) 89 (

2　1} 234 {567) 89 (

3　1} 234} 567 (89)

當我提出這個問題，大部分人回答，第一是「『234』為一組」、第二是「沒有群組」、第三是「『89』為一組」。符號的位置與形狀全都一樣，只是左右相反，但是群組化的結果卻不相同。為什麼人會產生這樣的認知呢？

這是因為以 {…} 圍起來的部分及以 (…) 圍起來的部分被視為同一個群組。可能有人這麼認為「因為一直以來，在我們熟悉的算術、數學、國文等科目中，( ) 或 { } 是代表彙整的符號」。那麼，為何數學、國文等科目會把這種符號當作彙整某個部分來使用呢？這個問題沒有詢問最初使用這個符號的人，不會曉得真正的原因。但是這種以符號圍繞的部分容易當作群組來認知，是受到「閉合法則」的影響。閉合法則是指「因為某個圖形產生的封閉區域會加強群組的作用」。

除了 {…} 及 (…) 之外，[…] 等也會被當作群組來辨識。此外，引號（「」）也可以用在這種群組化特性上；如（^^）這種由多個符號組成的表情符號，也是因為在前後加上括弧，發揮閉合法則，才能被辨識成一張臉。

上圖是太空船內的 UI，各個功能都利用框線組成群組。利用這種群組化的方式，就可以大致判斷系統功能的位置。下圖是以 DIY 的方式，改善難懂的車站指示板案例。以封箱膠帶製作粗線，分隔左右區域。請見右邊的特寫照片，可以清楚看到，原本的線條非常細，應該有人會誤以為西武池袋線在右邊。只要貼上黑色封箱膠帶，明確傳達從哪裡開始分隔。不用花費高額成本，就可以解決問題，基於這一點，我認為這是一個有趣的爛 UI 案例。

由於閉合法則的作用非常強大，使用時必須特別留意。若以錯誤形狀來運用閉合法則，就會產生如圖書查訊系統的爛 UI。

圖 4-25　利用封箱膠帶讓左右清楚分離（提供：TT）


前言

1

2

3

4

5

6

7

8

9

結語

## 共同命運法則

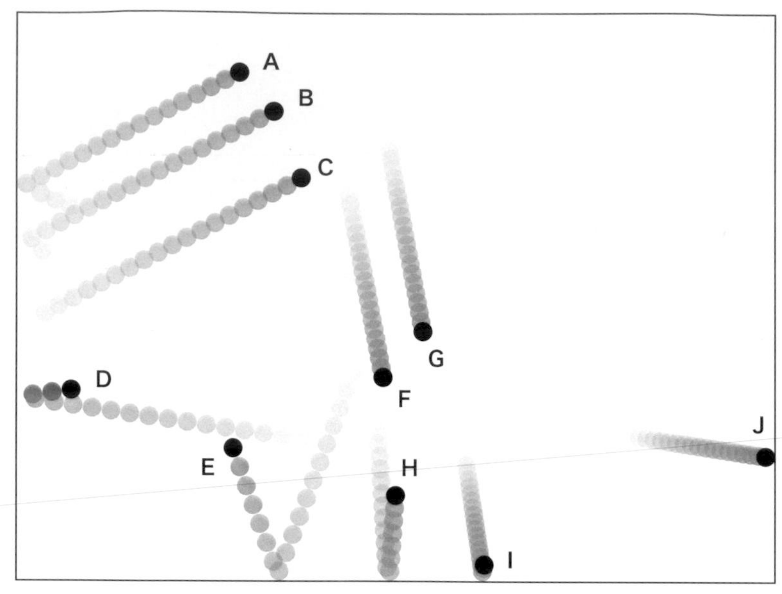


圖 4-26　從 A 到 J 的黑點正在到處移動。哪些屬於同一群組？
（由於平面很難表現動態效果，所以我利用漸層來表現移動軌跡）

上圖是從 A 到 J 共 10 個黑點在空間中來回跳動的狀態（由於紙張很難表現動態感，所以利用漸層來呈現移動軌跡，實際跳動的模樣請見本書網站[6] 上發佈的影片）。若要將這 10 個圓點分成幾個群組時，你會如何區分呢？

當我提出這個問題時，大部分人回答有「ABC」群組及「FG」群組，而其他是分散的。一般人容易產生這種認知是因為這裡存在著「共同命運法則」。共同命運法則是指「相同動作的個體，容易被認知為同一群組」。

以上圖為例，「A」、「B」、「C」往相同方向（右上方）以相同速度移動，所以判斷具有共同命運，而認知為一個群組。另外，「F」、「G」也是往相同方向（下方），以相同速度移動，所以認知為同一群組。這種法則發揮作用時，即使不同形狀、不同顏色，只要做出相同動作，極有可能被認知為同一群組。

事實上，走在一起的人，容易被當作同一群組，而且在相同時間點發亮的燈光，也容易被判斷是同一群組。同理可證，當一大群鳥在天空中飛翔時，動作類似的鳥兒會被看成一個群組，而不同動作的鳥兒會被認為不屬於該群組。

有效運用共通命運法則，讓 UI 中的相關個體一起動作時，使用者馬上可以判斷「哪些部分彼此有關連」；然而，讓毫不相干的個體，在同個時間點動作時，使用者會誤以為毫無關係的個體彼此有關連，而造成混淆，結果形成爛 UI。使用者執行某個操作後，若提示回饋超過一定時間（讓電燈發亮、發出聲音等），使用者無法發現該操作與回饋的關聯性，以為操作與回饋不相關，就會造成困擾。如同第 2 章介紹過，回傳回饋時，必須謹慎選擇讓人有效感受到共同命運法則的適當時機。

本書的網站也提供了可以體驗共同命運法則的有趣程式[6]，有興趣的讀者請上網試試看。

6　http://badui.info

## 解讀群組化法則與配置關係的意義

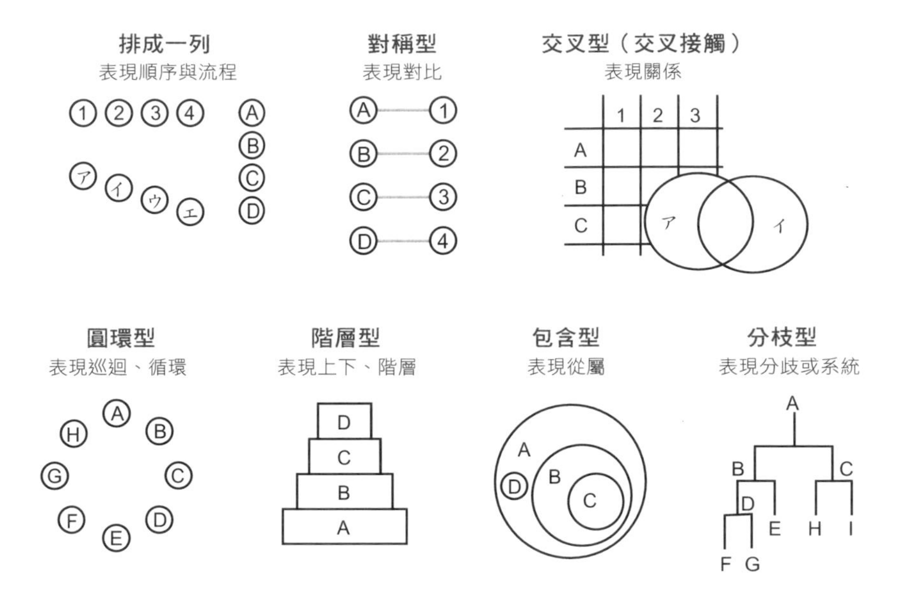


圖 4-27 從 2 個以上的圖形元素配置關係中，可以領會的意義
（取自圖形體系的整體與意義的普遍性[7]）

從目前介紹過的內容中，你應該可以瞭解，群組化法則對 UI 有多麼重要！徹底思考群組化法則，可以大幅提升 UI 的設計品質。只要多加思考如何安排或表現有無關係的個體，或許就可以避免成為爛 UI。

儘管統稱為群組化，不過人類也會根據配置方法來解讀這些元素之間的關係。詳細內容請參考註解中的《図の体系》[7] 一書。比方說，依照各種方法安排元素時，會因為配置方法而產生不同意義。因此，製作 UI 時，必須考慮這層意義，適當安排物件的位置。假如完全沒考慮到這些意義，編排成與意圖相反的狀態，使用者就會解讀錯誤，而變成難用的爛 UI。

比方說，把代表電梯樓層的按鈕排列成圓環狀時，會讓人感到混淆（下圖左），把交錯的圓形物件當作背景影像使用時，會誤以為交叉部分有特別的意義（下圖右）。當你在製作 UI 時，請一定要考慮到這一點。

7 《図の体系—図的思考とその表現（暫譯：圖形體系－圖像思考及其表現）》出原榮一（著）、日科技連出版

手がかり
フィードバック
マッピング
グループ化
慣習
一貫性
制約
メンテナンス

圖 4-28 左：顯示電梯現在所在樓層的環狀標誌／
右：重疊處似乎有其他意義

# 重點整理

本章以群組化（體制化）的重要性為主題，介紹了各種爛 UI。假如群組化不適當，就會變成難用、難懂的 UI，讓使用者感到混亂，而且世界上也存在著許多這種爛 UI。相信看完這章之後，你應該瞭解這些案例成為爛 UI 的理由。

標示在車站告示板上的目的地，不曉得與哪個箭頭對應；考試時，不知道答案要寫在哪裡；聽取簡報時，不清楚投影片之間的對應關係；看不懂活動宣傳單…等，世界上各式各樣的 UI 問題，最大的原因之一，就是沒有充分考量到群組化。

另外，本章在最後提到完形心理學，介紹「接近」、「相似」、「連續性」、「閉合」、「一起動作」等群組化法則的重點。關於這個部分，可能有很多人認為「這不是理所當然」嗎？但是，瞭解「理所當然的事情」，徹底運用，其實比想像中困難。當你在製作海報、文件、其他各種 UI 時，請務必回想起這些法則，並且製作出不會讓使用者感到困擾的 UI。

## 演練、實習

- 關於本章介紹過的各種爛 UI，請思考該怎麼改善才會變得比較容易瞭解。另外，請一併想想這種修正方法套用了哪種法則。
- 拍下車站出口或與轉乘資訊有關的指示板，調查上面顯示的文字資料與哪些箭頭是同一組。如果發現沒有妥善執行群組化，請思考該如何改善。
- 請調查車票、餐券的自動售票機，確認是否以相同顏色顯示同一類別，是否歸納在一起。
- 另外，請觀察難懂的售票機如何提供資訊，若要修正，該怎麼做才好。
- 請試著找出沒有考量到群組化，而讓文章或圖片等內容的關係變得難以瞭解的網頁，同時思考該如何改善。
- 以家中的個人書櫃、學校或辦公室的共用書櫃為例，請回想一下使用該書櫃的是什麼樣的人（使用者），要如何建立群組，才能讓使用者容易查找。

Chapter 5

# 習慣

你是否也曾搞錯男、女廁而走錯邊？或一不留神就插錯卡片方向，造成機器無法讀取的窘境？

人類會藉由無數次與 UI 接觸的經驗，在自己的腦中建立「○×就是 △□」的規則，這就是本章要談的習慣。

以廁所的標誌為例，顯示男廁或女廁的標誌顏色及形狀會有微妙差異。活到現在，不曉得去過多少次廁所，久而久之，就把「下面如裙狀展開的圖案是女廁，沒有的是男廁」、「男廁是黑色或藍色，女廁是紅色」等規則當作習慣來記憶，因此即使是有點難懂的標誌，一般人還是不會弄錯，可以走入正確的廁所內。然而，一旦遇到不合乎自己內心的規則，與習慣不一致的案例時，就會令人感到煩惱和困惑。

我想把本章的重點擺在形狀、顏色、數字排列或配置等具有習慣性意義（規則化）的事物上，介紹與一般人的習慣背道而馳，變成爛 UI 的案例，並且說明哪些情況會讓使用者感到困擾？該怎麼做才能盡量避免引發問題？

接下來，敬請期待因習慣差異造成的爛 UI。

# 形狀與認知的差異

## 判斷性別的標誌：哪邊是男廁，哪邊是女廁？

圖 5-1　這是商場中的廁所標誌，換做是你，會走進哪一邊的廁所？
（提供：綾塚祐二）

上圖是東京一棟建築物內設置的男女廁標誌。請問這間廁所的標誌，哪邊是男廁？哪邊是女廁？另外，理由是什麼？

這個問題我在課堂上問過超過 300 位的學生，男性約有 6 成選擇左邊，剩下的 4 成選擇右邊；女性有 5 成選擇左邊，其餘 5 成選擇右邊。你的選擇是什麼？

事實上，左邊是男廁，右邊是女廁。為什麼會有這麼多人弄錯？

右頁是我到目前為止收集的各種廁所標誌，提供給你參考。在日本國內，要以顏色表示性別時，通常以「男性為藍色、黑色；女性是紅色或粉紅色」居多（關於這一點，將在下一節詳細說明）。然而，要以圓形或三角形這種單純圖形來表現男女時，通常會以「男性是在圓形下方搭配向下三角形，女性是在圓形下面搭配向上三角形」來表示。換句話說，由於顏色與形狀代表的性別不一樣，才會使將近半數的人都弄錯了。如果可以改成下圖（右）這樣，就不會弄錯了。

可是，為什麼會變成這樣？我覺得這個案例非常有趣。究竟是發包錯誤？還是把圓形及三角形搞錯了？如果有人知道真相，還請告訴我。

請見右頁圖示，我想你應該曉得，除了這裡介紹的案例之外，世上還有各種廁所標誌。其中，最上層算是比較容易看懂的標誌，愈往下難度愈高。尤其是最下層，使用圓形與矩形的標誌（○：女、□：男）、鏡頭型標誌（凸透鏡：女、凹透鏡：男）、只有圓形與三角形的標誌（○：女、△：男）等等，非常難辨識。

我想推薦大家一個專門收集這種廁所標誌的網站：「トイレマークのつぶやき（廁所標誌的獨白）[1]」，裡面有龐大的資料，非常有趣。觀察這些標誌可以發現各種問題，非常好玩。下此當你要去廁所時，請多觀察廁所的標誌。

1「トイレマークのつぶやき」(http://1st.geocities.jp/toiletmark/index.html)

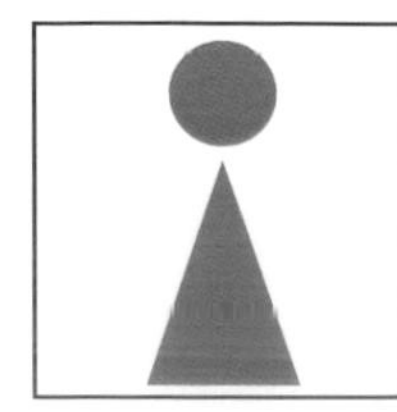

圖 5-2　左：將圖 5-1 轉換成插圖以便檢視／右：更換左圖的顏色，應該就不會弄錯了

圖 5-3　各種男女廁標誌的案例。其中有很難辨識的標誌（如鏡頭般的標誌：戶田大貴、△ 與 ○：佃洸攝）
最下層左起 ○ 是女性、□ 是男性，凸透鏡是女性、凹透鏡是男性，△ 是男性、○ 是女性

## 看起來像垃圾桶的東西：這不是垃圾桶

圖 5-4　看起來像垃圾桶，卻貼著「這不是垃圾桶，請勿丟垃圾」的貼紙

上圖是擺在一棟建築物內，「看起來像垃圾桶，卻又不是」的某樣東西。在開關式的蓋子上貼著「這不是垃圾桶」、「請勿丟垃圾」的貼紙。這樣代表先前有很多人往裡面丟過垃圾吧！事實上，我怎麼看，都覺得它就是垃圾桶，請問它究竟是什麼東西？

在我看見這個像垃圾桶的東西後，過了幾個月，我又有機會來到同一棟建築物，無論如何我都想知道它真正的功用，因此我在一旁觀察這個類似垃圾桶的物體好一會兒，終於發現到有個部分可以往上拉起。

下圖是抓住該處並往上拉起的狀態。拉起處寫著「請使用傘套」，下方也掛著大量傘套。

換句話說，這個像垃圾桶的東西，其實是在雨天為了避免濕答答的雨傘直接弄濕地面，而提供的傘套架，以及回收傘套用的箱子。

這應該是設置方法不當而變成爛 UI 的案例，設計者一點責任都沒有。我想只要雨天之外的日子收起來，下雨時才拿出來，就被正常地當作傘套架使用（我想恐怕是因為懶得整理，才會一直放在那裡。但是如果因此被丟入垃圾，也得花時間處理，倒不如晴天時收起來，還比較省事）。即使貼上說明貼紙，仍有人把垃圾丟進去。至少讓大家可以看到傘套，或寫上「這是傘套架」，應該可以減少丟垃圾的人數。

**圖 5-5　傘套架**

這是放置傘套的架子，傘套可在雨天套住雨傘以防在室內滴水。看起來像垃圾桶的地方，其實是用來回收傘套。換言之，這是傘套專用的垃圾桶，讓人誤以為這是垃圾桶也無可厚非。但只要在雨天之外的日子收起來，或維持可以看見傘套的狀態，或許比較不會發生這種問題

圖 5-6　左：這是什麼東西？／中央：上面貼著「這不是郵筒」、「This is not a mail box」／右：圓形郵筒

當你拿著打算投遞的明信片，看到上圖（左）的物體，你會怎麼做？如果是我，會下意識地想把手中的明信片投進去。可是，這個像郵筒的東西，其實不是郵筒。

仔細觀察這個像郵筒的東西，上頭貼著「這不是郵筒」、「This is not a mail box」的貼紙（上圖中央）。因此發現這應該不是郵筒，而是接受捐款的捐款箱。除非使用者像我這樣詳細閱讀了貼紙上的內容，否則這種酷似郵筒的外型（如上圖右），當然會被誤認為郵筒。

接下來繼續介紹另一個因為外型相似而造成問題的有趣案例。下圖是設置在飯店內的設備，你覺得這是哪種用途的機器？

螢幕上看起來顯示著信用卡的圖案，所以當手上現金不夠時，會認為「找到 ATM 了！」只要將信用卡插入這台機器，應該可以領到現金。事實上，畫面左側的卡片上寫著 VISA，的確代表著信用卡。可是仔細觀察，螢幕上下都貼著「NOT AVAILABLE FOR CREDIT CARD」、「這不是 ATM」、「This machine is not ATM」的貼紙。其實，這張看起來像信用卡的卡片，是稱作「e-kenet」的集點卡，它也具備信用卡的功能，而這台機器是用來插入集點卡，可確認剩餘點數，或兌換折價券等等。

由於一般人會下意識尋找自己想獲得的資訊，因此對於想利用信用卡來提款的人來說，這個寫著「VISA」字樣的部分，成為非常明顯的提示。更何況這台機器又設置在經常有國外觀光客投宿的飯店內，所以應該有很多人看不懂機器上的日文說明而弄錯吧！於是才會在上面貼了幾張說明這並非 ATM 的貼紙。

若能加上英文說明，或突顯「e-kenet」字樣，讓 VISA 部分模糊些，應該可以減少弄錯的人數吧？這是個非常有趣的爛 UI。

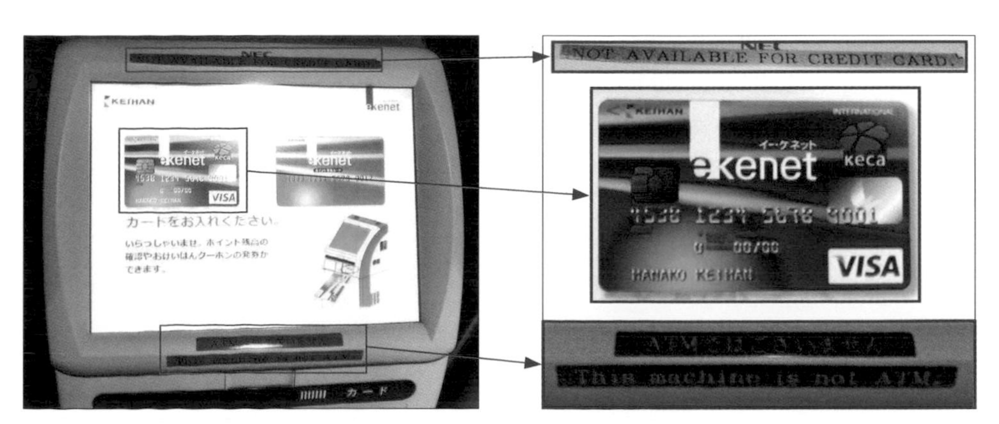


圖 5-7　「NOT AVAILABLE FOR CREDIT CARD」、「這不是 ATM」、「This machine is not ATM」

## 卡片的設計：為什麼會弄錯插入卡片的方向？

圖 5-8　這張卡片要往 A 或 B 哪個方向插入才對呢？

上圖是某公司發行的卡片，如果要將這張卡片插入自動售票機的插票口，你會選擇往 A 或 B 哪個方向呢？

這個問題我也多次在課堂上詢問學生，大約有 7～8 成的學生回答往 B 方向插入卡片。可是如果仔細觀察這張卡片，就可以清楚看到，卡片的左上方標示著卡片插入方向的箭頭。另外，提供這張卡片服務的公司網頁中，顯示了下圖（左）的說明影像。從這些線索來看，可以得知往 A 方向插入卡片才是正確答案。為什麼大部分的人會回答 B 呢？明明已經提供了插入方向的說明，怎麼還會弄錯？

原因就是，卡片中央設計了大型的「>>>>」圖形，看起來很像往 B 方向的箭頭。儘管卡片左上方有標示插入方向的箭頭，可是它非常細，一點都不起眼；而卡片中央的圖案非常大又顯眼，使用者就會不自覺地受到圖案吸引。

由於中央的圖案設計形成強烈導向 B 方向的效果，讓人下意識想往 B 方向插入卡片。這是個很好的案例，說明了原本良好的設計，一旦出現錯誤的提示，就可能會引發問題。

為什麼會做出這種設計，原因不明，但是瀏覽了這間公司的網站，發現「＞＞＞＞」這個圖案不但當作行進方向使用，也出現在自動檢票口，指示前進的方向，如下圖（右）所示。因此我認為這麼做有其目的，但是為什麼刻意採取相反方向，我想了很多天馬行空的想法。假如有人知道原因，希望能告訴我。

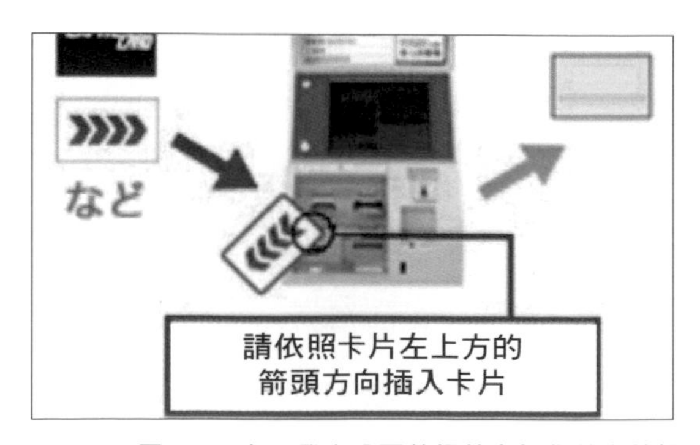

圖 5-9　左：發卡公司的網站上提供的卡片插入方法說明[2]（2014 年 10 月）／
右：自動檢票機感應處的設計

2　http://expy.jp/member/exic/exic_service.html

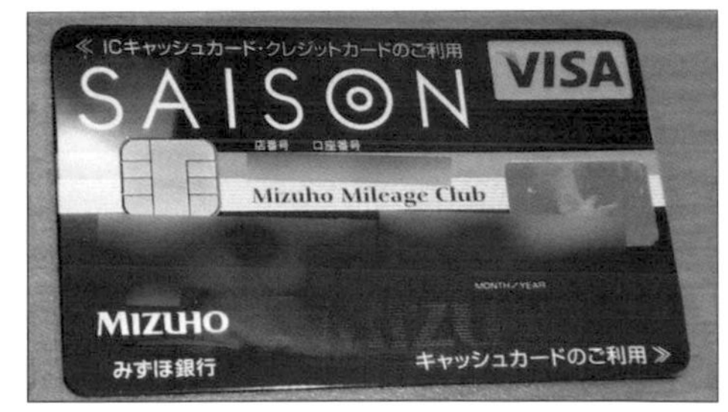


圖 5-10　左：miyoca 的插卡方向是右邊（提供：北川大輔）／
右：多功能卡片（提供：園山隆輔）

其他還有各式各樣引導插卡方向的設計案例。比方說，上圖（左）是讓人想往左插入的卡片，其實應該要往右插卡。以這個案例來說，卡片上印著縱向插圖及文字，讓人想轉成可讀取插圖的方向來插卡而弄錯。這種插卡方向的習慣會受到過去每個人使用卡片的經驗影響。基於這一點，應該先瞭解一般人平常接觸什麼樣的東西，再來思考 UI 設計，這點非常重要。

上圖（右）是具備 IC 提款卡、信用卡、提款卡等 3 項功能的多功能卡片。當作提款卡使用時，必須往一般相反方向插入卡片。我想這是受限於系統或設計，而不得不這樣做，可是在製作 UI 時，應該多加考慮使用者的立場。像這張卡片我一定用不慣。

右下圖是一間飯店的房卡，這間飯店要將房卡插入大門的插入口，才能打開房門。房卡的其中一面繪製了飯店的 LOGO 及圖樣，另一面印上細字說明與黑色磁條。請問應該以哪一面朝上來插卡呢？

正確答案是，「有黑色磁條那一面」。當時這間飯店內正要召開一個約 50 人出席的會議，結果其中有不少人因為無法開門而感到困擾。另外，還有一次是舉辦數百人的會議，當時也同樣相繼出現打不開門的人。

第 3 章曾介紹過飯店房卡沒有寫上房號，而造成困擾的案例，除此之外還可能有其他問題，例如當插拔卡片速度過快，就無法讀取資料，或靠近磁鐵時就會消磁失效，無法使用等等。一旦無法順利開鎖，房客就會以為住宿的房間不是這間，或房卡壞掉了。遇到這種情況，若再加上令人容易搞錯的元素（像這個案例是卡片的正反面讓人搞錯），情況就會變得更加混亂。

有做圖案設計的卡面是否朝上？卡片的設計中，是否具有功能上的意義？的確是非常惱人的問題。我想從上述案例中，你應該會瞭解依使用習慣來設計介面的重要性。

找找看，你身上是否也有令人困擾的卡片？

圖 5-11　多數房客都以 LOGO 面朝上插入房卡，結果房門打不開而傷透腦筋（提供：佃洸攝）

# 顏色與認知的差異

## 辨認性別的標誌：為什麼會誤以為沒有男廁？

圖 5-12　荷蘭大學的廁所

左：位於樓梯旁的標誌。顯示樓梯下方有廁所／右：下樓梯後，前方有兩扇門及標誌。為什麼大部分的男性都會以為沒有男廁而折返？

這是我為了參加一場國際會議而前往荷蘭一間大學時，遇到的狀況。在會議室附近的樓梯旁，顯示著上圖（左）的標誌。光看到這個標誌，認為附近應該有男女廁[3]。

由於這個標誌在樓梯旁，所以我判斷「下樓後應該有廁所吧？」而走下樓梯。下樓後，看到前方有兩扇門，門上有兩個標誌，如上圖（右）所示。我看到這個標誌，就想「啊！原來這裡只有女廁，那男廁在哪裡？」然後就折返。

走上樓梯，再次確認上圖（左）的標誌，「男廁應該在下面啊！」我一邊狐疑，一邊再度走下樓梯，仔細觀察，發現其實有男廁的標誌（右下圖）。這裡是地下室，又有點陰暗，所以當我看到廁所標誌，就妄自判斷是女廁而回頭，才沒發現男廁在哪裡。

不只是我，其他多位參加會議的男性（多為亞洲面孔）也在下樓後以為沒有男廁而回到一樓。請問，為何我們會誤以為沒有男廁呢？

3　上面完全沒有「廁所」字樣，為什麼我們會認為這種標誌就是代表廁所？我想是因為在不知不覺之間，我們從習慣中，建立了「有男女標誌就代表男女廁」的規則。

圖 5-13　男廁的標誌。可能因為比較陰暗，所以大部分的男性誤以為這裡沒有男廁

上一節也跟大家聊過關於廁所標誌的案例，我想多數人應該會注意到，原因出在「男廁的標誌是紅色的」。我光用顏色就判斷這間是女廁，因此誤以為這裡沒有男廁，而回到原本的地方。

類似的案例還有如下圖（左）所示，設置在紐西蘭飯店廁所入口的標誌。這個標誌是在藍色背景上顯示「Women」，可是同行的女性研究員（日本人）以為這是男廁，直到向服務人員確認後才察覺。她因為標誌是藍色，就直覺認為是男廁。另一次，我去北京時，遇到的廁所是如下圖（中央），將男性標示為紅色，女性是黃色，結果造成混淆。還有更早之前造訪北京時，曾看過男廁的標誌是紅色，女性是綠色）。

下圖（右）是在東京一間大型展場內，廁所設立的標誌。這裡用黑色顯示女廁，所以一不小心，男性就會誤走進女廁。其實提供這張照片給我的就是一名男性，聽說他也誤闖了這間廁所。

另外，這間廁所在下面加上了紅色的女廁標誌。可能因為原本只有黑色標誌而有人搞錯，後來才會再加上紅色標誌吧！

儘管表示男性或女性的圖像[4] 已經是 JIS（日本工業標準規格）的標準[5]，可是現在並沒有「男性非要用藍色或黑色」以及「女性一定要用紅色或粉紅色」的明確規則。不過，日本國內多數的廁所都採用藍色或黑色來代表男性，以紅色或粉紅色代表女性，這又是為什麼呢？

以顏色來表現男女有別的習慣，由來眾說紛紜，不過根據色彩心理學家 - 千千岩英彰的調查結果顯示，日本男性喜歡的顏色，第一名是淺藍紫色，而日本女性喜歡的顏色，第一名是淺紫紅色（接近粉紅色）[6]。另外，在 1970 年的大阪萬國博覽會，將廁所的標誌統一成男性為「黑底白色」，女性是「紅底白色」，或許在此時已經確立了男性是黑色，女性是紅色的組合。

但是，這種標誌的顏色會隨著各國的習慣差異而改變，所以即使日本人覺得難用，也不能一概認定都是爛 UI。不過，在日本，通常會用紅色代表女性，以黑色或藍色代表男性，為了避免男性誤入女廁而被當作色狼，我認為至少在日本國內，這種標誌最好使用一般人的慣用色。這種習慣也之後也可能會隨著時代而產生變化。

無論如何，要用顏色來表現某個事物時，必須考慮當使用者看到該顏色時會做出何種判斷。至少在日本國內設置廁所標誌時，應該顧及到日本的習慣。而這個案例告訴我們，符合習慣的用色有多麼重要。

4 例如為了傳遞某些資訊而使用的表情符號等。

5 JIS Z 8210:2002「引導用圖形符號」

6《図解　世界の色彩感情事典――世界初の色彩認知の調査と分析（暫譯：圖解 世界上的色彩情感事典――世界首度的色彩認知調查與分析）》、千千岩英彰（著）、河出書房新社出版

**圖 5-14　左：紐西蘭的飯店廁所／中央：中國的廁所標誌／右：日本展場的廁所標誌，明明是女廁，卻使用黑色（提供：宮下芳明）**

左：飯店廁所入口的標誌，雖是女廁，卻使用藍色，所以友人（女性）找不到廁所／中央：男性是紅色，女性是黃色／右：女廁的標誌是黑色的，感覺似乎會有男性誤闖。下面另外加上紅色標誌，應該是後來才裝上去的吧？

## 開關的燈號顏色：綠色與紅色哪個才是開？

| | ON | OFF |
|---|---|---|
| 電燈（5-15 左圖） | 紅 | 綠 |
| 電燈（5-15 右圖） | 紅 | 綠 |
| 電視（5-16 左圖） | 綠 | 紅 |
| 電腦（5-16 右圖） | 綠 | 橙 |
| 投影機（5-17 左圖） | 綠 | 橙 |
| 冷氣（5-17 右圖） | 紅 | — |
| 冷氣（5-18 左圖） | 紅 | 綠 |

**圖 5-15　左：最上面的開關對應的電燈是開？還是關？／中央：當開關為這種狀態時，電燈是開還是關？／右：整理燈號顏色與機器狀態的清單**

為了表示電燈開關是開啟或關閉，通常會在開關上面添加紅色或綠色燈號。請見上圖（左）的開關，你認為這個開關對應的電燈，現在是何種狀態？紅色燈號亮起是開燈？還是綠色燈號亮起是開燈？另外，請一併思考理由是什麼。

答案是，綠色燈號是關燈，紅色燈號是開燈。這是我研究室裡的電燈，我常常使用它，卻還是經常弄錯。而且，使用同一間研究室的學生們也一樣常常弄錯。原因或許是，我和學生們的心裡已經建立「綠色是開，紅色是關」的規則。

上圖（中央）也是類似型態的開關。這個開關是安裝在一間大學的教室內，常常有學生弄錯開／關電燈的狀態而造成困擾。請問，為什麼有這麼多人弄錯呢？這個開關的結構如下所示。

- 左邊是「西」與「東」，切換西側、東側的電燈開／關（西在前方，東是後方）。
- 右邊有「70% 亮燈」、「50% 亮燈」、「30% 亮燈」、「信號 ON-OFF」，可切換電燈點燈等級（「信號 ON-OFF」是切換開啟／關閉全部的電燈嗎？）

這種結構本來就不容易操作，何況還以紅色燈號代表開燈，綠色燈號代表關燈，這也是造成操作錯誤的原因之一。為什麼絕大多數的人會認為綠色是開啟狀態，紅色是關閉狀態呢？

當你思考原因時，請先試著回想你身邊的電器產品，當電源開啟時，哪種顏色的燈號會亮起？關閉時，又會亮起什麼顏色的燈號？

以下要介紹幾個案例。右頁上圖是在辦公室及家裡的家電，顯示運作狀況的燈號。電視、電腦、投影機、冷氣都是以綠色顯示開啟狀態；至於關閉狀態，電視是紅色，電腦及投影機是橘色（橙色），冷氣機則是以無燈號來表示關閉。（上圖右是本頁及右頁案例的狀態及燈號顏色的整理資料）。

不見得每個家庭都有投影機或電腦，但是我想多數家庭的客廳都有電視及冷氣機，而且經常使用。無論如何，我們身邊的眾多電器產品中，以綠色代表開啟，紅色（或橘色）代表關閉居多，因此我們也很習慣。人類會利用這些經驗，建立「綠色是開啟，紅色是關閉」的規則，所以一旦變成「綠色是關閉，紅色是開啟」時，就很容易弄錯。

但是，也不見得紅色就一定是關閉。例如右頁下圖（左）是我老家的冷氣機，運轉中會亮起紅燈，每次我回老家時，都會誤以為機器出了狀況，過了一會兒之後才想到「啊！原來是正在運轉。」這種情況也發生了很多次。

圖 5-16　左：電視的電源，開啟時是綠色，關閉時是紅色／右：電腦的電源，開機是綠色，關機是橘色

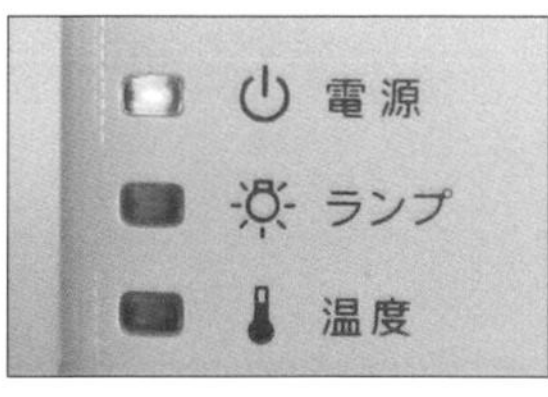

圖 5-17　左：投影機的電源，開啟是綠色，關閉是橘色／右：冷氣機的電源，開啟是綠色，關閉是無燈號

另外，下圖（右）是工廠的大型機具啟動及停止按鈕。啟動時要按下紅色，若要停止則按綠色。在這種大型機具上，經常可以看到運作中是亮紅燈，停止中是亮綠燈的情況。

像這類的工廠用大型機具，若在機械運轉時靠近，或在周圍做出不留神的動作，就可能會導致危險；相對地，機械停止時，比較安全。可能因此才以「紅色是危險，綠色是安全」的意思（與號誌相同）來分配顏色。

再舉個例子，象印的電熱水瓶在可流出熱水（解除鎖定）的狀態下，燈號顯示為紅色，而在不可流出熱水（鎖定）的狀態，燈號顯示為藍色。這應該是因為流出熱水的狀態很危險，所以顯示成紅色，鎖定狀態比較安全，因此是藍色。只是，這點在昭和 50 年之前，其實是相反的，紅色為鎖定，綠色是解除[7]。當初是配合號誌燈才設定為紅色是鎖定（停止），綠色是解除（前進），可是考慮到燙傷等危險性，後來才做了上述的調整。可以讓人感受到 UI 的與時俱進。

話雖如此，像電燈這類沒有危險性的物體，就一點都不適用了。把人類的慣用色納入考量，並且遵循該項原則，才能減少 UI 造成的錯誤。

上面的例子，可以說是不按規則來設計，就得付出努力的案例。期待未來的技術可以依照每個人的習慣來設定這種顯示運作狀的燈號。附帶一提，我會常常弄錯左頁上圖（左）的電燈開關，其實還有其他原因。這也是為什麼不論用了多久，我都無法習慣這個開關，關於這一點，我將在第 6 章的「一貫性」再次說明。

7　http://faq.zojirushi.co.jp/faq/show/866

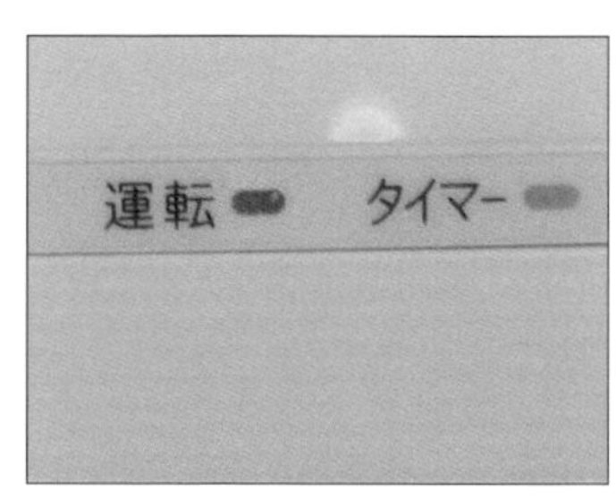

圖 5-18　以紅色燈號顯示運轉中的案例

左：老家的冷氣／右：大型機械的啟動及停止按鈕

左：老家的冷氣在運轉時亮起了紅燈，所以我誤以為發生什麼問題／右：這是一家工廠內，大型機具的啟動及關閉按鈕。啟動要按下紅色，停止是按下綠色按鈕。工廠的大型機具通常都以紅色代表啟動狀態居多

## 文字與顏色的組合：綠色拖鞋才是女用的！

圖 5-19　左：綠色是女用拖鞋／右：紅色是男用拖鞋

這是我造訪京都某寺廟時發生的事。廟內禁止穿鞋入內，因此從主建物走到保存展示品的別棟建物時，準備了移動用的拖鞋。鞋櫃內擺放著多雙紅色與綠色的拖鞋，我下意識認為「綠色應該是男用，紅色是女用的吧？」正當我拿起綠色拖鞋時，看見一個告示牌（上圖左）。

「綠色拖鞋是女用」

我先看到「綠色」這個文字與顏色，之後才看到女用的紅色文字，所以男用拖鞋究竟是紅色還是綠色，這讓我一頭霧水。附帶一提，附近也寫著「紅色拖鞋是男性用」的說明（上圖右）。就習慣來說，通常以紅色代表女性，藍色表示男性會比較容易瞭解，但是這些顏色若與其他顏色混在一起，就會造成混淆。

這種探討文字與文字顏色組合的概念，以「史楚普效應」（Stroop Effect）最知名。

以下我用具體的案例來說明。下圖（左）第 1 行由左到右，請依序唸出這些文字是用什麼顏色寫成的。接下來，同樣唸出第 2 行、第 3 行的文字是用什麼顏色寫的。

第 1 行是「黑色、黑色、黑色、黑色、黑色、黑色、黑色、黑色」，第 2 行是「紅色、藍色、黃色、藍色、紅色、藍色、黃色、藍色」，第 3 行是「藍色、紅色、黃色、藍色、藍色、黃色、紅色、黑色」。第 1 行、第 2 行雖然能順利唸出來，可是第 3 行卻要花一點時間才唸完，甚至有些人還唸錯吧？

「史楚普效應」是指眼睛同時看到「文字的意義」與「文字的顏色」時，兩者資訊相互干擾的現象。剛才第 3 行字義為「紅色」的文字卻用「藍色」寫成，而字義為「藍色」的文字卻用「紅色」寫成，在這種效應的作用下，讓使用者對拖鞋的指示產生了混淆。

假如男性穿錯女用拖鞋，因為尺寸太小而出糗（可能會破掉），頂多笑一笑就算了。但是，對於需要瞬間做出判斷的情況（例如，開車時的指示標誌等），一旦製作出會產生混淆的爛 UI，不僅會引起混亂，恐怕還可能釀成事故（如下圖右），所以請務必避免發生這種情況。

說了這麼多，你應該瞭解配色多重要了吧？

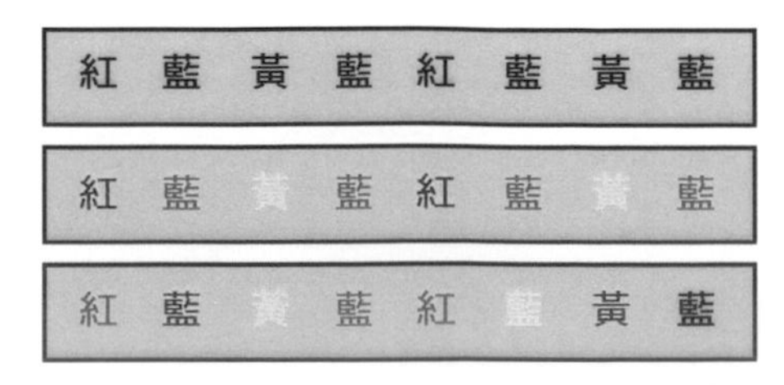

圖 5-20　左：請唸出文字是用什麼顏色寫成的／右：要往哪邊轉？

## 喇叭鎖的上鎖方向：垂直與水平，哪邊才是上鎖？

圖 5-21　這是從內側上鎖的喇叭鎖，請問垂直或水平時，哪個才是上鎖狀態？（提供：山澤總一郎）

若要從門內上鎖，通常會使用如上圖所示，稱作「喇叭鎖」的扭轉型門鎖。這張圖顯示了喇叭鎖呈垂直及水平的兩種狀態，但是哪邊才是上鎖，哪邊才是開鎖？請回想你家或廁所的大門，一邊思考這個問題。

我想大部分的人都會回答，垂直是開鎖，水平是上鎖。可是，這個喇叭鎖正好相反。垂直是上鎖，水平是開鎖（如下圖）。根據提供這個資料的學生表示，當朋友來家裡玩的時候，經常發生朋友因為無法鎖住廁所門，而感到很困擾。另外，聽說他本人太習慣這種模式，所以在其他場所使用喇叭鎖時，反而覺得很混淆。

遇到要採取與平常用法不同行為的 UI 時，多數使用者常會弄錯操作方式。後來我針對這種喇叭鎖的上鎖方向做了各種調查，發現可能有「施工錯誤」或「防止犯罪」等兩種可能性。施工錯誤比較單純，只是設置者弄錯方向，裝錯了而已。到目前為止我介紹過各種爛 UI，其中也包括因為施工錯誤而造成的案例，只要用相同想法來思考即可。然而，在防止犯罪的顧慮方面，由於小偷等不良分子會利用「從門外旋轉喇叭鎖來開門」的方法，非法入侵民宅，因此有時會故意採取「反裝喇叭鎖，讓門無法從外側打開」的方式，當作反制手段。假設這是考量防止犯罪的結果，就稱得上是善用爛 UI 的案例。但是，這裡的喇叭鎖只是一般廁所的門鎖，所以我推測施工錯誤的可能性比較高。

這個爛 UI 告訴我們：一般人會從平日的使用習慣中建立使用規則，所以必須多加留意。

圖 5-22　喇叭鎖轉成垂直時是上鎖，轉成水平時是開鎖（提供：山澤總一郎）

# 與一般習慣的落差

## 英數字的排列方式：308B 號室在哪一樓？

圖 5-23　左：308B 號室在哪一樓？／右：1133 號室在哪一樓？

當你看到「308B」這個號碼時，你會想像這個地方在哪一樓？看到「1133」這個號碼時，會覺得是在哪一樓？另外，你會預測各個樓層中，還有哪些號碼？（參考上圖）

這個問題我問過 100 個人以上，幾乎所有人都回答「308B」在「3 樓」，還有少部分的人表示在「30 樓」。至於「1133」，全部的人都回答在 「11 樓」，請問這你會怎麼預測？

以「308B」這個號碼來看，我覺得這個地方可能在大樓的 3 樓或 30 樓。但當我抵達這棟大樓前，注意到樓高只有 20 層，所以判斷「308B」在 3 樓。而且我認為 3 樓有 8 個以上的會議室（會議室號碼是 08），並且以隔板區隔成 A 與 B 區。於是我走到 3 樓，卻沒有發現那間會議室。可能弄錯大樓了，我走到鄰近的大樓尋找，也一無所獲。眼看開會時間快到了，我還找不到地方，會不會是抄錯號碼？我取出電腦，搜尋先前收到的郵件，發現的確是「308B」沒錯。大樓的名稱也正確，為什麼 3 樓沒有 308B 號室呢？這讓我煩惱了好一會兒，後來我終於發現，電子郵件中寫了「8 樓的 308B 號室」，急忙跑到 8 樓的 308B 號室，但已經遲到了。

另一次遇到的狀況，也發生在同一間大學裡，是通知我「到 1133 號室集合」。我首先判斷是 11 樓的 33 號室。之後回想起上次的慘痛教訓，就仔細確認了通知內容，上面寫著「13 樓的 1133 號室」。我一邊想著好險，一邊走向那個房間，可是我實在無法瞭解，腦袋裡浮現出「為什麼？？？」有 3 個大問號。

這兩個案例都有通知是「8 樓的 308B 號室」以及「13 樓的 1133 號室」，只怪我自己沒有注意到，可是一般人會從房間號碼的英數字排列中產生各種想像。世上大部分的大廈、公寓、大樓、飯店等，以數字顯示房間號碼時，一般前面第 1 或第 1 及第 2 個數字代表樓層（通常 10 樓以上的高建築物會使用 2 位數，低於 10 樓的建築物以 1 位數來表示），接下來的數字會當作該樓層內的房間號碼來分配。大部分的人已經習慣了這種號碼組合，所以按照規則來思考 308B 與 1133 時，會從大樓的高度及寬度來判斷（應該很少有 30 樓或 113 樓，甚至 1 樓有 113 個房間的情況），認為最初的 1～2 位數等於樓層，才會回答分別是 3 樓及 11 樓。那麼，「308B 號室在 8 樓，1133 號室在 13 樓」這又是按照哪種規則來排列呢？

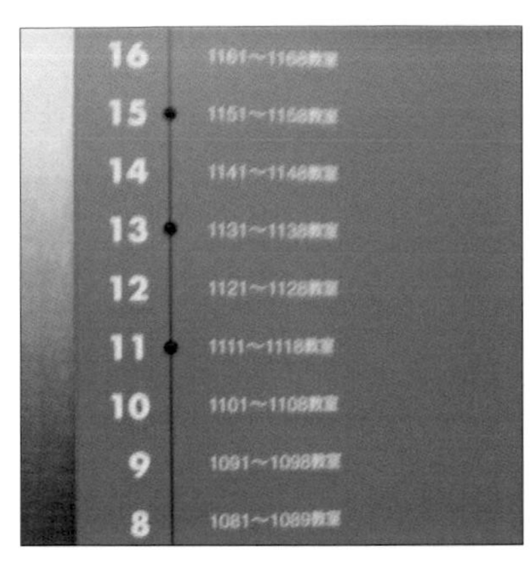

圖 5-24　左：1133 號室是 13 樓／右：120O 號室是指 20 樓的 O 號室，看起來卻像 1200 號室

後來我去搭電梯，發現了這個指示板（上圖左），終於解開了疑惑。1133 號室這個房間號碼，最前面的位數統一顯示為「1」，而後面第 2 及第 3 位數代表樓層，最後由的英數字相當於該樓層內的房間號碼。換句話説，最前面的「1」 是大樓的代號。

也就是説，「308B」其實是「3 號大樓的 8 樓 B 室」；而「1133」則是「1 號大樓的 13 樓 3 號室」。除此之外，這棟大樓還有 120O 號室（上圖右），也就是「1 號大樓的 20 樓 O 室」。樓層內的房間號碼如果變成英文字，就會成為「113C」而非「1133」；若都用數字顯示，變成「3082」而非「308B」應該比較容易瞭解。明明都是同一所大學裡的大樓，但是大樓或樓層的命名規則卻不一樣，實在令人困擾。我想，這些都不是適當的編號方法。

假設將大樓代號改成 A～Z，變成「C082」或「C08B」、「A133」或「A13C」、「C-08B」或「A-13C」，應該可以減少誤會產生。

下圖是另一間大學的指標及建築物的平面圖。我在這棟建築物內迷路了很久，你看得出英數字編號的規則嗎？

回歸正題，看到房間號碼會認為「第 1～2 位數代表樓層，之後是該樓層的房間號碼」，這是因為我們根據平常的經驗或習慣，建立了這種思考模式。學校、辦公室、飯店、公共設施等建築物，大多採取此編號方式，因此我們會在腦中建立規則，並依規則來解釋排列的數字。從這個案例中可以得知，當我們看到不同於這種規則的房間號碼時，就會感到混亂，所以必須特別注意。

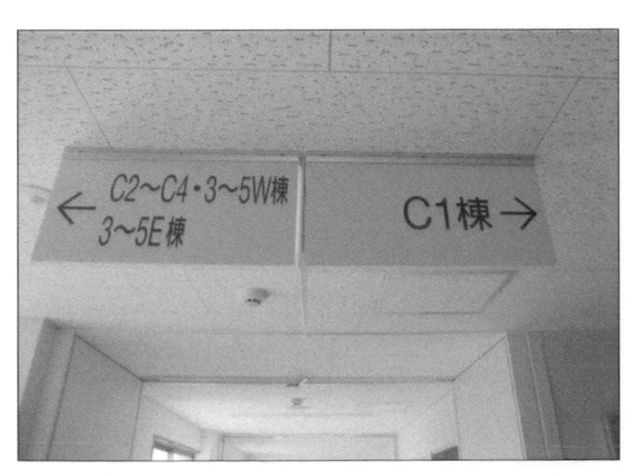


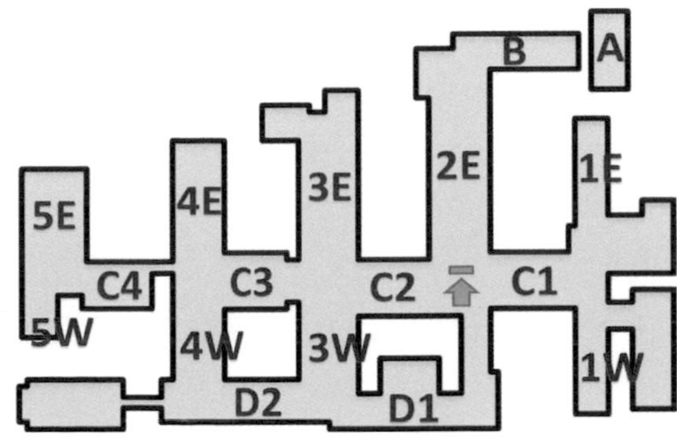


圖 5-25　左：某間大學的指標／右：以插圖顯示建築物的平面圖

## 數位相機的按鈕：為什麼想拍照卻變成關閉電源？

圖 5-26　拍照按鈕是 A 或 B？（提供：綾塚祐二）

我常常會用到數位相機，而且每 1～2 年就會購買新的數位相機。可是數位相機的功能按鈕位置卻沒有統一，讓我覺得很困擾。上圖是一部數位相機的照片，若要用這台相機拍照，請問該按下 A 或 B 哪個按鈕？請你一邊想像拍照時，手拿相機的狀況，一邊思考這個問題。

正確答案是 B 按鈕。由於上面顯示了「POWER」這個線索，我想答對的人應該很多，但還是有人會答錯吧！其實在 A 按鈕上面寫著「POWER」，只要看清楚按鈕再操作就不會弄錯。不過，大部分的人應該都是以手摸到按鈕再拍照，很少人會用眼睛逐一確認每個按鈕吧！提供照片的人也說，他曾發生想要拍照，卻不小心關閉電源的問題。而且把相機交給別人幫忙拍照時，對方卻把相機關掉，只得麻煩對方重新打開，聽說經常發生這種狀況。

右頁的圖示是由上往下拍攝研究室內某台數位相機的狀態。請你預測一下，該如何切換開啟／關閉電源？還有拍照按鈕在哪裡？拍照按鈕及電源按鈕如下所示。

(A) 右起依序排列著「小圓、大圓、小圓」，中間的大圓按鈕就是拍照鈕，左邊的小圓按鈕是電源鈕

(B) 右上方大型轉盤左側的銀色圓形是拍照鈕，轉盤左下方的黑色圓形是電源鈕

(C) 右邊的銀色圓形是拍照按鈕，撥動銀色鈕周圍的黑色撥桿，可切換開啟／關閉電源

(D) 右邊的大型長方形按鈕是拍照鈕，左邊的小正方形按鈕是電源鈕

(E) 右邊的大型長方形按鈕是拍照鈕，左邊的長方形按鈕是人臉辨識功能鈕，往上掀開或往下蓋上蓋子則是開啟／關閉電源

(F) 右邊的銀色大圓形按鈕是拍照鈕，中央的黑色小圓形按鈕是電源鈕

每台數位相機的操作方式都不一樣，讓人感覺非常混亂。無論如何，這些數位相機在握住機身拍照時，有些是讓電源鈕距離拍照鈕（快門按鈕）遠一些，有些電源開關是改成非按壓型按鈕，或雖然是按壓型按鈕，但縮小了電源鈕的尺寸，所以比較不會弄錯。與下頁這 6 台數位相機比較後就會發現，當我們用雙手握住上圖的數位相機時，兩種按鈕的位置接近，而且尺寸大小也差不多，就有可能會弄錯而關閉電源。

除了弄錯電源鈕及快門鈕，類似的狀況還有「想拍照，卻變成錄影」，或是「想拍照，卻變成瀏覽照片」等狀況，數位相機可說是錯誤操作的大本營（我想其中也有為了在小型裝置上添加各種功能，而不得已的部分⋯）。

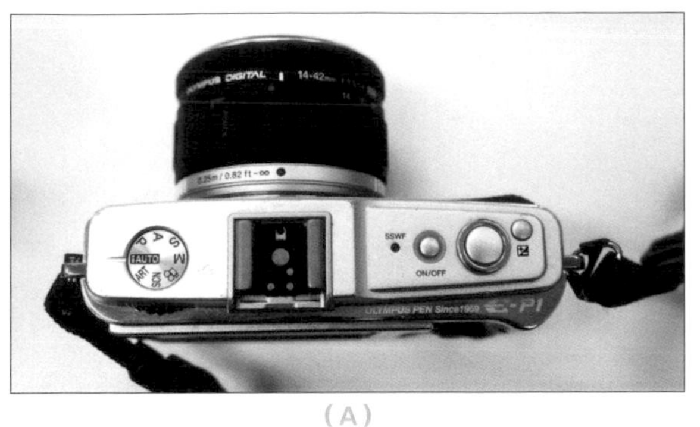


(A)

(B)

(C)

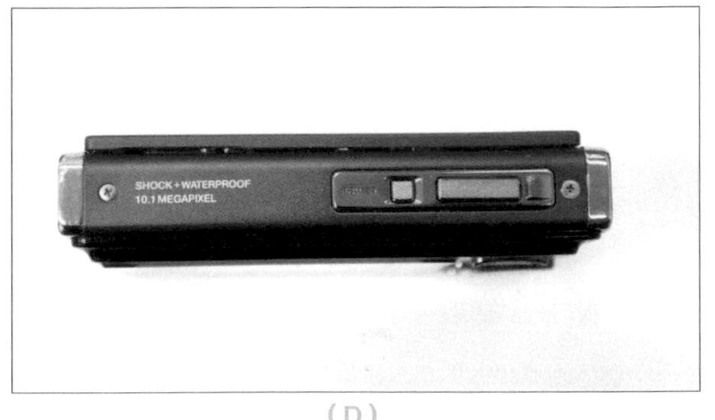


(D)

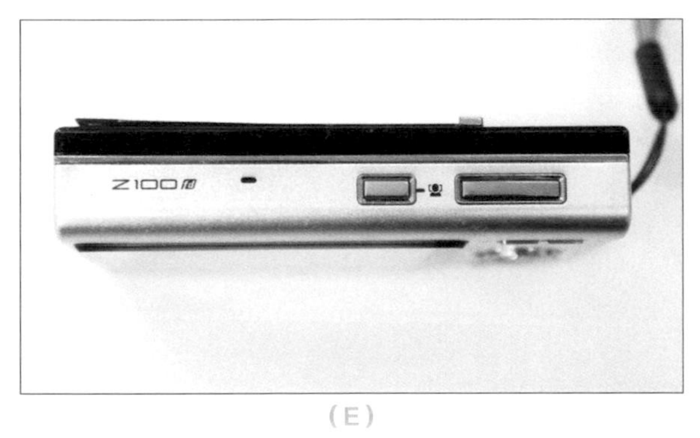


(E)

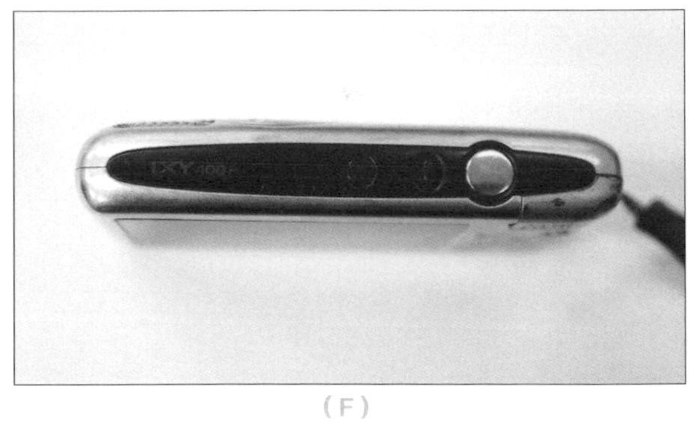


(F)

**圖 5-27　各種數位相機上切換開啟／關閉的電源鈕及拍照鈕（快門鈕）。它們分別在哪裡呢？**

對我們這種要求不高，只想忠實記錄畫面的人來說，最近市面上推出的數位相機，已經非常夠用，那麼在購買數位相機時，也可以著重在好不好操作這一點。一般大型電器商店的門市裡，都會陳列著各種數位相機，你也可以試著觀察，這些相機的電源鈕在哪裡，拍照鈕又在哪裡，而且兩者的尺寸大小為何，應該會很有趣。

另外，在不曉得該按哪裡的煩人案例中，也包括了電玩的控制器。尤其是任天堂的超級任天堂控制器或 WII 等控制器，與 Microsoft 的 Xbox 控制器相比，AB 按鈕及 XY 按鈕的位置正好顛倒，因為不習慣，所以經常弄錯[8]（見第 6 章）。雖然無可奈何，但是仍希望有解決之道。

8　《Game Development Essentials: Game Interface Design, 2nd Edition》Kevin D.Saunders／Jeanie Novak（著）

## 傳統手機的撥號鈕：撥號鈕在左邊還是右邊？

圖 5-28　左：左邊是我在日本國內使用的行動電話，右邊是出國時，借用的行動電話。出差時，為什麼會操作錯誤？／右：想結束通話…咦？（提供：匿名）

上圖（左）的左邊是我以前在日本國內使用的傳統手機（PHS），右邊是我去國外出差時向工作單位借用的手機。我每次出差時，都會借用右邊這支手機，卻總是操作錯誤，有很多慘痛的經驗。請問，為什麼我常操作錯誤呢？請你比較一下左右兩邊的手機，思考問題出在哪裡。

附帶一提，我犯了以下這些錯誤操作。

- 輸入電話號碼後，原本打算按「撥號鈕」，卻誤按到「結束通話鈕（清除鈕）」，而刪除了剛才輸入的電話號碼。
- 電話打來，想按下「通話鈕」，卻誤按成「結束通話鈕」，而進入語音信箱

由於這是短期租借的手機，我不知道要怎麼解除語音信箱或確認語音信箱。因此雖然特地借來使用，但在出差期間，幾乎無法發揮作用。

你看出問題了嗎？這張圖左邊的手機，左側為「通話、撥號鈕」，右邊是「結束通話、關機鈕」，而右邊的電話是左側為「結束通話、關機鈕」，右側是「通話、撥號鈕」。換句話說，這兩支手機的「通話、撥號鈕」及「結束通話、關機鈕」位置正好左右相反。我按照在國內的習慣來使用這支租用的手機，結果每次都操作錯誤。

除了這個廠牌的手機，我從來沒看過右邊這種按鈕配置，雖然「通話、撥號鈕」及「結束通話、關機鈕」的位置並沒有硬性規定，不過這個案例正好可以說明，遵照多數人熟悉的操作習慣來設計 UI，或許比較不會發生問題。

另外，類似的有趣案例還有上圖（右）。這是我朋友的公司配發的手機，你有沒有發現什麼奇怪的地方？

根據前面說明的內容，看見上圖（右）之後，應該大部分的人都會馬上注意到，這支電話不知道為什麼，兩邊都是「通話、撥號鈕」，而「結束通話、關機鈕」卻放在手機的右下方，若要單手掛斷電話，或執行取消操作時，就會有點困難。除此之外，在「通話、撥號鈕」上，還加上了 1 與 2 的奇怪編號，真是值得研究的 UI。

其實這裡的兩顆「通話、撥號按鈕」，代表雙線功能，當其中一線正在通話中時，另外一線就可以接聽緊急電話。關於這一點，因為我不曉得詳細的用意，所以無法繼續深究，可是為什麼會這樣配置，實在非常令人好奇。我可以想像得到，這可能也會成為一個讓大家感到困擾，非常有趣的爛 UI。

## 智慧型手機的接聽鈕：接聽鈕是左邊還是右邊？

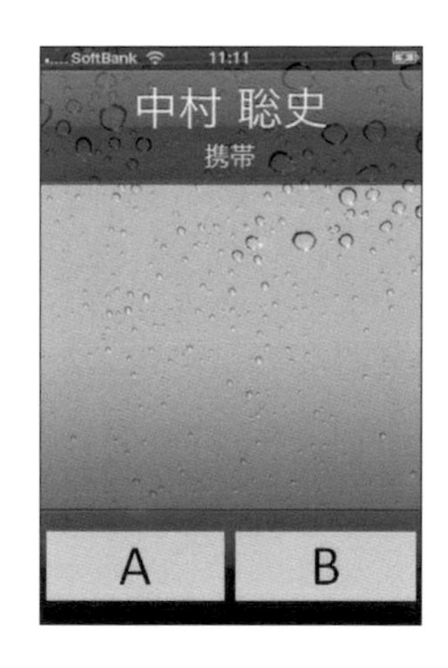


圖 5-29　iPhone 的「接聽」及「拒絕」分別是哪一邊？（2011 年 2 月）

Apple 的 iPhone，以及各公司推出的 Android 手機等智慧型手機，不僅可以瀏覽電子郵件及網頁，還可以用地圖尋找目前位置或目的地、變更新幹線的搭車時間、和他人傳訊息、玩遊戲打發時間…等，用途非常廣泛。我之前也用過 2 年的 iPhone，有很多事情都變得很方便。

當我們使用 iPhone 撥打電話時，會出現上圖的畫面，若要接聽電話，應該按下 A 還是 B 按鈕？使用 iPhone 的人，請回想一下你平常如何操作，非 iPhone 的手機使用者，也請預測一下答案是什麼，並思考理由為何。

答案如右下圖所示，「要按 B（右邊的按鈕）來接聽」。在 iPhone 的電話模式中，左邊是「拒絕鈕」，右邊是「接聽鈕」，你答對了嗎？

當我提出這個問題時，大部分沒有使用 iPhone 的人都回答 A 是「接聽鈕」。另外，即使是使用 iPhone 的人，也有一定人數回答 A。其實連我在使用 iPhone 接電話時，也曾經誤按「拒絕鈕」而多次拒絕接聽來自工作夥伴或朋友的電話。我用過 iPhone 的 3GS 及 4S，可是最後仍不習慣這種配置方式。

我不習慣「接聽鈕」與「拒絕鈕」的位置，最大的原因就是我有兩支手機，而且很少用 iPhone 來通話。我主要都是用另一支手機來收發電子郵件及打電話，也就是前一頁介紹過的傳統手機（左頁圖左）。在傳統手機上，「接聽（通話、撥號）鈕」通常都是左側，我已經習慣按左邊接聽電話了，當使用位置不同的 iPhone 時，下意識就會操作錯誤。

使用者會無意識地採取慣用的操作方法，所以想要求使用者做出不一樣的行為時，就得多花點心思。而且，這組「拒絕鈕」及「接聽鈕」都只是軟體畫面裡的圖案，不是手機上的硬體按鈕，要更改明明不難（只要更改左右的位置設定就可以了），為什麼不改呢…。

圖 5-30　iPhone的「拒絕鈕」在左邊，右邊是「接聽鈕」

## 機上影音導覽／網頁導覽系統：為什麼無法進入下一頁？

圖 5-31　只能看到 10 部電影的影音隨選系統。究竟是為什麼？

搭飛機時，應該有很多人會使用座位前方的影音隨選系統（VOD 系統）來看電影吧？我搭飛機到國外出差時，由於是長途飛行，幾乎都會利用 VOD 系統來欣賞各種電影。這次也是一樣，當飛機一離地，我就馬上用遙控器來操作，但是卻只有找到 10 部電影。這讓我有點沮喪。所以看完一部電影後，就在座位上睡了一下。但是當我醒來後翻閱機上雜誌，卻發現上面列出遠超過 10 部的電影。我心想「奇怪」，又再次利用遙控器操作系統，仍然只能看到 10 部電影。為什麼會這樣？我覺得很煩惱，不斷用遙控器操作系統，最後終於發現是自己弄錯了。請看上圖的 VOD 系統，想想為什麼會弄錯？

不曉得為什麼弄錯的人，請回答以下問題。

- 「下一頁」及「上一頁」按鈕左右並排時，哪個在左邊，哪個在右邊？
- 哪種形狀適合用來代表具有「下一頁」及「上一頁」功能的按鈕圖示？

為了方便檢視以橫書為主的系統畫面，而把「下一頁」及「上一頁」放在左右兩邊時，通常會安排左邊是「上一頁」，右邊是「下一頁」。可是，從上圖可以發現，左邊才是「下一頁」，右邊是「上一頁」。換句話說，我在第 1 頁選擇了「下一頁」鈕，進入第 2 頁之後，打算在第 2 頁選擇「下一頁」鈕，卻誤按到「上一頁」鈕，結果就一直在第 1 頁與第 2 頁之間來回移動。結果明明機上準備了 40～50 部電影，我卻只看到 10 部。另外，選擇「上一頁」時，顯示的圖示是如同播放鈕的「向右三角形」。這種圖示通常就是代表「下一頁」，這也是我誤按「下一頁」鈕的原因之一。附帶一提，選取「下一頁」的狀態如下圖（左）所示。看到下圖（右）即可瞭解，「下一頁」及「上一頁」竟然使用了相同形狀的圖示。

接著讓我們再想想看，為什麼左邊或向左的三角形代表「上一頁」，而右邊或向右的三角形表示「下一頁」呢？

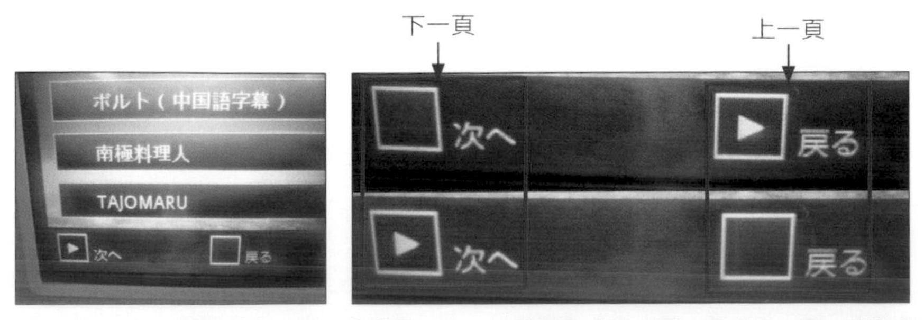


圖 5-32　左：選取「下一頁」的狀態／右：比較選取「下一頁」及「上一頁」的狀態

圖 5-33　左：以 Mozilla Firefox 瀏覽器為例，「回到上一頁的按鈕」在左側，「前進下一頁的按鈕」在右側／右：Google 的搜尋結果也同樣將「上一頁」的連結放在左側，「下一頁」的連結放在右側

舉例來說，網頁瀏覽器是把「上一頁」鈕放在左邊，「下一頁鈕」放在右邊；Google 的搜尋結果在筆數眾多時，也同樣將「上一頁」的連結放在左側，「下一頁」的連結放在右側（如上圖）。另外，我們也可以看到，「上一頁」按鈕或連結都是使用向左的箭頭，「下一頁」按鈕或連結都是用向右的箭頭來表現。

請問，為什麼「上一頁」應該在左側，「下一頁」要在右側呢？這是因為像本書這種橫書顯示的文章，內文是從每行的左側開始，從左讀到右，直到該行結束，再連接到下一行的左側（如下圖）。對習慣依序閱讀文字的我們而言，右側是文字的前進方向，所以自然會認為「下一頁」應該放在右側；相反地，「上一頁」放在左側比較自然。這一點不論是英文、法文、義大利文、西班牙文都一樣。以這個案例來說，畫面上顯示的是橫書日文內容，因此我才會以為左側是「上一頁」，右側是「下一頁」。附帶一提，當我在課堂上，把「下一頁」及「上一頁」的文字隱藏起來，詢問大家「哪邊是『下一頁』？哪邊是『上一頁』？」結果全部的人都回答，左邊是「上一頁」，右邊是「下一頁」。

另外，阿拉伯文的排列是從右邊開始，由右往左前進，每行的文末會連接到下一行的右邊。因此，在阿拉伯語系的網頁服務中，經常可以看到「上一頁」與「下一頁」的位置與英語系網頁相反。而且以直書方式顯示中文或日文內容時，內文是從右上方開始，每一行都是由上往下，行末會連接到左行的開頭，因此應該將「下一頁」鈕放置在左邊，「上一頁」鈕放在右邊。如果與這種規則相反，馬上就會變成難用的 UI。

決定前進方向後，讓箭頭（二角形）朝向前進方向，看起來才會比較自然。此外，音樂播放器等的「播放鈕（播放音樂的按鈕）」標誌是向右三角形，而且已經標準化[9]，所以多數人看到向右的三角形圖示，就會認為是「下一頁」。

9　「Play」（播放）圖示設定為「向右的三角形」，這是由 ISO/IEC 18035（資訊技術－Multi Media Software Application 控制用的圖示符號及功能）建立的標準。

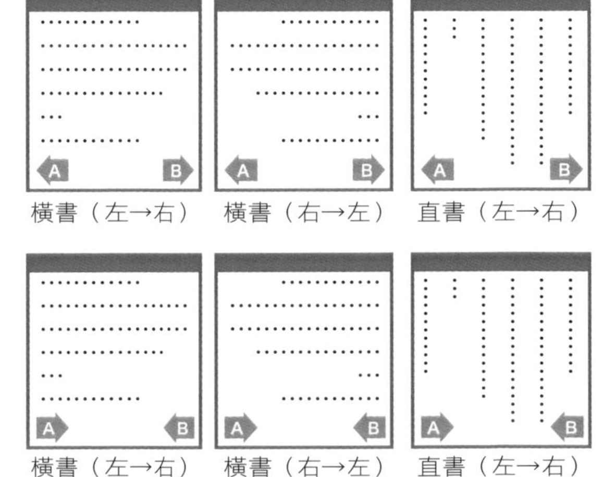


圖 5-34　文章的順序及前進方向。假如有 A 與 B 兩個箭頭按鈕，按下哪一個，能移動到下一頁？

經過上述的說明的，接著回到我先前介紹過的 VOD 系統，整理其問題如下：

- 「下一頁」與「上一頁」的位置左右相反
- 「上一頁」顯示的圖示是向右的三角形

這兩點就是該系統讓我看不懂的原因。

「上一頁」圖示竟然與「下一頁」圖示完全一樣，這可能是純粹從方便選取的角度來使用這個標誌，而且「下一頁」與「上一頁」的位置相反，才會很容易搞錯方向（如果改成方塊或圓形等其他形狀時，應該可以減少錯誤）。

我沒機會詢問開發者為什麼會製作這樣的系統，無法查明原因，可是第 1 頁也是在左邊放上「下一頁」鈕（下圖左），或許是想在不移動「下一頁」位置的情況下，放「上一頁」鈕吧！也許這個系統的開發者非日本語系，而是阿拉伯語系的人（阿拉伯語系中，橫書的文章是右→左，所以順序會改變）。無論如何，這都是造成使用者困擾的有趣爛 UI。

類似的案例還有：按錯網頁上的「下一頁」鈕及「上一頁」鈕，不曉得發生什麼事而感到煩惱的情況。這種網頁大部分都將「上一頁」鈕放在網頁的右下方，左下方是「下一頁」鈕，結果在下意識的狀態下，原本要按「下一頁」鈕，卻按到「上一頁」鈕（下圖右）。另外，一般電子書的內容為橫書，閱讀順序明明是由左往右，卻在左邊放「下一頁」鈕，右邊放「上一頁」鈕，就會變得很難閱讀。在直書的日文文章中，也曾出現閱讀順序是由右往左，卻把「上一頁」鈕放在左邊，「下一頁」鈕放在右邊，讓人感到煩躁的情況。又如日本漫畫這種右上往左下排列的內容，卻在左邊放「上一頁」鈕，右邊放「下一頁」鈕，結果當我集中精神投入漫畫世界時，卻因為操作錯誤而跳回上一頁，整個被拉回現實世界，實在太殺風景了。

背離使用者習慣的 UI 就會變得很難用，並且引發混亂，一定要特別留意。我推薦一本專門討論左右方向的書，書名是《図解雑学　左と右の科学（暫譯：圖解雜學 左與右的科學）[10]》，內容非常有趣，有興趣者可以參考看看。

10《図解雑学　左と右の科学》富永裕久（著）、Natsume 公司出版

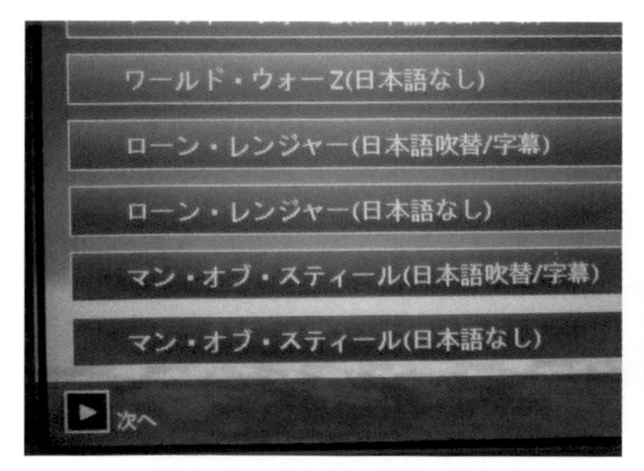

圖 5-35　左：第 1 頁只顯示「下一頁」／右：EXPress 預約畫面的「下一頁」與「上一頁」案例

# 疏忽、失誤、誤認

「人為失誤（Human Error）」這個名詞我想大家都已經耳熟能詳。在 JIS 規格中，人為失誤的定義是「產生意外結果的人類行為」[11]，這句話的意思是：即使是小心謹慎的人，也無法避免由錯覺、疲勞、習慣等因素引發的操作錯誤。但是我認為，大部分人為失誤的案例，若追根究底去探討，原因可能還是出在 UI 不良（爛 UI）。

機會難得，以下我將為大家介紹幾個關於人為失誤的幾個專有名詞。一般的人為失誤原因，可歸納出 3 種：疏忽（Slip）、失誤（Lapse）、誤認（Mistake）（「疏忽」與「誤認」是根據唐．諾曼（Don Norman）的分類，而「失誤」則是詹姆斯．理森（James Reason）後來追加的）。

- 疏忽（Slip）：因為「一不小心」的意外而導致失敗。使用者打算做某種行為時，在認知的控制過程中發生錯誤。執行行為的計畫沒有問題，但是在執行過程中，卻因為習慣不經意流露出來，或半途被某件事打斷（例如有人來訪、接電話、發出通知音），而造成的問題。當操作變成例行性工作，一旦發生習慣被打斷，很容易就造成疏忽。如果過程中需要用聲音或手指來確認，多少可以防止疏忽。不過一般都認為在使用日常性 UI 時，很難要求使用者做到這種確認動作。
- 失誤（Lapse）：因為忘記或喪失目標所造成的失敗。要執行的行為，其計畫本身沒有問題，卻在執行時忘記某些操作步驟或找不到原本的目標，而發生失誤。不熟悉 UI 的使用者特別容易遇到失誤的狀況。如果要防止發生失誤，可以加上注意事項，但是使用者本來就很容易忽略注意事項，因此也這種狀況仍無法妥善地防止。
- 誤認（Mistake）：使用者一廂情願地操作而發生失敗。這是指使用者操作的計畫本身就弄錯了，所以按照計畫執行後，自然會造成失敗。通常的原因是使用者腦內的思考系統運作模式，與設計師設計系統時思考的動作模式容易出現落差。而且，有時使用者過去的經驗也會成為絆腳石。如果要避免發生這種問題，就得準備靈活面對使用者的想法與對策，所以處理起來有些難度。

本章介紹了與習慣之間有落差而形成的爛 UI，而這些案例尤其會擴大疏忽、誤認的程度。另外，在接下來的章節中，介紹的其他爛 UI，多數不僅會擴大疏忽、誤認，還會增加失誤。可是，倘若原本就是可能引發錯誤的 UI，若將這種錯誤歸咎為人為失誤，也太不負責任了。我要再度重申，不光是這裡介紹的爛 UI，我們聽到的人為失誤案例中，真的是人為失誤嗎？一般人可以正確操作這些UI？難道不是 UI 本身太爛，才造成問題？這世上處處可見讓人不禁想這麼問的案例。

當你在聽見這個名詞時，請試著思考，系統端難道無法做出何種處置？UI 有沒有問題？

關於人為失誤在「失敗百選[12]」及「續．失敗百選[13]」中，整理了大量案例，並且做了詳細分析。其中有很多很嚴重的案例，建議想進一步瞭解人為失誤的讀者，可以買來閱讀。

11 JIS Z 8115:2000「Dependability（信賴性）用語」

12《失敗百選 41の原因から未来の失敗を予測する（暫譯：失敗百選 從 41 個原因中預測未來的失敗）》中尾政之（著）、森北出版

13《續．失敗百選 リコールと事故を防ぐ60のポイント（暫譯：續．失敗百選 防範回收與事故的 60 個重點）》中尾政之（著）、森北出版

# 重點整理

本章介紹了與形狀、顏色、數字、配置等習慣有關的爛 UI。我們習以為常的習慣，包括「男性是黑色，女性是紅色」、「綠色是開啟，紅色是關閉」、「箭頭的方向」、「房間號碼的編排方法」、「上一頁在左，下一頁在右」等。

我們養成的這種習慣不是在學校中學到的，也沒有明確制定規範，非這麼做不可。但是，使用者會累積及整理人生中遇到的各種 UI，並且建立自己的規則。使用者看到未知的 UI 時，可以順利使用，就是因為對照以前經驗取得的規則，來推測用法的緣故。因此，遇到沒有按照規則設計的 UI 時，使用者會產生不協調感，而沒辦法靈活運用，才會變成爛 UI。

規則雖然會受到人種、文化、語言等各種因素的影響。但是在類似環境下成長的人物，差異應該不會太大。至少在同一國家生活的人，會透過電視及網路來分享資訊，建立的規則也差不多。當然，兒童／大人、男性／女性、學生／社會人士等會各自建立不同的規則，而且專業人士也會養成自己的規則。因此，本章是盡量挑選大家共通的案例來做介紹。

世上存在著許多大部分人擁有，卻沒有標準化的習慣及規則。設計 UI 時，盡量先想像使用 UI 的對象，套用該群體共通且擁有的規則，就可以減少問題發生。另外，也要注意避開因習慣而引發的人為失誤。

## 演練、實習

- 請收集廁所標誌，試著寫出它們的共通點以及差異性。另外，將這些標誌歸納成不易弄錯及易弄錯的類型，整理原因出在哪裡。
- 請一併思考，現實生活中，是否有每個人都可以順利使用，不會弄錯的完美廁所標誌。
- 請收集搜尋引擎、各種購物網站、部落格等網頁中的「下一頁」及「上一頁」，調查它們分別是以何種形狀放在哪個位置，同時一併整理共通點及差異性。
- 請收集並比較家中的遙控器。各個遙控器使用何種 UI 來控制電源開／關、音量大小、溫度高低及切換功能，它們有什麼共通點及差異性。除此之外，也一併思考這台遙控器好用或不好用的理由。
- 請調查各公司的遊戲遙控器按鈕位置，找出「確定」及「取消」等按鈕在哪裡，並且整理哪種遙控器很難用，會造成困擾。
- 請調查你周遭的電梯，其操作按鈕的排列方式及開關按鈕的位置，並且整理歸納。同時思考難用的電梯操作面板有什麼特徵。
- 請利用網路搜尋人為失誤這個關鍵字，收集相關報導，思考這些是什麼樣的 UI，同時分析問題是否出在系統上而非操作者。

Chapter 6

# 一貫性

你是否也曾這樣，想打開附近的電燈，卻關掉其他的燈，當場驚慌失措？同時接觸到上撥出水的水龍頭，以及下壓出水的水龍頭，結果搞得一團混亂？不曉得清單的排列規則，為了搜尋目標項目而找得很辛苦？

在同一個場所內，統一顏色、形狀、順序、方向的意義，維持一致性，非常重要。有了一致性，使用者就能順利使用各種 UI。然而，把外觀看起來一模一樣，功能卻完全相反的 UI 擺在一起，人類就會混淆。在一定的空間內，如果 UI 具有一致性，就稱作「有一貫性」；若沒有一致性，就稱作「無一貫性」。缺乏一貫性，會讓使用者感到混淆，所以這種 UI 就容易變成爛 UI。

本章要介紹各種與一貫性有關的爛 UI，同時說明一貫性的重要程度。另外，還會一併提出確保一貫性的標準化及規範。

接下來，敬請期待以一貫性為主題的爛 UI。

# 顏色、形狀、方向、樣式的一貫性

## 開關的一貫性：怎麼做才能全部關閉？

圖 6-1　這是操作兩盞電燈的開關。請問在哪種狀態才能同時關閉這兩盞燈？（提供：田暖乃）

上圖是一間公寓的室內開關，為了控制兩盞電燈，而裝上兩個開關。每次按下上面的開關時，開關上的燈號（信號燈：顯示裝置運作狀態的燈號）會切換成無燈號或綠色燈號，下面開關上的燈號是切換成無燈號或紅色燈號。請問，要關閉兩盞電燈時，你會怎麼做呢？到目前為止，你已經見識過各種爛 UI，請先壓抑想要探討背後意義的想法，用直覺思考，當家中有這種開關時，你會怎麼做。

假如完全不給予這是爛 UI 的提示，請大家直接預測的話，我想最多人會回答最左邊的狀態。

可是，正確答案卻是左起第 2 種狀態。首先，上面的開關在無燈號時為開燈狀態，顯示為綠色燈號時為關燈狀態。接下來，下面的開關是紅色燈號為開燈狀態，無燈號時才是關燈狀態。假如沒有整理思考，應該會陷入混亂。

聽到這個答案時，我曾經猜想「電燈的開關是否裝錯？」或「原本開關的燈號是紅色與綠色切換，因為故障，燈號才不亮吧？」可是這棟公寓的其他房間似乎也是相同情況。請問，為什麼會變成這種狀態？

首先，這些開關各自有不同的名稱，上面稱作「螢火蟲開關」[1]，下面稱作「輔助開關」。螢火蟲開關是關燈時，開關上亮起綠色燈號；開燈時，開關上無燈號。另外，輔助開關是開燈時，開關上亮起紅色燈號；關燈時，開關上無燈號。

螢火蟲開關屬於照亮該場所（走廊或玄關等）的電燈開關，所以通常會當作在黑暗中辨識開關位置的方法；而輔助開關是「顯示遠處開了燈（廁所或浴室的開關、室外燈），記得要關閉！」當作提醒的用意居多。

以這次的案例來說，上面的開關是控制走廊的電燈，下面的開關是控制室外的電燈，所以為了在陰暗的走廊突顯開關的位置，而使用螢火蟲開關。為了提醒室內看不見的室外燈為開啟狀態，而使用輔助開關，這件事本身沒有問題。問題是，把這兩種類型的開關當作組合，安裝在同一個場所。燈號的顏色上下不同，而且無燈號代表的意義也不一樣，一旦以組合方式裝在一起，沒有想清楚，就容易弄錯。因此，按照開關的用途來安裝，仍可能發生問題。我認為這個案例顯示出在同一場所內，UI 的一貫性有多麼重要。

1　Panasonic 股份有限公司的商標

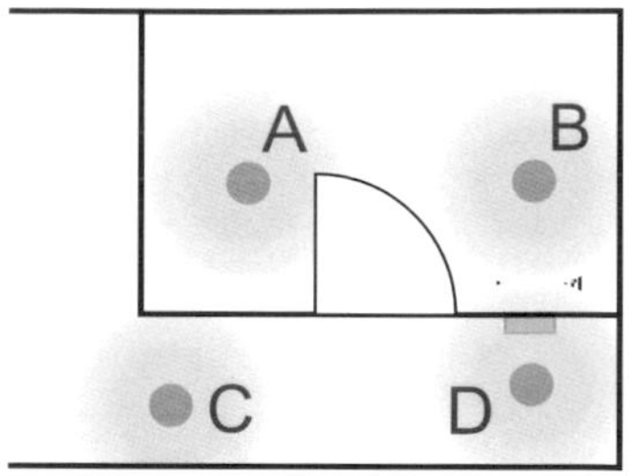


**圖 6-2　左：A～D 等 4 個槓桿開關／右：對應開關位置的電燈平面圖**

在此狀態下，A～D 的電燈狀態為何？其中，D 是關燈狀態

接下來，我還想介紹另外一個案例。上圖（左）是第 3 章也介紹過，不易瞭解配對關係的電燈開關。這裡再次提及，並且簡單說明一下。上圖（左）的 A～D 槓桿開關（以按壓方向切換開燈／關燈的開關）分別對應到上圖（右）的電燈位置，可是配對關係不明確，而且槓桿開關的分組是 3 個、1 個，電燈卻分成 2 盞安裝在 2 個房間內，很難瞭解群組狀態，是令人困擾的爛 UI。

這個開關會這麼難懂，除了不易看出配對關係及不清楚群組狀態之外，還有其他原因。這點當你思考了以下這個問題後，就會瞭解。當 4 個槓桿開關形成上圖（左）的狀態時，上圖（右）的電燈狀態為何？另外，此時 D 的電燈是關閉狀態，那麼其他電燈呈現何種狀態呢？

假如這種電燈開關不是在這本書中看到，幾乎所有人都會猜測「A 與 B 是開燈，C 與 D 是關燈」吧！我以為放在這本書裡介紹，應該會有很多人察覺到答案，其實不然。

答案是，全部的電燈都是關閉的。這 UI 真讓人想問問設計者「為什麼這樣做」。這個有趣的案例告訴我們，在同一空間內，如果沒有一貫性，絕對會讓人混淆，所以必須特別留意。

我要再次重申，這次介紹的兩個案例都是開關本身沒有問題，卻因為位置及安裝方法而變成爛 UI。從這裡你應該可以深切感受到，爛 UI 不光是設計師，而是形形色色的人製作出來的吧！

延續開關的話題，下圖是我家廁所的開關，這個開關的燈號有綠色、紅色、無燈號等 3 種狀態。請問，哪種狀態是開燈呢？剛開始是個謎，看起來燈號是紅色時為開燈，燈號為綠色及無燈號時是關燈。無燈號與綠色燈號的差異可能是，關燈後經過幾分鐘後，自動讓關閉的換氣扇開始運作吧（無燈號時，換氣扇會轉動）。由於從無燈號變化成綠色燈號只花幾分鐘，很難掌握該狀況，所以我花了一段時間才弄明白。

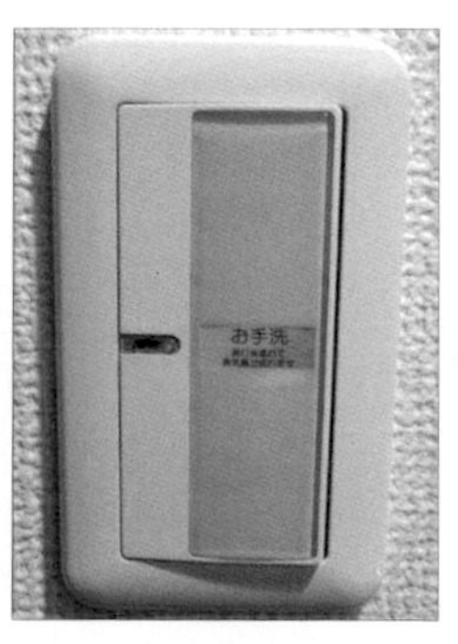

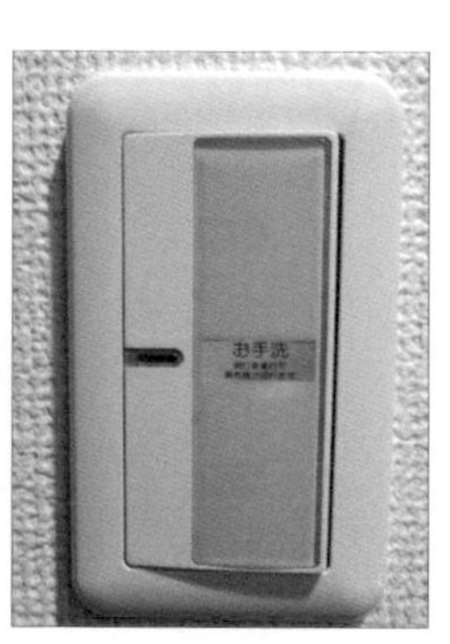


**圖 6-3　我家廁所的開關，請問燈號在何種狀態時是開燈呢？**

## 鄰近開關的一貫性：綠色燈號是開還是關？

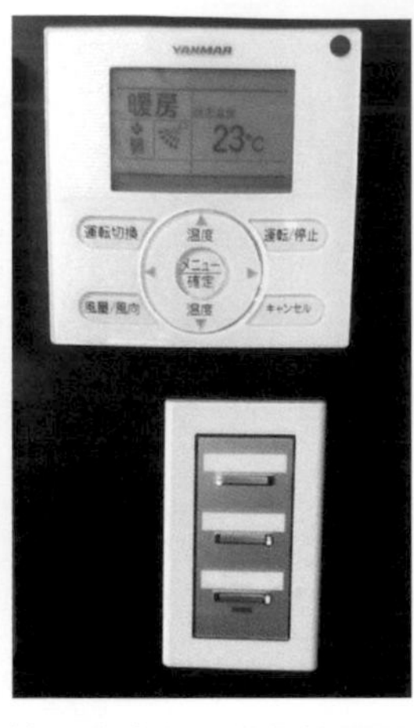


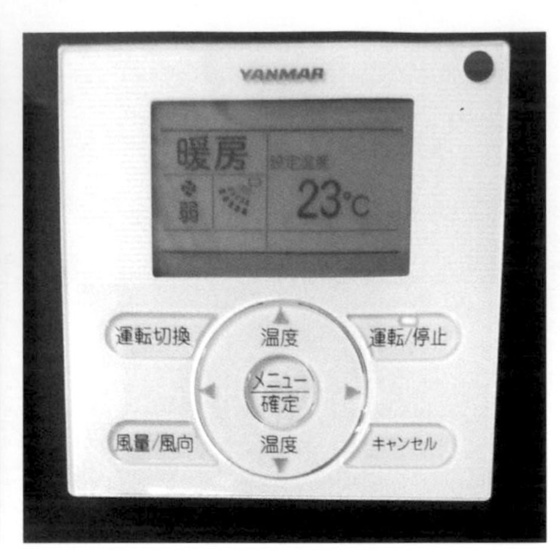


**圖 6-4　左：這是第 5 章介紹過的電燈開關／**
**中央：左圖的開關上方有冷氣機的控制器／右：冷氣機的控制器**
冷氣機的控制器在機器運作時，顯示綠色燈號，關閉為無燈號；電燈開關在開啟時，顯示為紅色燈號，關閉綠色燈號。由於同色卻不同意義的標誌排在一起，所以我一直無法習慣

繼續介紹電燈開關的案例。上圖（左）是第 5 章介紹過的「開燈狀態究竟是綠色或紅色，讓人混淆的電燈開關」。電視這類我們平日慣用的家電，通常開啟時是綠色燈號，關閉時是紅色燈號，所以當開關上的燈號為綠色時，以為是開燈；燈號為紅色時，認為是關燈，沒想到卻剛好相反（燈號的顏色為綠色時是關燈，紅色是開燈），因而不自覺操作錯誤。這個 UI 位於我每天都會使用的研究室內，照理來說，應該再熟悉也不過，可是即使經過一年半，現在依舊用不慣。其實，這裡還有另外一個問題。

上圖（右）是安裝在開關附近的冷氣機控制器。從上圖（中央）可以瞭解，電燈開關與冷氣機的控制器上下排列。請仔細觀察這張照片，想想「綠色是關閉狀態」的理由是什麼？

這台冷氣機的控制器在機器運轉時（開啟時），是亮綠色燈號；停止時（關閉時）沒有燈號。然而，如同先前說明過，電燈的開關是，開燈時（開啟時）亮紅色燈號，關燈時（關閉時）亮綠色燈號。換句話說，冷氣機的綠色燈號代表開啟，可是電燈的綠色燈號卻是關閉的意思。結果，當我站在這兩個開關前，就會搞不清楚綠色究竟是開啟還是關閉，而感到混亂。這也是為什麼幾乎天天接觸的 UI，到現在仍無法習慣的原因（另外，附近的換氣用開關也是亮綠色燈號時是開啟，無燈號時關閉）。

我們很常見到，即使 UI 本身沒有問題，卻受到周圍 UI 的影響，而變得難以操作的案例。我殷切期盼，今後能有愈來愈多人會考慮到 UI 的組合方法。

## 門的一貫性：哪間廁所有人使用？

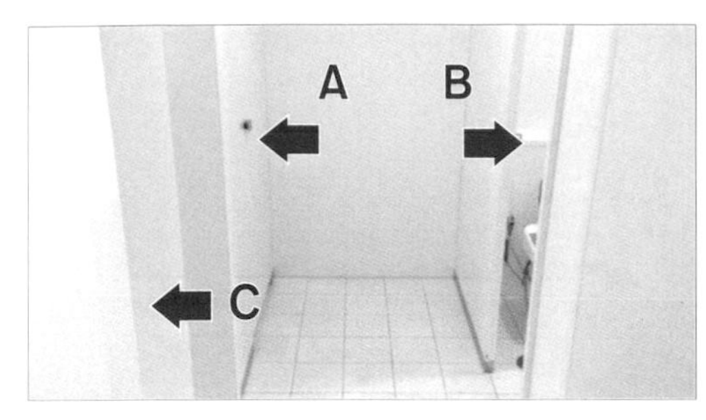


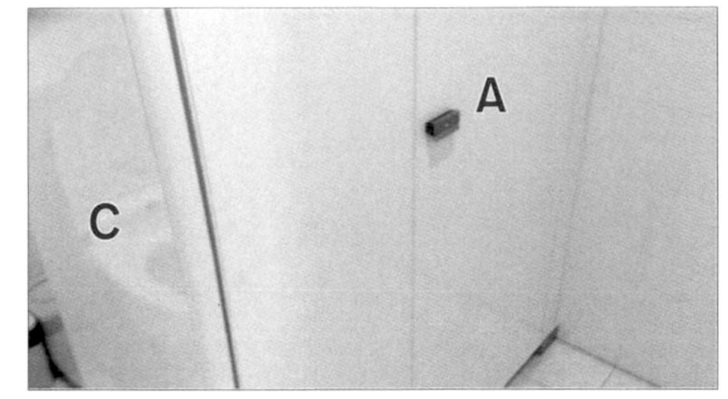


圖 6-5　請問 ABC 廁所哪間有人？（提供：佐竹澪）

我經常吃壞肚子，所以外出時很常跑廁所。當我腹痛難耐，終於進入廁所，卻發現每間廁所都有人，或大排長龍時，當下會感到十分絕望。先撇開這種狀況不談，對於使用者而言，能否一眼看出廁所是否有人使用，實在非常重要。

一般都會在廁所的門把上，以紅色標誌或用「使用中」的文字來代表廁所是否有人。另外，有些類型是，以單間廁所的門是開啟或關閉，來代表是否正在使用，這樣即使在遠處，也能判斷哪間廁所有人使用。

這裡要介紹的是，一棟商業設施內的廁所（上圖）。這間廁所內有幾間獨立的隔間，上圖（左）的照片有點難辨識，但是左邊內側為關門狀態的是廁所 A，右邊內側為開門狀態的是廁所 B，左前方為開門狀態的是廁所 C。以不同角度拍攝廁所 A 與 C 的狀態，如上圖（右）所示。從這張照片中可以看出廁所 A 的門是關著，廁所 C 的門是開著的。請問，你知道這 3 間廁所哪間有人、哪間沒有人嗎？

我想大部分的人都會回答，廁所 A 有人，廁所 B 與 C 無人使用吧！連我也一樣，實際看到這幾間廁所時，認為廁所 A 有人使用。可是，答案是廁所 ABC 都是空的。

一般來說，除了有人出入之外，看到門關起來的廁所時，我們會透過該間廁所前的門把標誌、敲門或實際開看看來確認裡面是否有人。因此，即使無人使用的門是關閉的，也不會有什麼問題。不過，這個案例卻是，無人使用時，「廁所 B 與 C 的門是開著」，但是「廁所 A 的門卻是關著」，在同一個空間內，規則卻沒有一貫性。受到旁邊 B 與 C 的影響，明明廁所 A 無人使用，但是大部分的人卻認為廁所 A 正在使用中，而不會確認廁所的標誌或敲門。

由於很多人沒有注意到廁所 A 可以使用，所以明明廁所是空的，卻有人在排隊等待上廁所，這種問題極為常見。連我在吃壞肚子時，由於廁所前已經有人排隊，只得忍著痛苦等待，上完廁所後，才發現原以為有人使用的廁所，其實根本沒人，只是門關起來而已，當時心情真是複雜，這種情況發生了好幾次。和這次的案例一樣，當 UI 卻乏一貫性，就容易發生問題。

附帶一提，混合蹲式與坐式的廁所，經常發生這種無人使用時，廁所門狀態不一致的情況（但是這次的案例全都是坐式廁所）。對於腸胃不好的我來說，非常希望可以解決這種因為廁所門缺乏一貫性，而造成大排長龍的問題。

## 行為系列的一貫性：推？還是拉？

**圖 6-6　該如何打開這兩扇門？**

仔細觀察，把手上有「PUSH」及「PULL」的標誌，由於字體太小，而且兩者前面同樣都是「PU」，乍看之下很難判別。此外，左門因為內側有窗戶，形成後方明亮，門表面較陰暗的情況，而看不清楚 PUSH 字樣

上圖是一間大學內的雙開大門。請想一想，如何打開這兩扇門？理由是什麼。

看到大門上方寫著「PUSH」與「PULL」，多數人應該會回答左邊是推開，右邊是拉開吧！答案也是如此。但是絕對會不斷出現想推門，卻差點撞到；想拉門，卻拉不開，而感到困惑的人。明明已經標示出「PUSH」及「PULL」，為什麼還會發生這種事？

人類是會逐漸習慣 UI 的生物，愈習慣就愈能以無意識來操作 UI。比方說，鎖上玄關的行為也一樣，一旦習慣之後，不用動腦思考，也能完成動作。應該有很多人有這樣的經驗，無意識鎖上大門，外出之後，才想起「門鎖了嗎？」因為擔心又折回房子前，再確認一次吧？

上圖的大門，一旦習慣之後，應該不會有問題，可是實際上，不管經過多久，仍無法解決有人可能撞上大門的問題。原因在於「推門及拉門，在 UI 上幾乎沒有差別，提示不夠清楚（只有 PUSH 與 PULL 的小型文字說明）」，另外還有一個原因。

請見左圖右後方，這扇門的裡面有樓梯，換句話說，這是分隔樓層與樓梯前方空間的大門。舉個例子來說，從 10 樓移動到 11 樓時，首先從 10 樓的樓層穿過左圖的大門，走到樓梯，順著樓梯往上，穿過右圖的大門，進入 11 樓的樓層內。此時，左圖與右圖在 UI 上的線索幾乎一樣，但是走入樓梯空間時，必須「推門」，而從樓梯空間進入樓層時，要「拉門」，兩者的操作動作不同。從 10 樓移動到 11 樓的短期行為系列中，使用者必須對外觀看起來一樣的大門執行不同的操作，所以一般人才會下意識弄錯。

「從樓層往樓梯空間的方向開門。」儘管就這一點來看，這次的大門具有一致性，可是從 10 樓移動到 11 樓的短短路程中，就要求使用者做出不同的操作，缺乏行為系列上的一貫性，才會造成使用者混淆。如果在推門側提供無法拉開的線索，應該比較不會發生這種問題。無論如何，一貫性是非常棘手的問題。

## 按鈕的意義：想要關閉視窗，為何變成放大？

圖 6-7　左：這是瀏覽「有趣爛 UI 世界」的網頁狀態／
右：點擊照片後背景轉暗並且放大照片，可是點擊哪裡才能關閉？（2013 年 4 月）

我的網站「有趣爛 UI 世界」[2]，曾經短期套用過付費的佈景主題。這個主題會按照 Pinterest[3] 風格，依序顯示影像，所以當我要尋找上課教材或撰寫文章用的爛 UI 時，十分方便，可是對於造訪本網站、閱讀文章的人而言卻有點麻煩，所以現在又恢復成一般主題。

這個主題存在著各種問題，其中最嚴重的是顯示在 UI 上的按鈕（提供資料：鈴木 優）。在這個網站中，點擊文章內的小尺寸影像，會放大顯示。舉例來說，在上圖（左）的狀態，點擊第一張影像，結果如上圖（右）所示，背景變暗，並且放大點擊後的影像。若想結束放大影像的狀態，恢復原狀時，你會怎麼操作？請一併思考理由是什麼。

大部分的人應該會想點選大門影像右上方的打叉按鈕吧？可是，按下打叉按鈕後，竟然是再度放大影像，填滿整個畫面。仔細觀察才發現，看起來像「關閉」的按鈕，如下圖（左）所示，其實是放大影像用的按鈕（不是打叉，而是交叉箭頭）。另外，「關閉」按鈕如下圖（右）所示，默默地位於視窗右下方。

包含顯示網頁的瀏覽器在內，幾乎所有應用程式都會將「結束」按鈕放在右上方，而且這裡的「放大」按鈕與「結束」按鈕，不論顏色或形狀都非常相似，非常容易弄錯，真是令人感到困擾的爛 UI。

這個案例告訴我們，在相同環境下，維持一貫性的重要性。外觀相同的 UI，卻有不同功能，將會非常危險。

2 作者收集爛 UI 的網站「有趣爛 UI 世界」 http://badui.org/
3 分享影像的網站「Pinterest」https://jp.pinterest.com/

圖 6-8　左：非關閉按鈕而是放大按鈕／右：畫面右下方有關閉視窗鈕，但在白色背景上變得不起眼

# 順序的一貫性

## 數字排列：這個鎖的號碼應該是哪個置物櫃？

圖 6-9　這是一家溫泉飯店設置的置鞋櫃（提供：山本博）
可以用鑰匙上鎖，再依照鑰匙編號開鎖…

上圖是九州某溫泉設施內放鞋子的置物櫃。你有沒有發現這個置物櫃有點奇怪？

在提供大眾泡湯的場所，一般會設置用鑰匙鎖住的置物櫃，將鑰匙隨身攜帶，可避免鞋子被偷或拿錯鞋子。為了讓使用者一眼就能看出哪個置物櫃放了鞋子或物品，都會在置物櫃本身加上編號，當作識別每個櫃子的 ID，相對應的鑰匙也會寫上相同 ID。使用者要取出置物櫃內的物品時，會依照手上鑰匙的 ID 來尋找置物櫃。

置物櫃與 ID 的組合通常都有一定的規則性，使用者會推測這種規則性來尋找置物櫃。通常置物櫃是按照編號依序排列，使用者只要先利用編號最前面的號碼來找到大致的位置，接著再依照後面的數字，仔細搜尋即可。

這個溫泉設施在置物櫃及鑰匙上也標示了 ID（4 位數的號碼），可是檢視上圖，發現置物櫃上的編號是，左列從上依序是「2510, 2550, 2580」、隔壁列是「2386, 2526, 2566」，沒有規則性，所以要找到與手上鑰匙對應的置物櫃，變得很困難。一般人看到以數字排列的編號時，會期待數值逐一增加或減少，可是這個置物櫃卻違反了這種期待，成為具有挑戰性的爛 UI。

另外，提供這張置物櫃照片的人表示，同一處的置物櫃中，也有按照編號規律排列的部分，因此這可說是發人深省，不知為何變成這樣的爛 UI。假如其中的確存在著連號，代表原本應該是按照順序排列的吧！為什麼會變成這樣？以下整理了我和其他幾位人士猜測的原因。

- 這個置物櫃是將數字刻在鑰匙上，所以無法更改鑰匙上的號碼。
- 這間溫泉飯店因為置物櫃的鑰匙常被弄丟，而常重新製作。
- 新的鑰匙因為刻上其他號碼，只能按照該號碼來更換置物櫃上的編號。

不過，一旦改變鑰匙的編號，管理鑰匙的工作會變得很麻煩，因此也有可能是遺失鑰匙圈等其他理由所致。請你務必動腦想一想，為什麼會變成這樣。另外，若有人知道正確答案並且告訴我，我會很高興的。

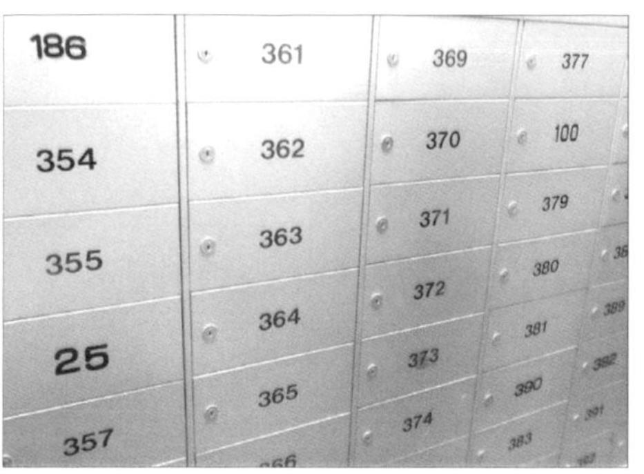

圖 6-10 左、中央：是在郵局看到的郵政信箱，25 號在哪裡？／
右：100 號似乎原本是 378 號（殘留些許 378 號的痕跡）

類似的案例還有日本郵局的郵政信箱（如上圖）。信箱的號碼是從「1、3、7、10」開始，以「22、24、27、29」這種跳號的狀態來增加數字。數字增加的方法也沒有規則性，假設要尋找 25 號郵政信箱，如上圖（左）所示，但是 24 號與 27 號之間，並沒有 25 號。25 號究竟在哪裡呢？往右邊移動視線，終於發現25 號位於 355 號與 357 號之間（上圖中央）。由於數字排列沒有一貫性，而讓人感到有些不安。

當你看到上圖（右），就會瞭解，原本的編號與其他號碼交換了（378 號變成 100 號）。原因可能是 378 號的鑰匙不見，或重新製作 100 號的鑰匙，還是更換排列順序等等。可是，假如自己的號碼是 25 號或 100 號，取郵件時就會很困擾，最好按照順序來重新排列。

提到置物櫃，我曾經在一間居酒屋的鞋櫃（下圖）遇到非常震驚的經驗。插入鑰匙的部分清楚標示著與鑰匙編號一樣的號碼，可是置物櫃的中央卻貼著別的數字，最初只注意到這個部分，所以忽略了目標置物櫃（27 號置物櫃）。這應該是按照店家的想法來貼標籤的結果吧！雖然這只是個微不足道的小問題，可是對於使用者而言，最好別再加上多餘的資訊。

我再重申一次，我們看到一個一個的號碼時，會期待這些數字是按照由小到大（升冪）或由大到小（降冪）的順序來排列，並且會從整個數字中，鎖定某些部分，來找出目標編號。因此，若按照本例的方式處理由數字組成的 ID ，很多人將會感到困擾。使用數字時，請盡量「依照順序增加或減少」，保持一貫性。

圖 6-11 明明是 300 號，卻是 27 號，601 號卻是 7 號

# 標準化

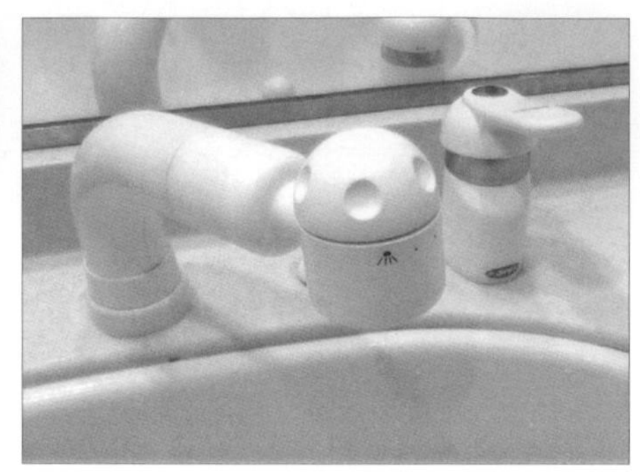

圖 6-12　洗手台是下壓把手出水，上撥把手止水

圖 6-13　廚房是上撥把手出水，下壓把手止水

我家裡的洗手台與廚房水龍頭把手的操作方法不一樣，所以我經常搞錯。

洗手台與廚房非常接近（大約相距 2～3m），可是洗手台是下壓把手出水，上撥把手止水的「上撥停止式」水龍頭，如上圖（上）所示；然而廚房卻是上撥把手出水，下壓把手止水的「下壓停止式」水龍頭（上圖下）。由於洗手台與廚房沒有一貫性，即使已經住了一年半，我還是常搞錯。在洗手台洗手時，下意識將把手往上撥，在廚房清洗餐具時，卻將把手往下壓。

操作水龍頭的把手時，若將上撥式及下壓式混合在一起，會變得很難用，所以自 2000 年 3 月開始，以 JIS 規格（JIS B 2061）制定標準化，固定往上撥會流出自來水（下壓停止式）[4、5]。

西元 2000 年以前蓋好的建築物或改建過的建築物等，大部分的水龍頭把手都是混合式的，後續統一之後，就變得比較方便（我居住的出租公寓是在西元 2000 年以前就蓋好的，所以是混合式）。瞭解欠缺一貫性的 UI 有多難用後，應該會感受到制定標準化是多麼偉大的事。

4　根據《初歩と実用のバルブ講座》（水閥講座編撰委員會（著）、日本工業出版）的內容，「在透天住宅內，由於廚房為上撥止水式，洗臉台是下壓止水式，使用時非常不順手，這也是造成混亂的主因。在這種情況下，接受了過去使用者強烈提出統一這兩種方法的要求。接受這項提議，經過討論之後，考量到國外產品幾乎都採取下壓止水式，因此統一為『下壓止水式』」。

5　JIS B 2061:1997 「供水栓」包括「操作方式、操作方向」等項目，規定「單一冷熱水混合水龍頭的開關操作方法為『下壓止水式』」。另外，接下來說明的操作把手的旋轉方向、熱水與冷水的操作介面配置等，也有標準規格。

機會難得，以下要介紹與水龍頭有關的標準化內容。如下圖（左）所示，有兩個把手排在一起，其中一邊是熱水，另一邊是冷水，請回想一下，這種利用把手旋轉狀態來調整水溫的器具（冷熱水混合水栓）。你覺得左右哪一邊是熱水，哪一邊是冷水？

答案是，左邊是熱水，右邊是冷水。要沖洗堆滿洗髮精或潤髮乳泡沫的頭髮時，通常都會用手摸方式操作水龍頭。若不小心弄錯，流出熱水時，不但有燙傷的危險，而且冬天突然淋到冰冷的冷水，會覺得心臟都要停止了。基於這些因素，在先前提到的 JIS 規格中，也制定了哪邊是熱水，哪邊是冷水的標準[6]。受惠於這種標準化，當我們使用首次住宿的飯店、溫泉、廁所的洗臉台時，仍然可以安心使用水龍頭，不會被燙傷或在冬天沖到冰水。

下圖（右）是一間溫泉飯店的浴室中操作冷水及熱水的水龍頭。你覺得應該分別往哪邊轉，才會流出冷水或熱水？

我想大部分的人會回答「逆時針旋轉」。答案是，逆時針旋轉是熱水，順時針旋轉是冷水，這真是令人難以理解的爛 UI。為了減少感到困擾的人數，在 JIS 規格中，也針對水龍頭的開關方向制定了標準：「盡量以逆時針旋轉開啟」。這種標準化有助於減少操作錯誤（附帶一提，下圖（右）的案例後來已經統一以逆時針旋轉的形式來打開冷水及熱水）。

本章在行為系列中，說明過因為開關方向不一致，使得大門變得很難用的案例。從各樓層走到樓梯間時，以外開（往外開啟）大門的方式來統一規格，其實有它的道理。當人遇到災難而驚慌失措時，會想往逃生方向推開大門，而不是拉開大門。因此，類似電影院等人潮聚集的場所，大門一定是往外開。關於這一點，在日本的建築基準法施工令第 125 條第 2 項規定「劇場、電影院、演藝廳、觀賽會場、會議廳或集會場所，提供消費者逃往屋外的出口窗戶必須往內開。」，各國的規定不同。這種涉及公共安全或重大事件的部分，經常會由政令或法律等方式來制定相關方針。

當一貫性造成嚴重問題時，標準規格就可以發揮重要功效。觀察你生活周遭中的各種 UI，若你發現這些 UI 都採取了相同方式來設計時，不妨試著調查與其有關的各項規格。或許你就會發現，我們的身邊存在著許多前人為了讓生活更方便，認真思考，而制定出來的標準規格。

6 「混合冷熱水的水龍頭把手，當我們面對把手時，右邊是冷水，左邊是熱水。另外，必須加上可以輕易辨識熱水與冷水的顯示方式」（JIS B 2061:1997 6.2d）

**圖 6-14　左：哪一邊是熱水，哪一邊是冷水？／右：應該分別往哪邊轉才能出水？（提供：福本雅朗）**
左：左邊是熱水、右邊是冷水／右：熱水要往逆時針方向轉，冷水要往順時針方向轉

# 規範

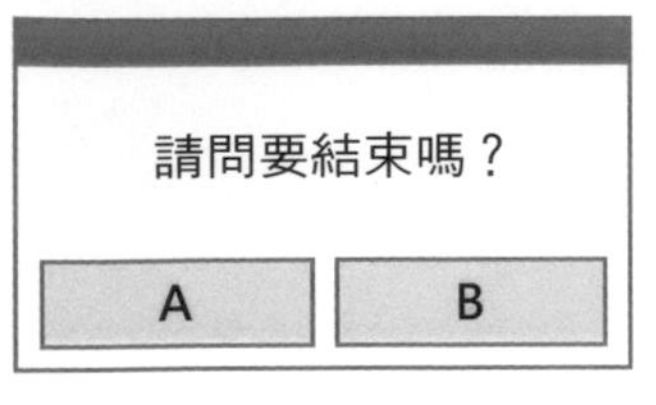


圖 6-15 「請問要結束嗎？」
請問哪邊是「確定」按鈕？

有時，雖然沒有制定標準化，但是為了維持一貫性，會另外制定操作規範。例如當你在電腦上，操作某個應用程式時，出現了如上圖所示的對話視窗。這個對話視窗內有兩個按鈕，但是 A 與 B 哪個是代表「是／YES／結束」的「確定」按鈕呢？（附帶一提，另一邊是代表「否／NO／取消」意思的「取消」按鈕），請先思考答案，再繼續往下看。

這個問題的答案會隨著回答者是使用 Windows 或 Mac 系統而分成兩派。回答 A 是「確定」按鈕的人，我想應該是使用 Windows 系統；而回答 B 是「確定」按鈕的人，應該是使用 Mac 系統吧？

下圖是 Microsoft Windows 7 及 Apple Mac OS X 10.9 以上，使用 WSH（Windows）、osascript（Mac）等 OS 標準功能時顯示的視窗範例。看到這張圖就會一目了然，Windows 系統是左邊為「確定／OK」按鈕，而 Mac 系統是右邊為「確定／OK」按鈕。附帶一提，兩者的預設值都是呈現選取「確定／OK」鈕的狀態，所以按下鍵盤上的「Enter」鍵，等於按下「確定／OK」按鈕，確定操作。

雖然明白 Window、Mac 兩者的差異，可是對話視窗的左右哪一邊應該是「確定」按鈕？這是個很難有定論的難題。

「左邊比較好」的根據中，可以提出「頻繁使用的按鈕應該放在使用者第一眼看到的位置」。橫書的中文或英文，閱讀順序是由左到右，若有多個按鈕排在一起時，使用者最初會先看到最左邊的按鈕，所以也有人主張應該把「確定」按鈕放在左邊。另外，鍵盤也比較容易操作，而且一般會詢問「請回答『是』或『否』」，而不會問「請回答『否』或『是』」，因此先列出「確定」按鈕，之後才是「取消」按鈕，這樣比較自然，我們的天性也是如此。

然而，認為右邊比較適合的根據，可以舉出「在該對話視窗中，最後看到的應該是執行決定的按鈕」。由左往右閱讀時，應該將「確定」按鈕放在最後視線落在的右邊按鈕。另外，若以「上一頁」放左邊，「下一頁」放右邊比較自然的觀點來看，「取消」與「上一頁」一致，「確認」與「下一頁」一致，所以應該放在右邊。這個理由似乎非常合情合理。

圖 6-16 左：Windows 標準設定的「確定／OK」按鈕與「取消」按鈕的位置／
右：Mac 標準設定的「確定／OK」按鈕與「取消」按鈕的位置

雖然我們可以舉出各種理由，可是這部分也會受到想法與喜好的影響，並非輕易就能找到答案。我曾經實際製作類似的 UI，可是使用 Windows 系統的人在開發 Mac 用的應用程式時，或使用 Mac 系統的人開發 Windows 用的應用程式時，可能出現「確定」按鈕的位置與 OS 標準設定顛倒的情況。這種與各個 OS 標準設定不同的 UI，將成為電腦內欠缺一貫性的原因，因而變成難以使用的爛 UI，請一定要特別注意[7]。

然而，有時也會發生，網頁登錄系統中的「確定」及「取消」按鈕位置，與 OS 的標準設定不同，造成使用上有點卡卡的情況。基本上，系統可以大致判斷使用者是使用哪種 OS 來存取網頁，而能根據這份資料來改變按鈕的位置，但是無法做到百分百精準，而且我認為只要在網站內統一兩者的位置即可（偶爾會看到網站內的「下一頁」及「上一頁」是隨著各個網頁來更換位置，我覺得非常難用）。

這個按鈕與第 5 章介紹過， iPhone的「接聽」與「拒絕」按鈕位置有關。Apple 系統上有規定左邊應為「取消」按鈕，右邊是「確定」按鈕。依照這份規範，正好說明了 iPhone 的「拒絕」按鈕在左邊，「接聽」按鈕在右邊的理由。可見 Apple 把 iPhone 定義為是一種電腦，才會直接套用這個規範來安排位置吧！但是，若以行動電話的使用習慣（雖然沒有明確制定標準，不過使用者根據使用過多支行動電話而建立的規則）來看，左邊是「接聽」按鈕，右邊是「拒絕」按鈕應該比較容易使用（話雖如此，今後也可能會出現變化）。

附帶一提，規範會隨著版本而調整（從開發者的角度來看，希望盡量不要調整……）。比方說，智慧型手機常用的 Google Android，在 2.X 版本時，「確定」按鈕在左邊，但是從 4.X 版本開始，「確定」按鈕改到右邊。另外，iPhone 的按鈕也逐漸調整了規則，比較過去的版本，應該可以瞭解。

擁有這種規範的不只電腦及智慧型手機，在遊戲的世界裡，為了避免使用者感到混亂，也制定了各種規範，特定按鈕只有特定類型的控制器才能使用（受惠於這個規範，才能製作出各種遊戲，卻不會造成混亂）[8]。另外，與第 5 章介紹過的習慣也有關連，任天堂製造的控制器與 Microsoft 製造的控制器，A 與 B 的位置、X 與 Y 的位置相互顛倒，所以造成混亂（下圖）。另外，PlayStation 的控制器 上有○ 按鈕與 × 按鈕。但是在日本製造商製作的控制器上，○ 表示確定，× 表示取消，而美國製造商製作的控制器卻是 ○ 表示取消，× 表示確定，因而造成混亂。我想這是因為文化背景的關係，也無可奈何，可是對於經常玩遊戲的玩家來說，需要花一段時間才能習慣，所以希望可以統一。

7 在 OS 環境下，為了維持一貫性，各個 OS 會制定 UI 規範。Windows 命名為「User Experience Guideline」，Apple 命名為「Human Interface Guideline」。

8 《Game Development Essentials: Game Interface Design, 2nd Edition》Kevin D.Saunders／Jeanie Novak（著）

圖 6-17　電玩控制器的按鈕。左：Nintendo GameCube／中央：Nintendo Wii U／右：Microsoft Xbox 360

# 重點整理

在本章中，我站在維持一貫性有多麼重要的觀點，穿插介紹了各種爛 UI。

一貫性之所以重要，就是為了避免讓該場所的使用者感到混亂。即使每個獨立的 UI 都很好用，可是一旦整體缺乏一貫性，在使用過程中，仍可能出現難以使用或不容易瞭解的情況。舉例來說，在電燈或冷氣機等操作介面上，無燈號代表的意思不一樣，就會造成使用者的困擾。

為了確保這種一貫性，如先前說明過，世界上有各種標準化的測試。設計師或工程師按照標準化後的規格來完成設計，就能維持整個生活空間的協調性。然而，在這種標準化當中，也面臨到該用什麼方法來統一，意見分歧的窘境。另外，即使沒有制定標準化，在某些環境中，為了避免欠缺一貫性，也會制定規範。從這種標準化或規範中，可以看到各種想法，非常有趣。

當你有機會製作 UI 時，請一定要先確認是否有標準化後的作法，有沒有制定規範，除了 UI 本身，也要努力與周圍環境維持一貫性。

另外，在開發網站系統或軟體時，完成系統開發後，進行驗證問題，修正 UI 的過程中，通常會浪費很多力氣。所以請事先製作原型（試作品），並且使用原型來進行驗證。另外，市面上有 Pencil[9] 等建立原型用的軟體，或利用紙張來製作、驗證。想要進一部瞭解原型的人，請參考「プロトタイピング実践ガイド」[10]。

9 PENCIL PROJECT：http://pencil.evolus.vn/

10《プロトタイピング実践ガイド スマホアプリの効率的なデザイン手法（暫譯：原型實踐手冊 有效設計智慧型手機 APP 的手法）》深津貴之、荻野博章（著）、丸山弘詩（編輯）、Impress 出版

## 演練、實習

- 請確認家中各項家電及開關等在各種狀況下，燈號的顏色是否一致。同時也請思考：如果不一致，理由是什麼？
- 請利用網路搜尋 UI 制定了哪些標準，並且進一步想像，如果沒有這些標準規格，會引發何種問題。
- 請調查與 Microsoft、Apple、Google 等 UI 有關的規範。
- 請調查在「第 2 章 回饋」的演練中收集到的聲音類型，是否有一貫性（例如，「嗶嗶」的電子音，是否在某些機器上代表「確定」，而在別的機器上卻代表「錯誤」呢？）。

Chapter 7

# 限制

你是否有過這樣的經驗，將 USB 隨身碟插入筆記型電腦時，「奇怪？不是這面嗎？」、「咦？也不是這面！」因而上下翻轉、插拔多次？想將電池裝入電器用品中，不曉得正極與負極的方向，而倍感困擾？

達成一項工作有多種操作可能性時，最重要的是，提示使用者該如何操作，必須從哪個操作步驟開始執行。關於線索方面，第 2 章已經說明過，當線索過多而可能造成誤解時，必須加上適當限制，讓使用者只能執行部分操作。

這種「限制操作可能性」的結構，就是本章要談的「限制」。設定適當的限制，並且以看得見的形式來提示，UI 會變得比較好用；相對地，假如沒有限制，或限制錯誤時，使用者會混淆。換句話說，若要讓使用者做出正確的行動，就得適時運用限制來引導。

本章要介紹沒有妥善發揮限制功能的爛 UI，希望讓你瞭解限制的重要性，敬請期待。

# 物理性的限制

## 電池方向的限制：電池的安裝方向？

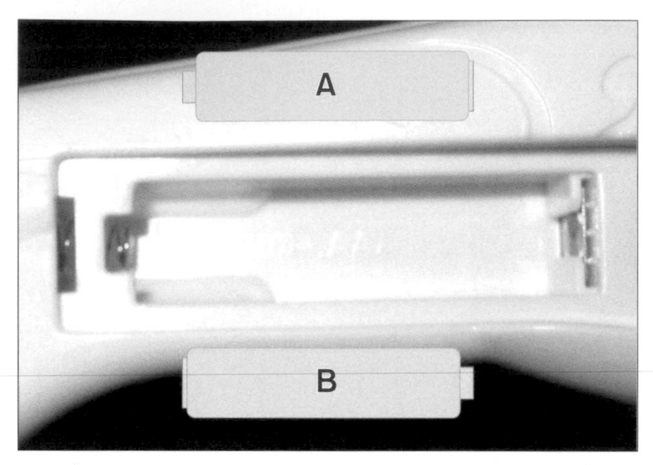


**圖 7-1　這是玩具的電池盒，請問電池應該朝 A 或 B 哪個方向放入才正確呢？（提供：くらもといたる）**

上圖是玩具的電池盒（取下電池蓋的模樣）。請問，若要將電池裝入電池盒內，你會往 A 或 B 哪個方向放進去？另外，理由為何？

到目前為止，我向 50 位左右的學生介紹過這個案例，有將近 7 成的人回答 A。可是，我想應該也有人因為注意到，上面畫著淺淺、類似電池的形狀（下圖的紅線部分，電池看起來非常長……），而回答 B。附帶一提，雖然朝 A 方向好像也可以放入電池，但是玩具卻不會通電。請問，為什麼有這麼多人弄錯呢？不論你是否答對，都請想想這個問題。

首先，電池的其中一端（正極端子）是突出的，另一端（負極端子）是平面的。觀察這裡的電池盒，可以看到左側有凹狀部位。因此，對於使用者來說，就會誤以為電池盒左側的凹陷是剛好符合電池突起部分的物理性限制。結果使用者因此弄錯，而往 A 方向放入電池。

如下圖所示，這個電池盒的底面畫著淺淺的電池形狀，左邊有負極標誌。可是使用者受到比較容易瞭解的物理性限制影響，仍做出錯誤判斷，所以必須特別注意。電池的安裝方向很重要，請避免讓限制往錯誤的方向發揮作用。

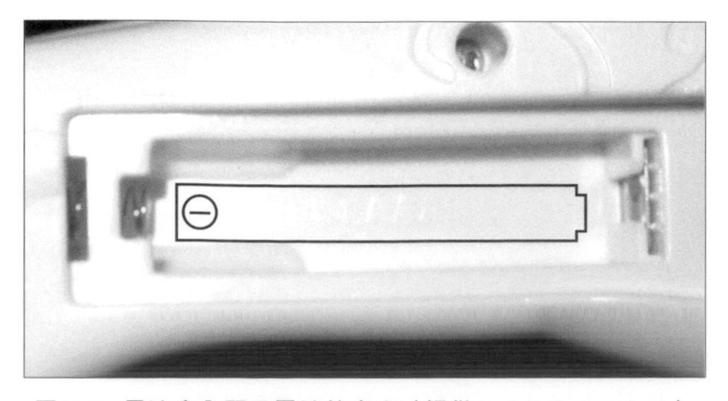

**圖 7-2　電池盒內顯示電池的方向（提供：くらもといたる）**

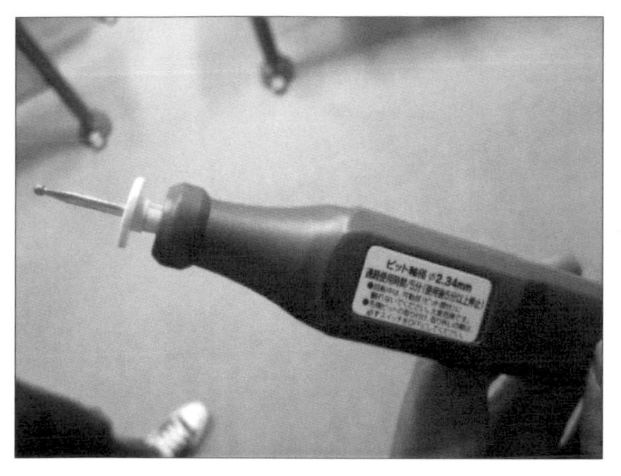

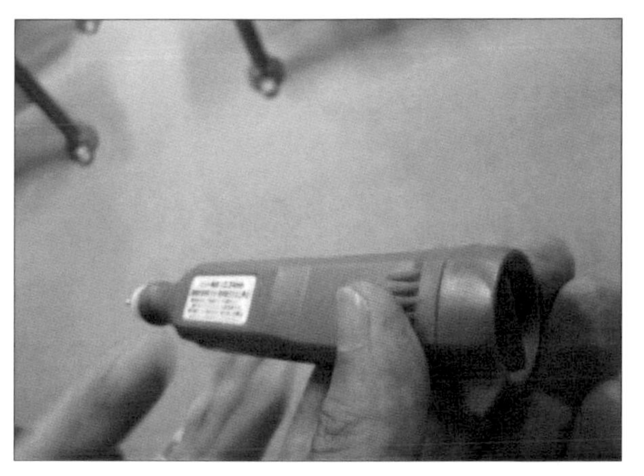

**圖 7-3　玻璃工藝使用的電動鑽頭工具**

再介紹一個與電池的安裝方向有關的案例。上圖是玻璃工藝使用的電動鑽頭工具，這是雕刻玻璃時使用的專業工具，這個鑽頭工具的後方有個蓋子，應該是從這裡放入電池。如下圖（左）所示，打開蓋子，放入兩顆電池，打開開關，前端就會開始旋轉。乍看之下似乎沒有問題。

問題從這裡開始。不論從正確方向放入電池，或相反方向放入電池，鑽頭都會旋轉，但是以正確方向放入電池，與相反方向放入電池時，鑽頭的旋轉方向恰恰相反。我沒有製作玻璃工藝的經驗，但是告訴我這個案例的學生表示，製作玻璃工藝時，萬一鑽頭的旋轉方向與預期相反，作品就會因此報銷。他也曾因為不小心把電池裝反，而破壞了他辛苦完成的作品。

依照放置電池的方向來切換鑽頭的旋轉方向，或許在製作工藝時，有派上用場的用法，可是這裡的問題出在裝電池的部分。請見下圖（右），看過之後你就會明白，這裡完全沒有告訴你，哪邊是放入電池的正確方向。

如果正負極的方向稍微清楚一點，或正負極顛倒就不會動作（逆轉無法使用），或明確標示出裝電池的方向會讓鑽頭往哪邊旋轉，應該不致於造成問題，正因為沒有這麼做，才會變成使人感到困擾的爛 UI。這可讓你瞭解，將「插入方向的限制」正確傳達給使用者有多麼重要。

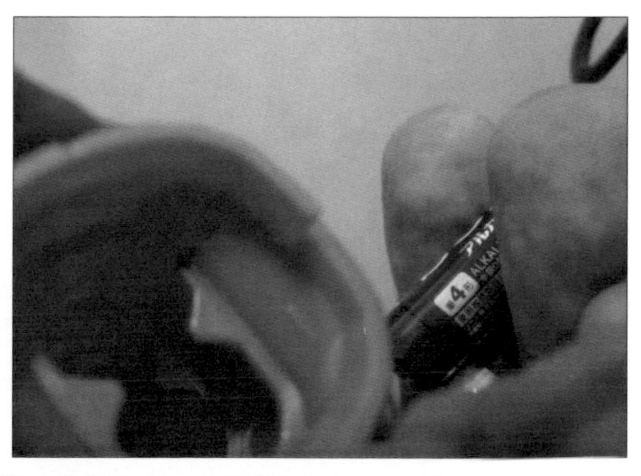

**圖 7-4　左：打開蓋子的狀態。要放入兩顆電池才能使用／右：正極與負極各是哪一邊？**
不論往哪個方向放入電池，都會旋轉，卻因為旋轉方向相反而引發問題

## 插入方向的限制：要往哪邊插入 USB？

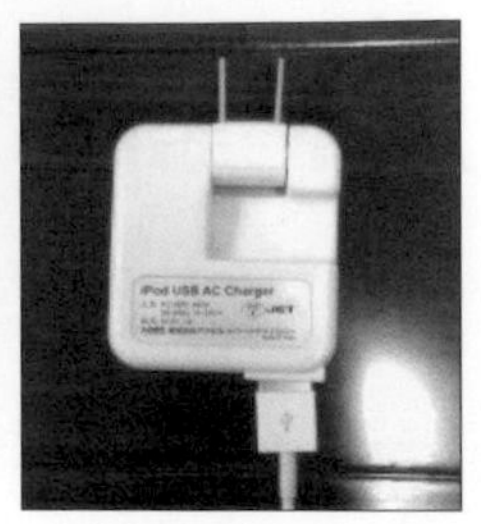

圖 7-5　左：不曉得插入方向而變成爛 UI 的 USB／右：大部分是有 USB 標誌的那一面朝上插入，但是這個卻正好相反（提供：吉村佳純）

相信絕大多數的人都曾經煩惱過，不曉得 USB 應該以哪一面朝上來插入插槽吧？

不曉得該用哪一面插入，而讓眾人感到困擾的頭號大敵就是 USB 的接頭（上圖）吧？仔細觀察 USB 插槽或連接器內部，應該就很清楚。不過其中也包括了根據讀取狀態，只有特定方向才能插入的物品。物品本身完全沒有問題，問題出在：乍看之下似乎兩邊都可以插入。另外，即使按照正確方向插入，也經常發生卡住或插不進去而放棄的情況。當然，只要觀察 USB 的插槽及連接器內部，就會清楚知道該以哪個方向插入，不過若只是匆匆看一眼，根本無法確認突起狀態。另外，顯示在插入端連接器上的 USB 標誌也沒有硬性規定要標示在上下哪一面，才會因此造成混淆[1]。每當我請學生找出爛 UI 時，一定會有人提出這個煩人案例。

關於插入方向的案例，讓喜愛電玩的人感到頭痛的，非 PS VITA 的電源連接器莫屬了（下圖左）。PS VITA 的連接器上下兩面都可以插入插槽。可是，與規定方向相反的那一面插入時，本體不會通電。由於插入方向相反時，不論多久本體都不會充電，所以聽說一直有人誤以為本體或電線壞了。

確認說明書，可以看到上面記載著「請讓 LOGO 朝上再插入」（下圖右），可是大部分的人壓根不會看說明書，就直接使用了吧！另外，如果是向別人借用的，手邊通常也不會有說明書。為了達到即使沒有說明書，每個人仍可以順利使用的目的，提出「一開始就設定相反方向無法插入」的限制，就顯得非常重要[2]。

1　在前言（p.6）曾經介紹過，USB Type-C 的規格取消了上下方向的限制。

2　2013 年 10 月上市的新型 PS Vita（PCM-2000）已經更改了連接器的形狀，相反方向無法插入。

3　「PlayStation®Vita Quick Start Guide（PCH-1000／PCH-1100 Ver. 1.8 以上）」（http://www.playstation.com/manual/pdf/PCH-1000_1100-1.8-2.pdf）

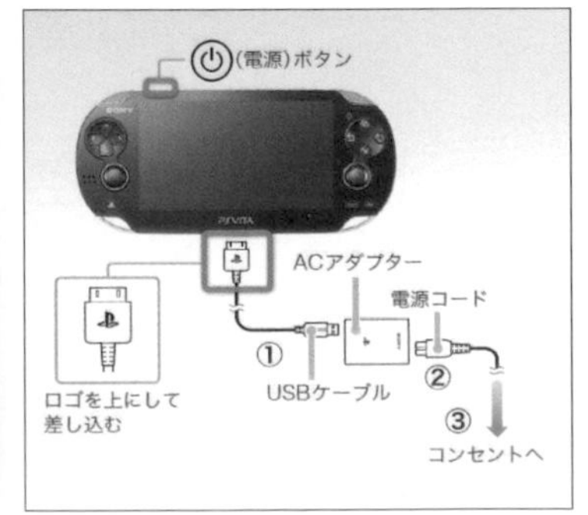


圖 7-6　左：兩面都可以插入，但是如果方向錯誤，就無法充電。因此誤以為是關機狀態（提供：川添浩太郎）／右：說明書中寫著「請讓 LOGO 朝上再插入」[3]

## 玻璃門的限制：從哪邊進入？

圖 7-7　左：這是某條地下街的玻璃門，應該從哪邊進入呢？（2011 年 9 月）／右：注意！

你是否有過這樣的經驗，在百貨公司或地下街的入口有多道玻璃門排在一起，不曉得哪邊是入口而感到困擾？這裡介紹的案例就是位於地下街入口的玻璃門。首先，請仔細觀察上圖（左）。1～4 之中，可以打開的是哪扇門？另外，也請想想理由為何。

我在課堂上提出這個問題時，答案幾乎是一半一半。正確解答是「2 與 4」，而 1 與 3 的門不能打開。這裡的大門除了我，現場還有非常多人開錯門，原因是什麼？請務必想想看。

首先，這些玻璃門的問題之一，是沒有傳達出哪裡無法開啟的物理性限制，看上去都可以打開，因此才會造成開錯門而差點撞上去。另外，門上的把手只有微妙的形狀差異，以及貼上「注意！」貼紙（在可以打開與不能打開的玻璃門上，兩邊都有貼紙，差別只在於有沒有手部標誌），還有鑰匙孔（上圖右）。假如玻璃門上有「這裡無法出入」的物理性限制，一定要清楚顯示出來。

另外，這種透明大門容易讓人將注意力擺在門的後方。因此，如果透明大門上沒有明確顯示出限制，就會讓人搞不清楚應該推開門的左邊或右邊，因而提高了引起困擾的機率（即使在拉門或推門的方向上有限制，也同樣會產生問題）。

或許是頻頻有人被這種玻璃門所困擾或撞到，這一間商店才會在玻璃大門貼上打叉標誌，如下圖所示。這樣應該減少了弄錯的人數，可是結果有點無奈。

圖 7-8　為了顯示無法由這裡出入，而在玻璃門貼上打叉標誌（2012 年 4 月）

## 插入位置的限制：車票要靠右插入！

圖 7-9　左：由於無法清楚表示限制，而加上「車票要靠右插入」的注意說明／
右：民眾無法瞭解回收車票的場所，因此又增加了說明

假如無法在 UI 上清楚表現物理性限制，絕對會有很多人弄錯，因此才會增加注意事項。例如上圖（左）若沒有靠右插入車票，就無法順利執行動作（大部分是沒有反應），所以右側準備了凹陷部分，可是由於限制沒有徹底發揮功能，因此額外加上「請靠右插入車票」、「車票 請靠右插入」等文字提示。以這個案例來說，由於這個 UI 可以同時處理小尺寸車票以及大尺寸車票，所以很容易發生這種問題。我想這是告訴我們要顯示物理性限制有多困難的最佳案例。

上圖（右）是指出使用完畢後的電車預付卡回收處的標示。由於很難看懂，而加上箭頭及說明。妥善利用物理性限制的案例，如下圖所示，這是一般大學的餐廳用代幣及投幣的入口。入口的前方是自助式（吃到飽）餐廳，只有購買代幣的人才可以入場。代幣及入口的投幣口形狀特殊，所以限制了可以投入的代幣種類，成功避免了投入錯誤代幣的問題，是非常有趣的案例。

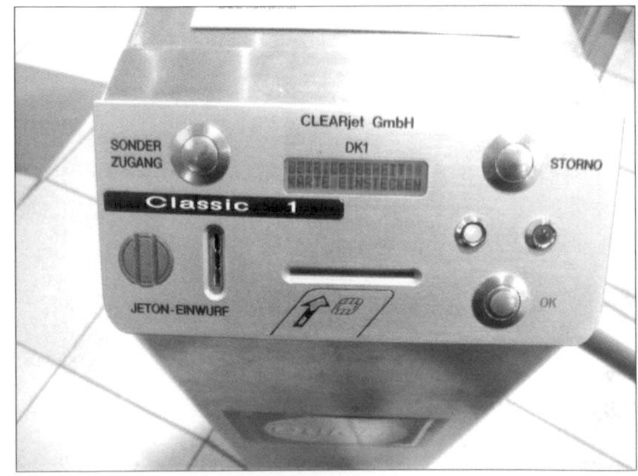


圖 7-10　因為限制了可投入的代幣種類，所以不用擔心會投錯

# 各種限制

## 投幣式置物櫃的箭頭：為什麼會弄錯方向？

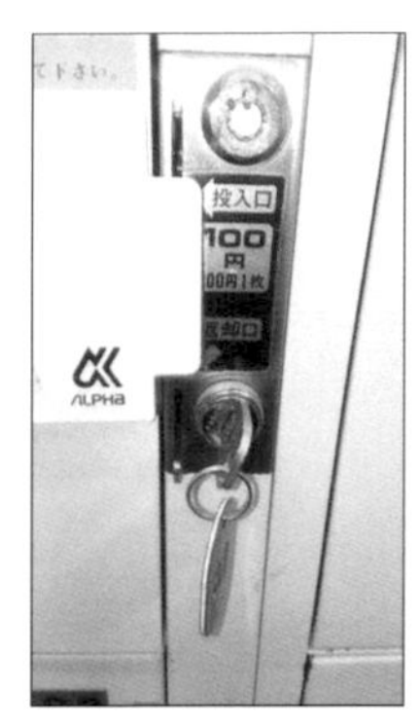

圖 7-11　打開置物櫃時，應該往哪邊轉動鑰匙？（提供：山上慶子、田口旺太郎）

上圖是使用後會退回硬幣的投幣式置物櫃。投入 100 日圓，轉動鑰匙後拔起，就會上鎖；再次插入鑰匙，轉動後即可打開，同時退回 100 日圓。不用花任何費用，即可放心寄放物品，實在很方便。請問，要用鑰匙開鎖時，該往哪個方向轉動鑰匙？

在 2 年的課程中，兩位學生分別弄錯用法，向我報告這個案例，的確非常有意思，但是把這種情況當作爛 UI 來向我報告的學生，兩位都誤以為要往左轉動（逆時針旋轉）鑰匙。我平常在使用這種類型的投幣式置物櫃時，也會下意識往左轉動來開鎖。可是，答案卻是「往右轉動（順時針旋轉）」。請問，回答往左轉動鑰匙的人，為什麼會弄錯呢？

原因在於，門鎖上方寫著「退幣口」字樣，下面有個朝左下方的箭頭。這個箭頭其實是表示「退幣口在左下方，別忘了取走 100 日圓。」可是，插入鑰匙時，剛好看見這個箭頭，就會誤以為轉動鑰匙的方向是往左。這個案例告訴我們，箭頭是非常強而有力的指示，使用時，必須小心謹慎，避免造成誤解。和「投幣口」的文字一樣，如果「退幣口」的文字也加在箭頭之中，應該可以稍微減少錯誤發生的機率。

我們只要看到箭頭，就會感到那裡有股強烈的力量。根據介紹箭頭如何引導視線的書籍《矢印の力—その先にあるモノへの誘導（暫譯：箭頭的力量—引導到前方的某個物體）》[4、5]，最早把「箭頭」當作指示方向來使用的東西是西元前 221～206 年左右，中國發明的羅盤。（之後傳到歐洲）。另外，在科學界，使用箭頭最古老的時代是在 1610 年以前，伽利略．伽利萊撰寫的天文學書籍中曾經提及。從這些資料可以瞭解，自古以來就已經把箭頭用在指示方向，引導人類視線的用途。

我想從古代就開始使用箭頭這一點，應該不難想像得到，箭頭對人類有明顯的引導作用。就引導人類這層意義來說，箭頭是非常方便的東西，可是稍不注意，就會衍生出各種問題。

機會難得，再介紹幾個關於箭頭的爛 UI 吧！

4　《矢印の力—その先にあるモノへの誘導》今井今朝春（編）、World Photo Press 出版

5　這本「矢印の力」的書籍中，介紹了大量的箭頭，裡面可以看到我們使用過哪些箭頭，以及現在繼續使用的箭頭種類，非常有趣。

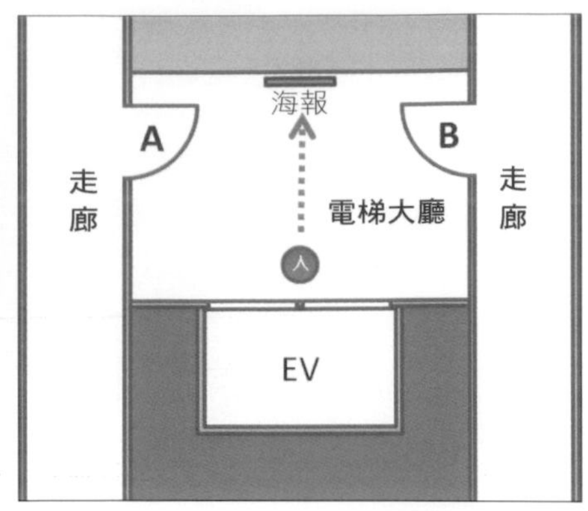


圖 7-12　左：活動說明海報／右：電梯大廳的平面圖，站在電梯內，正面的牆壁上就張貼著海報。A 與 B 其中一扇門內是舉辦活動的場所

上圖（左）是張貼在電梯大廳的活動海報。電梯大廳內，這張海報的左右各有 A 與 B 兩扇門（上圖右），這個活動是在 A 或 B 哪一扇門的後方舉辦？看到這張海報，我認為是在左邊，也就是在 A 門後方舉辦活動。可是，事實上，活動場地卻是在海報的右邊（B 門後方）。明明看到海報內顯示的地圖，我仍弄錯方向的理由是，這張海報加入了箭頭，所以被箭頭引導到那個方向了。這裡的箭頭純粹只是一種設計，卻產生強烈的引導效果。

另外，這張海報的上面，貼著如下圖（左）所示「請穿過右手邊的大門，往右手邊走」的訊息。這張紙與海報之間的關係不明確，要參加這個活動的人，第一眼看到的是海報，因而誤以為要往左邊走，結果變成爛 UI。

下圖（右）是一棟建築物前方的樓梯。當看到這個樓梯，想要走進飯店的櫃台時，如果是你，會認為要往哪邊前進呢？大部分的人覺得是往右，可是事實上卻是直走進建築物內，再往右轉。我想這是個讓你思考箭頭對人類的行動有多大影響的最佳案例。請你也多留意出現在你身邊的箭頭。

圖 7-13　左：張貼「穿過右邊的大門，往右手邊走」的告示，這是關於活動會場的補充說明／右：「飯店櫃台→」該往哪個方向前進？（提供：山田開斗）

## 廁所的標誌：為什麼明明是女廁，可是女性卻完全不使用？

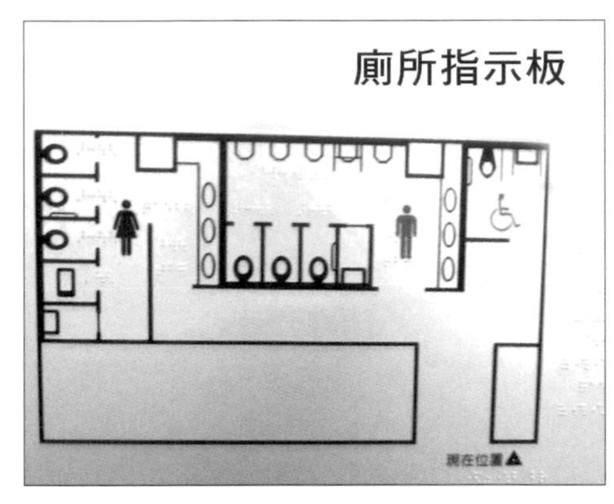


圖 7-14　這棟建築物的一樓有男廁與女廁，為什麼女廁完全沒人使用？

這棟大學建築物的一樓，分別有男廁與女廁（上圖）。這裡的男廁使用率很高，可是女廁卻幾乎沒有人用。使用這棟建築物的男女學生比例沒有明顯差異，為什麼只有男廁較常被使用，而女廁卻沒人用呢？

請見這個指示板，女廁的標誌是紅色，男廁的標誌是藍色，看起來似乎沒有什麼問題。可是，當我詢問到這棟建築物上課的女學生時，大部分的學生都沒注意到一樓有女廁，而會到二樓上廁所。請問，為什麼會出現這種情況呢？

下圖是站在面對問題廁所前的情況，站在上圖標示「現在位置」的後方，拍下這張照片（右側可以看到的東西就是上圖的指示板）。請見這張圖，思考女廁無人使用的理由。看到下圖之後，可以發現，從這裡只能看到男廁的標誌（而且不知道為什麼有兩個男廁標誌）。

下頁上圖是再往裡面走，站在男廁前方拍攝的照片。走到這裡，才看到女廁的標誌，此時才會曉得裡面有女廁。換句話說，站在下圖的位置，通道及裡面看起來就是男廁的設備，所以大部分的女學生都沒有注意到裡面竟然有女廁。除非女學生已經知道這裡有女廁，或有注意到指示板，否則的確很難發現。

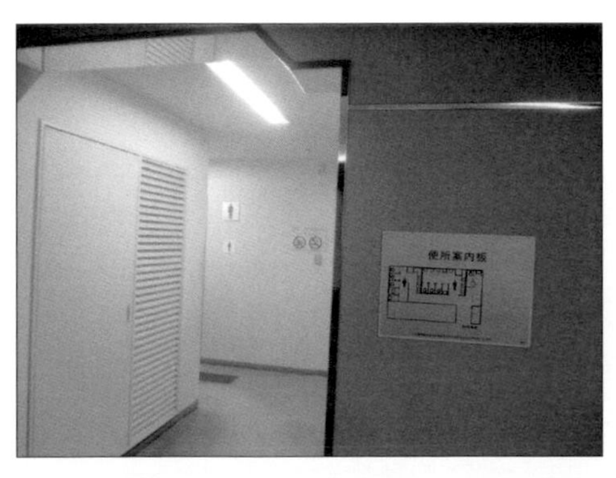

圖 7-15　奇怪？只看到男廁的標誌，女廁的標誌在哪裡？（提供：和田彩奈）
右前方有廁所指示板，卻因為裡面通道的亮度差異，而沒有注意到

圖 7-16　通道的裡面是女廁

關於這個問題，有趣的是不管女學生是否注意到廁所的存在，知道裡面有女廁的男學生也沒發現這裡顯示的標誌很奇怪、有問題。人類對於與自己無關的事物，不會深入思考。我想安裝男廁及女廁標誌的人一定是男性，設置標誌時，壓根就不會注意到女性怎麼想。事實上，我也多次使用過這棟建築物的廁所，可是直到在課堂上講解爛 UI 時（資訊提供：和田彩奈），才注意到這個問題。

我想這個男廁標誌可能不是要向走進通道的人傳達裡面有廁所，而是純粹要表示「這裡是男廁」，才設置在入口。另外，通道左前方有著如前頁上圖的指示板，可能大家都發現了裡面有廁所。不過，由於指示板設置在稍微陰暗的場所，幾乎沒有人發現它。人對於與自己無關的情況，不會深入觀察。這是設置者考慮不周詳，而形成爛 UI 的有趣案例。

有一天，這裡的廁所加上了如下圖所示「女廁在裡面！」的紙製標誌。我認為這種試著在現場解決爛 UI 的作法非常好。但是，改善 UI 是非常艱鉅的問題。這個標誌隨著角度變化會看不到，與男廁標誌相比，一點都不顯眼，仍有許多問題有待改善，看起來還有進步的空間。

只要在男廁標誌右邊放上女廁標誌，站在下圖（左）的位置，也一目了然。但是另一方面，也可能發生誤以為右邊（也就是眼前）是女廁的問題。就這點來看，把上面的標誌改成男女標誌排在一起（左起依序是女廁標誌、男廁標誌），應該比較容易辨識。現在可以利用 3D 列印機來製作看板，所以製作和上面一模一樣的標誌來更換，也是一種方法。請試著思考，如何才能以最便宜的方式來解決問題。

圖 7-17　提供「女廁在這裡」的資訊

想改善問題的想法值得鼓勵。但是這還不夠清楚，最好再多花點心思

## 高難度的自動售票機：如何購買 5.25 美金的車票？

圖 7-18 左：BART 的車票自動售票機。想購買 5.25 美金的車票，該怎麼做？／右：Welcome to…（模擬插圖：A～H 代表按鈕）

這是我待在美國時發生的事情。連接柏克萊、舊金山國際機場、舊金山市中心的 BART（Bay Area Rapid Transit）鐵路網，是非常方便的交通工具。上圖（左）是 BART 的自動售票機，這是抵達舊金山國際機場後，要移動到舊金山市中心的人，會先遇到的機器。可是它的用法有點特殊，所以經常出現在售票機前大排長龍、放棄購票、或買到高於目的地票價的人。

接下來利用插圖來說明。首先，這個介面最初會顯示上圖（右）的資訊。中央的矩形是螢幕，兩邊的 A 到 H 代表按鈕。我想購買前往目的地 5.25 美金的車票。在最初的畫面中，顯示了「Bill／Coin」、「Credit／ATM Card」、「Old Ticket」等選項。由於我曾經有過在國外自動販賣機使用信用卡的慘痛經驗（因為機器壞掉，不會退回卡片），所以我選用一般的美金紙鈔購票。於是，我為了選擇「Bill／Coin」而按下（A）按鈕，結果沒有反應。可是這不是觸控螢幕，我苦惱了一會，發現「莫非要先投錢？」而投入紙鈔。的確，只要由上依序閱讀畫面上的說明，就能看到「Insert Bill／Coin（請投入紙鈔或硬幣）」可是「Insert」與「Bill／Coin」的距離太遠，而且看起來又與按鈕有配對關係，我才會認為這是用按鈕來選擇付款方法的畫面。

Purchase XXXX ticket
Amount inserted: $ 10.00
Current ticket value: $ 10.00 (Min. ticket value $5.05)
Change due: $ 0.00 (Max change $4.95)
Change ticket value, insert additional cash or old ticket, or select ticket.
Change ticket value / Select Ticket Type
A
B Subtract $1
C
D Subtract 5¢
E Print $10.00 Ticket
F Buy Multiple Tickets
G Buy BART Plus Ticket
H Cancel

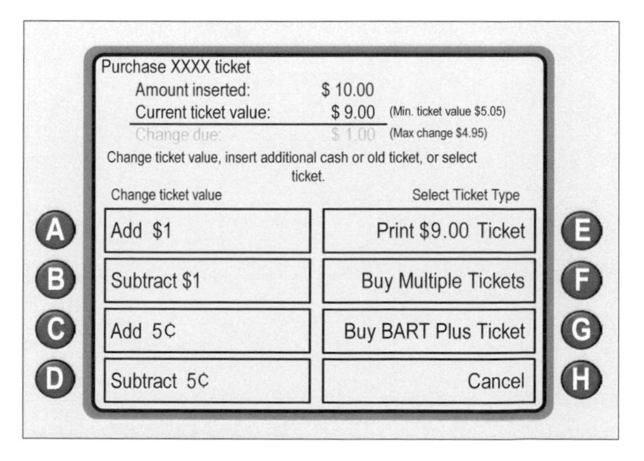


圖 7-19 左：放入 10 美金紙鈔後／右：設定為 9 美金

投入 10 美金紙鈔後（剛抵達機場的觀光客，很少有人身上有硬幣，所以紙鈔的使用率比較高），變成前頁下圖（左）的畫面。國外不會維護車票售票機，所以遇到機器壞掉的情況，一點也不稀奇，但是這台售票機順利吸入紙鈔。

我想購買 5.25 美金的車票，畫面上到處都找不到「5.25」這個數字，而且我要買車票，所以在畫面中尋找「Tichket」或「Buy」等字眼。結果我看到「Buy Multiple Tickets（購買多張車票）」、「Buy BART Plus Ticket（購買 BART Plus 車票）」，可是我既不用購買多張車票，也不想購買 BART Plus。

過了一會之後，我終於發現，「Print」代表的意思是「售票」。然後，我看到「Print $10.00 Ticket」，「該不會只賣 10 美金的車票吧？」實在很頭痛，正當我想放棄，打算購買 10 美金的車票時，終於發現不熟悉的項目「Subtract $1（減 1 美金）」。於是，我試著按下（B）按鈕，右列的「Print $10.00 Ticket」變成「Print $9.00 Ticket」（前頁下圖右）。

同時，在畫面上出現「Add $1（加 1 美金）」及「Add 5¢（加 5 分美金）」等項目。於是我想「若要讓金額變成「5.25 美金，只要連續按 5 次『Subtract $1』，然後再按 5 次『Add 5¢（加 5 分美金）』，應該就可以了吧！」，當我按了 4 次「Subtract $1」之後，如下圖（左）所示，「Subtract $1」按鈕消失了，無法再減去 1 美金。我覺得很疑惑，仔細看了畫面之後，發現畫面右上方記載著「Min. Ticket Value $5.05（最低票價 5 美金 5 分）」以及「Max change $4.95（找零金額最高為 4 美金 95 分）」這樣的説明（字體非常小，很難發現……），清楚説明金額無法低於 5 美金 5 分（下圖（右））。我為了從「Print $6.00 Ticket（銷售 6 美金車票）」減去 75 分，變成「Print $5.25 Ticket（銷售 5.25 車票）」，而按了 15 次「Subtract 5¢（減 5 分美金）」。

沒想到我竟然為了要購買 5.25 美金的車票，需要操作按鈕 19 次（「Subtract $1」× 4 次＋「Subtract 5¢」× 15 次），途中覺得實在有趣了，而差點笑出來。另外，若按照順序操作「Subtract $1」× 3 次＋「Add 5¢」× 5 次＋「Subtract $1」× 1 次，只要按 9 次按鈕，可是後面已經有人排隊，而且沒有想到可以這樣操作。人一旦心浮氣躁，頭腦就會變得不靈光。

附帶一提，我和朋友共 6 人，使用這台自動售票機購買前往舊金山的車票時，其中英文最棒的 2 個人，儘管到目的地的票價是 8.65 美金，卻因為不曉得購買方法，而買了 10 美金的車票。另外，在其他機會提到這台售票機時，甚至還有摸不著頭緒，而買了 20 美金車票的人，總之這是對觀光客一點都不友善的系統。

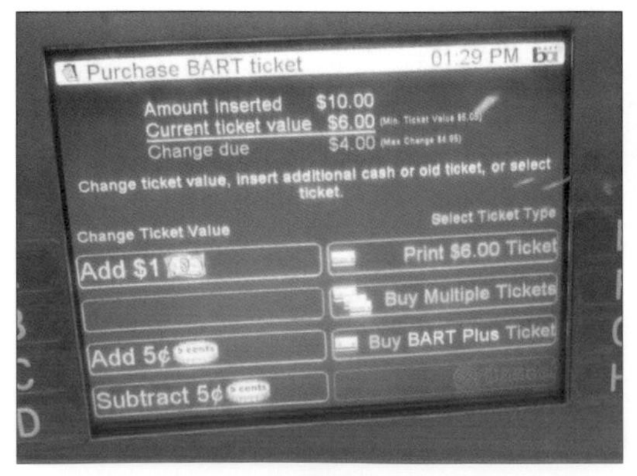

圖 7-20　左：減到 6 美金的狀態／右：「Min. Ticket Value $5.05」以及「Max change $4.95」，換句話說，無法設定成低於 5 美金 5 分以下的金額。如果要設定成 5.25 美金，必須按 15 次「Subtract 5¢」

## 輸入數字型的自動販賣機：怎麼做才能買到 12 號？

**圖 7-21　如果想購買 12 號商品，該怎麼做？（提供：佐竹澪）**
只要按下「12」這個鍵就可以了，卻不自覺連續按下「1」與「2」，結果買了 1 號商品

使用者在注意某件事物時（被某個東西吸引時），就會忽略該處的說明或 UI 的特色，而容易操作錯誤。舉例來說，上圖是一台零食自動販賣機及其操作介面。假如你要購買的是此台自動販賣機的「12」號零食，該如何操作呢？

我想大部分的人的人都會注意到應該按下 12 號按鈕。可是，使用者卻經常沒有留意到「12」這個按鈕，而打算連續按下「1」及「2」按鈕，究竟為什麼呢？

首先，使用者從陳列的零食中挑選要購買的商品，確認 12 號這個號碼及價格，投錢後，眼神就會移到數字鍵。這裡使用者最先看到的是「1」、「2」、「3」按鈕（因為投幣口在數字鍵上方）。有一定比例的使用者，看到排列在這裡的數字之後，會認為這是十鍵數字鍵（由 0～9 的數字按鈕組合，輸入數字的 UI），而產生反射性操作，按下「1」、「2」按鈕來購買「12」號零食。可是，數字鍵「9」的下方接著是「10」、「11」、「12」。要購買 12 號應該直接按下「12」按鈕，一但按下「1」與「2」，在最先按下「1」的階段，就會執行購買程序，掉下 1 號零食。

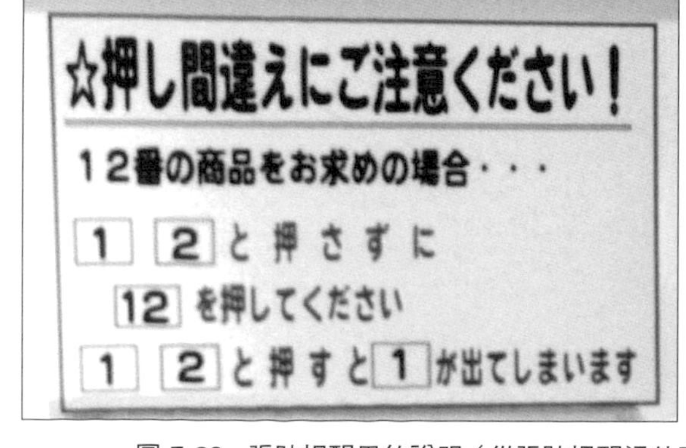


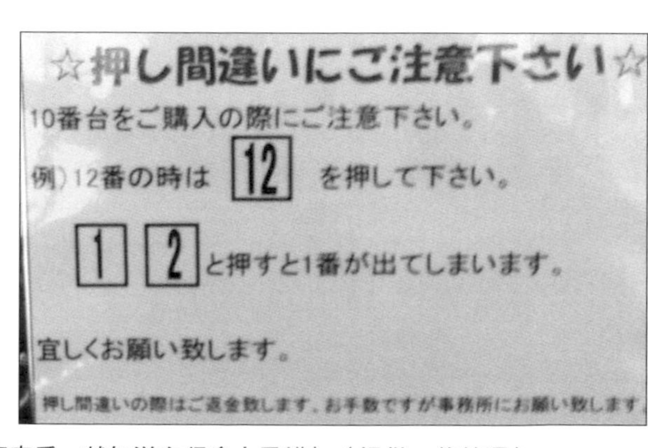


**圖 7-22　張貼提醒用的說明（從張貼提醒這件事來看，就知道有很多人弄錯）（提供：佐竹澪）**
（圖說：要買 12 號商品時…請勿按 1 2，請按 12 。若按 1 2 將會掉下 1 號商品）
如果頻繁出現這種問題，只要把 10 以後的數字改成「A」、「B」、「C」、「D」等英文字母即可

**圖 7-23　以十鍵數字鍵輸入目標商品編號的自動販賣機類型**

若要指定「12」，按下「1」及「2」之後，再按下「購買」按鈕

或許使用這台販賣機買錯商品的人很多，才會在販賣機的兩處貼上如前頁下圖所示的提醒內容。可是即使有了這種注意說明，一般人仍會不自覺直接操作眼睛看到的按鍵，因此似乎仍然無法減少弄錯的人。

在這個案例中，使用者購買商品時，視線會依序落在零食的陳列架，接著是投幣口，再移動到十鍵數字鍵上，很容易忽略掉提醒說明，不會注意到（這個案例為了引起注意，還刻意把貼紙貼在擋住 6 號零食的位置，即使如此，仍很難避免錯誤）。

這種 UI 總會出現弄錯「10」、「11」、「12」的人，因此只要把號碼「10」、「11」、「12」換成「A」、「B」、「C」等，並且分別將零食及按鈕的標籤更改成「A」、「B」、「C」等，應該比較適當。另外，也可以採取把「1～15」全都換成英文字母「A～O」的方法。把貼紙貼在按鈕上，經過多人操作之後，貼紙就會剝落，所以我認為可以的話，最好更換按鈕內的標籤。就算無法做到，比起完全沒有貼紙的情況，至少貼了貼紙之後，比較不會操作錯誤。為了減少弄錯的人數，希望可以再想想其他的辦法。

附帶一提，就算是類似的自動販賣機，也有一般依序輸入數字的類型（若要購買「12」，依序輸入「1」及「2」，之後再按下「購買」按鈕）（上圖）。這種 UI 在按下「購買」按鈕之前，可以再次確認，問題較少。

絕大多數的人不會等到掌握整個 UI 之後才開始操作，而是從進入視線內的認知物開始使用。因此，思考使用者的視線如何移動，按照何種順序瀏覽，這點很重要。

同時，你應該也瞭解了傳達限制的重要性。

## 教學計劃登錄系統：應該輸入何種數值？

圖 7-24　教學計劃登錄系統的預設狀態。假如上課次數為 15 次，需要更改數值嗎？（提供：希望匿名）

上圖是一間大學的課程內容登錄系統。系統上可以輸入／修改「教師編號」、「教師名稱」、「週授課時間」、「授課次數」等。

提供這個案例的使用者，打算在這個系統裡輸入與負責授課有關的資料時，一開始「週授課時間」已經輸入「0.00」小時，「授課次數」為「15.0」次。他認為這是預設值，即使不更動也沒關係，所以沒有更改這些項目，直接執行登錄步驟，結果顯示「主教師授課次數請輸入整數」的錯誤訊息（下圖）。如果授課次數必須以整數輸入，最初這個輸入格式中，應該輸入如「0」或「15」這種整數值，為什麼「0.00」或「15.0」這種含有小數點以下的數值會變成預設值，令人費解。我想，或許是非主教師，必須使用小數，但是這樣應該在顯示主教師及副教師時，切換顯示數值才對。

在這個網頁輸入格式中，如果輸入值有整數、實數、半形、全形等限制，就必須預先向使用者傳達。這種限制可以在輸入方塊的旁邊，顯示「請輸入整數」、「請輸入實數」、「請輸入半形」、「請輸入全形」等或列出範例。另外，當作預設值（Default 值）輸入某個數值時，就會被使用者當作提示，「預設值輸入了這種數值，只要按照這種格式輸入就行了！」可是在這個案例中，預設值並非正確輸入的格式，反而因此引發錯誤。此 UI 可說是傳達了錯誤的限制，極為有趣的爛 UI。

當你在製作這種由使用者輸入內容的網頁格式時，必須認真思考預設值，讓使用者推測「因為是這樣的數值，所以應該輸入這種格式吧？」引導其輸入適當數值。

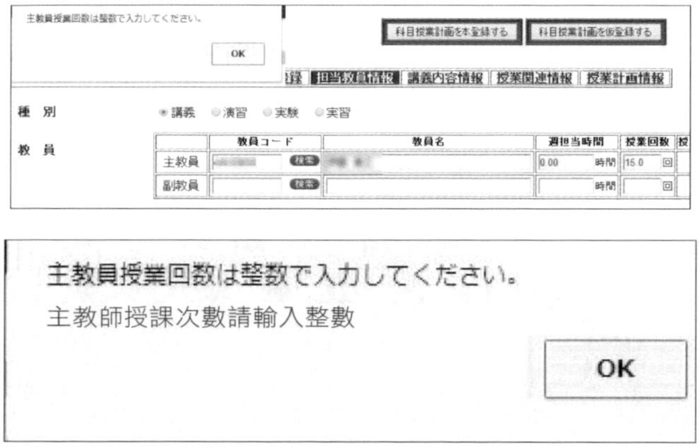

圖 7-25　請輸入整數的錯誤訊息，既然如此，為何預設值有小數？（提供：希望匿名）

## 避免輸入錯誤的格式：無法自由輸入！

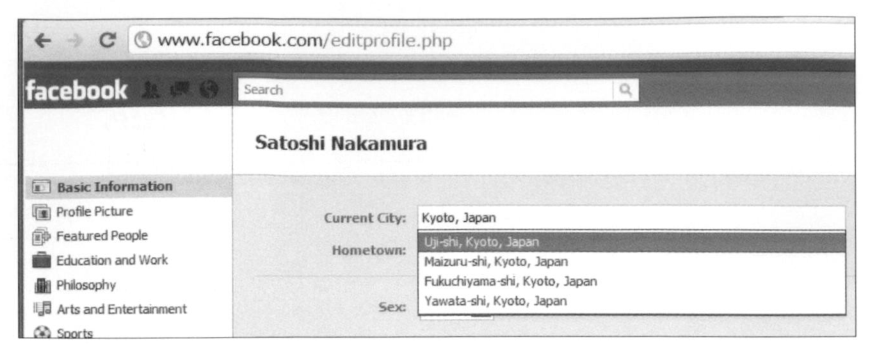


圖 7-26　在 Facebook 輸入現居地的狀態。輸入「Kyoto, Japan」時，同時列出相關的選項清單（2011 年 2 月）

有一天，當我瀏覽 Facebook 時，跳出「請設定現居城市」的提示，我判斷這種基本資料即使公開也沒關係，因而進入編輯個人檔案的畫面。

上圖是正要輸入現居城市的狀態。當時我住在京都，因此輸入「Kyoto, Japan」時，輸入方塊下方自動提示「Uji-shi, Kyoto, Japan」或「Maizuru-shi, Kyoto, Japan」等含有「Kyoto, Japan」的選項。我覺得很厲害，可是其中竟然沒有我要選擇的對象「Kyoto-shi, Kyoto, Japan（京都市）」（在「Current City」顯示「Kyoto, Japan」，不過這是我手動輸入的結果）。無可奈何之下，正當我要儲存手動輸入的資料時，發現竟然無法按「確定」鈕。

我思考著這是怎麼一回事？隨便點選任何一個地方，變成如下圖所示，清除了以鍵盤輸入的「Kyoto, Japan」。該不會是為了避免使用者輸入奇怪的數值，而有限制吧！再加上，若要設定京都市內的區，可能需要以其他輸入方法來輸入資料，總之這是令人惋惜的系統。

我認為動態補上或修正使用者輸入的資料，立意良好，但是結果卻形成無法輸入正確內容，令人困擾的 UI。

很多時候，為了使用者著想而製作的東西，反而對使用者造成困擾，就這層意義來看，這的確是非常有趣的案例。

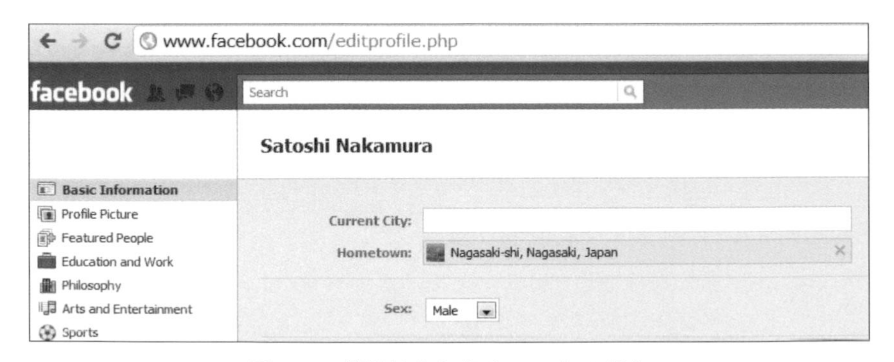


圖 7-27　清除輸入內容（2011 年 2 月）

# 使用時、不使用時的狀況

## 洗手台與烘手機的位置：無法洗手！

圖 7-28　左：廁所的洗手台及烘手機（提供：山下智也）／
右順序是沙拉用盤子、沙拉用醬汁、沙拉，擺放方式很奇怪

上圖（左）是一間廁所的洗手台及烘手機。這間廁所似乎很多人因為洗手台前大排長龍而不洗手，或不使用烘手機，直接走出廁所，究竟是為什麼？

原因在於，洗手台與烘手機的位置非常接近，其他人無法同時使用這兩個設備。洗手不會太費時，可是要用烘手機吹乾雙手，就得花比較久的時間。因此，若有人使用洗手台洗完雙手，再利用烘手機吹乾時，其他人就無法使用洗手台或烘手機。這個原因造成排隊等待洗手，或出現不洗手、不吹乾雙手的人。工具本身沒有問題，卻因為設置位置而造成使用上的困擾，結果就造成這個可惜的爛 UI。

這個案例告訴我們，安排各種物品的位置時，思索使用者的動線（人的移動路徑），考量什麼步驟需要花多少時間，非常重要。舉例來說，提供自助式吃到飽的餐廳等，如果沒有顧慮到動線，就會讓使用者在擺放餐點的櫃台旁大排長龍，造成明明只拿一份想吃的餐點，卻要等待很久，或隊伍變得亂七八糟的情況（上圖右）。

關於配置關係，下圖（左）是在電車廁所內的嬰兒椅及洗手台。對於帶小孩的父母來說，這是非常方便的設施。可是，萬一孩童伸長手搗蛋，就會弄得一身濕。下圖（右）是在獨立廁所裡的嬰兒椅及門鎖。對於養育孩童的父母來說，的確很方便，但是馬桶距離嬰兒椅非常遠，坐在馬桶上，就無法碰到小孩。而且嬰兒椅離門鎖的距離很近，可能發生小孩調皮把門鎖打開的尷尬情況。我想從以上案例中，你應該可以瞭解，思考使用者會怎麼做以及結果的重要性了吧！

圖 7-29　左：離嬰兒椅很近的感應式洗手台／右：嬰兒椅與廁所的門鎖

## 令人困擾的飲水機：怎麼做才會出熱水？

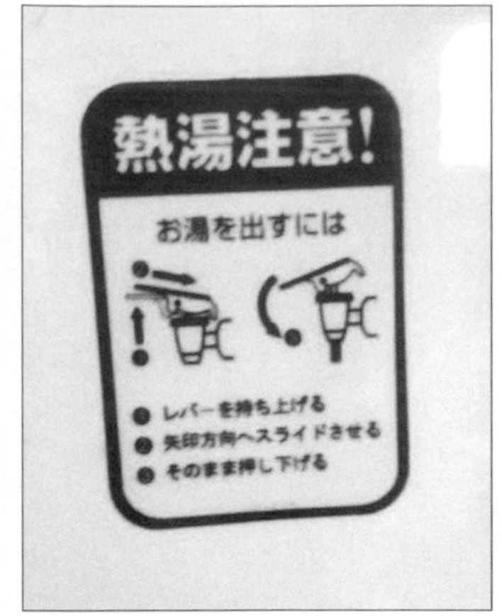

圖 7-30　為什麼會為了出熱水的方法而傷腦筋？左：設置在公共區域的飲水機／中央：出熱水的說明（執行 3 步驟出熱水）／右：流出熱水的樣子（提供：菊池和紀）

有些案例看起來很正常，卻會在使用該 UI 時引發問題。上圖（左）是某公共區域的飲水機。

飲水機一般會設置在最多人使用的區域，不光是大人，連小孩也能輕易使用。可提供熱水的飲水機，如果輕而易舉就能流出熱水，就會潛藏著孩童不小心（或惡作劇）讓熱水流出，造成燙傷的危險性。因此，基於安全考量，經常可以看到刻意將出熱水的操作變得比較複雜的 UI。

請見上圖（中央）。這台飲水機要流出熱水，必須執行「將把手往上撥」、「往箭頭方向轉動」、「再直接往下壓」等 3 個步驟。如同我在前言說明過，站在安全性或保護使用者等觀點，讓操作變複雜，除非不合理，否則不算是爛 UI。因此，這個讓熱水流出的把手 UI 本身不是爛 UI。這個 UI 乍看之下似乎很正常，你是否注意到問題出在哪裡？

單憑照片或許很難發現這個問題，請站在使用飲水機，想喝熱水的立場來想一想。首先，觀察上圖（左）的外觀，從顏色可以得知，左邊的水龍頭是出熱水，右邊的水龍頭是出冷水（一般冷水以藍色顯示，熱水以紅色顯示）。因此，如果要出熱水，應該如上圖（右）所示，將紙杯放在出熱水的水龍頭下方。接下來，就是問題所在。如前面所述，這台飲水機的出熱水步驟有些複雜，沒有說明，很難操作，即使嘗試錯誤，也很少人會使用。操作說明貼在出熱水的水龍頭下方，如上圖（左）所示。因此，為了飲用熱水而放上紙杯時，就看不見說明（上圖右）。飲水機的使用者根本不曉得紙杯把說明遮住了，正當要放棄喝熱水時，才會發現說明的存在。

張貼說明者可能是認為「只要仔細看過說明之後再使用就沒問題。」可是，使用者根本沒想過出熱水這麼困難。另外，這張貼紙最明顯的訊息是「注意熱水」，說明內容看起來是在「注意熱水」這個群組的下方，因此使用者只看到「注意熱水」這幾個字，其他部分不會仔細閱讀。再加上，使用者完全沒有注意到，自己將說明內容遮住了，直到放棄之前，都無法發現用法說明，才會因此變成爛 UI。

這是使用者因為自己的行為而產生限制，非常有趣的案例。

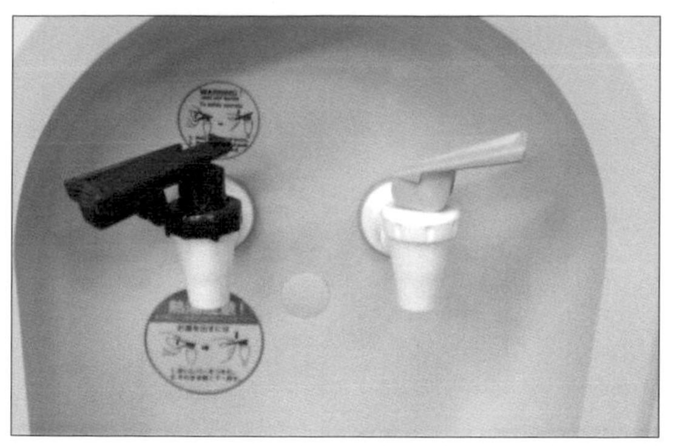

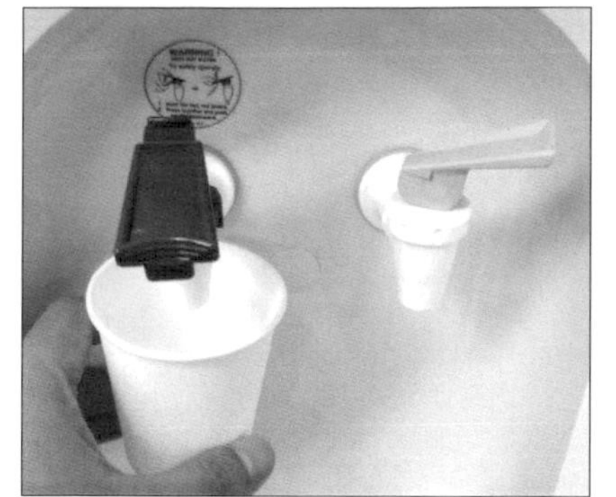

圖 7-31　同樣是使用時會遮住說明的飲水機，但是上面也加上說明，至少可以解決一些問題

上圖同樣是用法被遮住的飲水機。但是這個案例在上面貼了英文版的貼紙，而且加上圖示，即使看不懂英文，也大概可以猜出用法。下圖（左）的案例不但在適當位置加上說明，而且「小心燙傷！」的字樣又大又清楚。另外，我覺得最棒的一點是，為了向孩童傳遞訊息，還利用插畫來說明注意事項，非常容易瞭解。這種心思真的很重要。

再提一個因使用者的行為而造成訊息遺失的有趣案例。就是顯示電梯停靠樓層的電梯大門（下圖中央、右）。這台電梯是眾多電梯之一，每台電梯停靠的樓層不一樣。下圖（中央）的照片是左側電梯停靠 B3F、1F、2F、3F、4F，右側電梯只停靠 B3F 及 1F。這裡要注意到的問題是，顯示停靠樓層的位置。由於停靠樓層的訊息顯示在大門上，當大門打開時，訊息就會被隱藏起來，無法確認（下圖（右）），結果出現搭錯電梯的情形。

有時的確會發生這種因為使用者的行為，使得注意事項被隱藏的問題。因此設計 UI 時必須徹底思考，使用者在執行操作時，會怎麼做？會採取何種行動？當時會發生什麼情況？等等。

要預測使用者會採取何種行動，是一件非常困難的事情。這個時候，爛 UI 的案例就可以派上用場。希望你多多運用這本書的案例，或是「有趣的爛 UI 世界」[6]、「爛 UI密告網站」[7] 等網站提供的案例來當作設計 UI 的參考。

6　http://badui.org
7　http://up.badui.org

圖 7-32　左：注意燙傷的提醒說明以及使用方法貼在適當位置的案例。這樣就不會感到困擾／中央：提供電梯停靠樓層的訊息／右：開門時，訊息被隱藏起來（提供：鈴木先生）

## 原子筆上的按鈕：我明明要寫字，筆尖卻縮回去了！

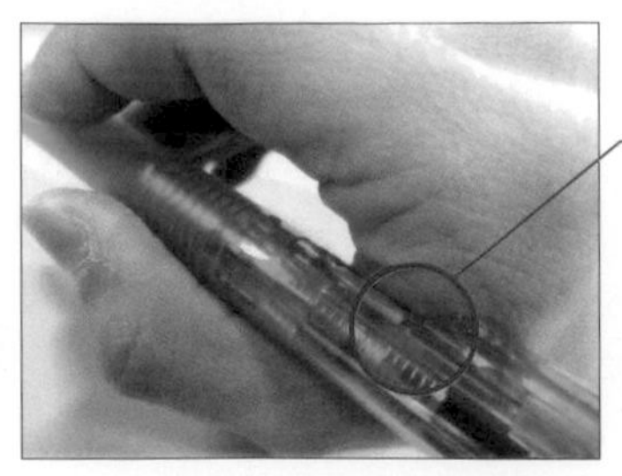


圖 7-33　左：多色原子筆／右：手握多色原子筆，準備寫字的狀態

文具是非常有趣的商品，每個人對好不好用的標準以及感興趣的東西都各不一樣，而且還有自己堅持的原則，所是每次提到文具用品的話題，都會引發熱烈討論。

這次要介紹的是與文具用品有關的案例。上圖是按壓原子筆尾端的卡榫，筆尖就能切換成與卡榫同色的多色原子筆，乍看之下沒有什麼奇怪問題。仔細觀察，原子筆的筆夾（夾住口袋等部分）前端有個類似按鈕的突起。以特寫方式拍攝握筆時的這個部分，如上圖（右）所示。你應該看得到在食指根部的附近，有個淺藍色的按鈕吧？按壓這個按鈕，可以收起筆尖。

單看這個部分，似乎沒有什麼問題。可是這個按鈕在微妙的位置，食指根部會碰到，所以在專心寫字的過程中，會無意識地讓筆尖縮回去。若使用不同的原子筆握法，或許完全不會有問題。可是對於採取和我一樣握法的人而言，難度非常高。因此，「寫字」與「收納」這兩種相對的功能，最好盡量各自獨立。

下圖與上圖感覺類似，這是我曾經數度發生慘痛經驗的手寫板。它可以直接在目前顯示的 PowerPoint 投影片寫上說明內容，切換成白板模式來書寫板書也非常方便。

我曾經多次發生，專心在這塊手寫板上書寫內容時，不小心將全部內容刪除的慘況。好不容易寫出來的內容，全都清得一乾二淨，而且清除之後還無法復原，這個問題連學生都在抱怨。另外，連刪除內容的本人，也就是我，壓根不曉得為什麼會這樣，而痛苦了好一陣子。原來這個手寫板在筆尖附近有個按鈕（下圖右）。經過各種嘗試之後，發現按住這個按鈕不放，同時以筆尖接觸螢幕時，就會將書寫的內容全部刪除。因此，當我集中精神寫字時，才會不小心全部刪除。

這可以說是將與「寫字」對立的「刪除」功能放在容易錯誤操作的位置，而形成的典型爛 UI。混合多項功能時，也得注意各種功能的位置安排，準備限制條件才對。

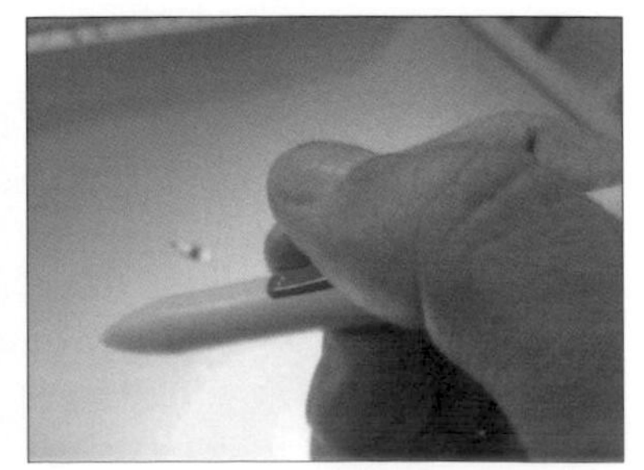

圖 7-34　拼命書寫的內容卻全部消失的手寫板

## 行動電源的按鈕：為什麼沒電了？

圖 7-35　為什麼行動電源沒電了？左：關閉狀態／右：開啟狀態

智慧型手機或行動基地台等工具非常方便，可是有個缺點，電池一下子就沒電了。遇到這種情況，只要事先在家裡將行動電源充飽電，外出就可以幫其他機器充電，真的很方便。尤其是出差等無法確保穩定供電時，萬萬不能缺少這項產品。另外，我正在進行生活記錄（Lifelog）來追蹤日常作息，所以每天都會使用行動電源，幫隨身攜帶的裝置充電。

上圖是我先前愛用的行動電源。這個行動電源上附有切換停止供電狀態（上圖左）及可供電狀態（上圖右）的按鈕，在上圖（右）的狀態，將智慧型手機連接到 USB 埠時，就可以對該機器充電。

這個行動電源非常方便，卻有一個問題。基本上，行動電源是放入包包裡隨身攜帶，需要時再取出使用的物品，可是走路途中，若在碰撞之下按到供電按鈕，就會自動開始供電（放電）。即使 USB 埠沒有連接任何機器，仍會持續放電，消耗電力，因此我發生過好幾次，想要使用時卻沒電了「奇怪？我忘記充電了嗎？」的頭痛狀況。有一天，我注意到放在包包裡的行動電源發熱，才終於發現問題，自此以後，隨身攜帶行動電源時，我變得格外小心。

在沒有連接任何裝置的狀態，只要提供不供電（不放電）功能，或無法打開開關的上鎖構造，就不會發生這種問題。這是告訴我們，必須連使用者不使用產品時的情況也一併納入考量的最佳爛 UI 案例。

剛才的例子是，不經意打開物品的開關，而下圖是不小心開啟冷卻用風扇的案例。這個開關按下「I」的狀態是強風，按下「II」的狀態是弱風，若沒有按下「I」或「II」，在「○」的狀態是停止。但是，就物理性而言，這種停止狀態並不穩定，一旦碰到某個東西，就會輕易開啟開關，吹出風來。有人表示，如果要關掉風扇，只要拔掉電源即可，但是就這點來看，這的確是值得深思的 UI。

圖 7-36　風扇開關。I 是強風，II 是弱風，○是停止，一定得在不安定的狀態才能關閉風扇（提供：EN）

## 冷氣機與開關：為什麼調整溫度會關掉電燈？

圖 7-37　左：冷氣機的控制面板與電燈開關／右：想調整溫度設定而打開蓋子，為什麼會關掉電燈？（提供：矢野秀斗）

上圖（左）是設置在一間補習班裡的冷氣機控制面板（上）及電燈開關（下）。個別來看，似乎沒什麼問題。

按下冷氣機控制面板右上方的「運轉／停止」按鈕，可以切換運轉狀態或停止狀態，但是若要從冷氣調整成暖氣、暖氣變成冷氣、調整風向及風量、更改溫度時，就得打開控制面板的蓋子才能操作。打開面板蓋子的狀態如上圖（右）。你看得到蓋子裡面有各種按鈕吧？

這個案例的問題不是裡面的按鈕，而是蓋子的狀態。兩個電燈開關其中一個被蓋子覆蓋住。如果只是受到蓋子的影響，使得電燈開關不好操作就算了，打開這個蓋子時，還會順勢撞到電燈開關，而關閉室內的電燈。事實上，的確出現過為了調整溫度而誤關電燈的人。

這個案例不是控制面板或開關設計者的疏失，而是兩者組合方式不恰當才造成爛 UI。這個案例正好說明了，在獨立狀態下，沒有任何問題的兩種 UI，卻因為組合方式不適當，而變成令人困擾的爛 UI。讓冷氣機的控制面板及電燈開關左右相鄰，或上下對調，並且稍微拉大距離，就不會出現這種問題，這可說是剛好形成完美失敗的案例。類似的案例還有很多，例如冰箱的設置位置有問題，開門時，剛好壓到電燈開關，或和電燈一起使用時會產生陰影，只好一直維持關閉狀態的吊扇（下圖）等。

第 6 章也曾介紹過，一起使用會產生問題的「UI 混合吃法（組合）」通常都不是設計師造成的，這種案例也非常有意思。

圖 7-38　無法與電燈一起使用的吊扇（天花板）

# 7 階段行為理論

本章介紹了各式各樣的爛 UI。為了整理使用者為何會感到困擾，哪裡會造成困擾，我想簡短介紹唐．諾曼（Don Norman）在人類行為週期（Human Action Cycle）中提到的「7 階段模式[8]」。

「人類的行為會建立目標、執行、評估，如果有問題，再次建立目標、執行、評估的週期並且重複執行。」而 7 階段模式就是根據這樣的思考理論，來分析人類活動的方法。

其中，在執行方面可分析出以下 3 個階段。

- 為了達成目標而決定該怎麼做（產生意圖）
- 思考具體行動步驟，應該按照何種順序來操作（形成行動系列）
- 按照思考的步驟執行（執行行動系列）

而評估部分也可以分析成 3 個階段。

- 瞭解系統為何種狀態（狀態的知覺）
- 從狀態解釋是何種狀況（解釋狀況）
- 從狀況評估是否達成設定的目標（評估）

根據以上內容得知，人類的行為可以分成形成目標 → 3 個執行階段 → 3 個評估階段，共計 7 個階段。

感覺似乎很艱澀，其實只要按部就班來分析，就可以找出問題出在哪裡。比方說，本章介紹過「使用輸入數字型自動販賣機，購買零食」的案例，若按照這個週期來分析，結果如下。

1 目標：因為疲勞而想購買甜食

2 產生意圖：眼前出現自動販賣機，想要使用它來購買甜食

3 形成行動系列：

  (a) 挑選零食，確認價格及編號

  (b) 投入購買該零食的最低必要金額

  (c) 輸入零食上的編號

  (d) 從自動販賣機的取物口取出零食

4 執行行動系列：

  (a) 看到 12 號零食，確認是 200 日圓

  (b) 確認投錢的投入口

  (c) 從錢包內拿出硬幣，將 200 日圓投入自動販賣機內

  (d) 依序按壓按鈕 1 及按鈕 2

  (e) 從取物口取出零食

5 知覺狀態：從取物口取出零食時，發現零食的包裝不一樣

6 解釋狀況：取出的零食是辣的！掉出來的似乎是 1 號零食

7 評估：買錯了！！到底哪裡操作錯誤？

這些步驟中，1～3 及 5～7 之間，沒有任何問題。問題出在 4，尤其是4-（d）「依序按壓按鈕 1 及按鈕 2」，原本必須按下「12」號按鈕。像這樣針對 UI 來整理使用者的行為系列時，可以看出問題出在哪裡，必須改善哪一點。

利用這種型態來分析，即可輕易瞭解，當使用者對一個 UI 感到困擾時，究竟哪裡出了問題，應該如何改善。

8 《設計心理學—以使用者為中心、安全易用的日常生活用品設計原理》唐．諾曼（著）、卓耀宗（譯）、遠流出版

# 物理性、意義性、文化性、理論性的限制

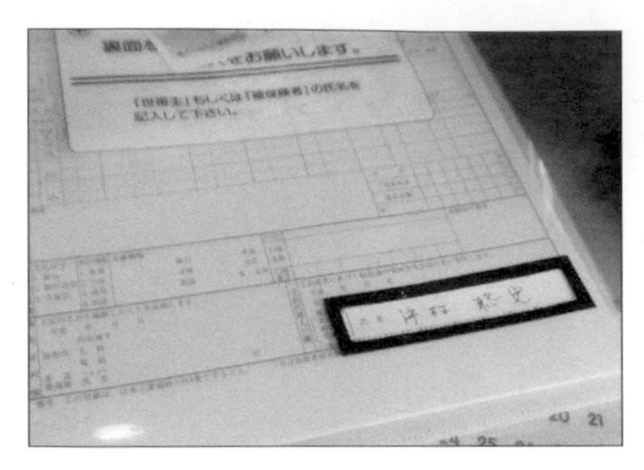

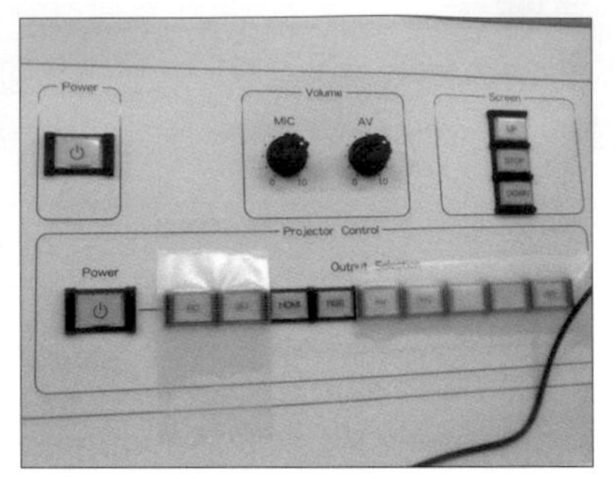


圖 7-39　物理性限制。左：限制必須輸入的地方／右：限制可以按壓的按鈕

本章介紹的限制，還有各式各樣的類型。以下將針對物理性、意義性、文化性、理論性等 4 大限制來詳細說明。

首先，物理性限制是指，可以進入該區域、通過縫隙、無法在空中放置物品、如果不用力就沒辦法破壞等，與物體本身的物理特性有關的限制。比方說，橫長型的鑰匙孔，無法以縱向方式插入鑰匙；按鈕被透明蓋子包圍，不拿掉蓋子，就無法按下按鈕。另外，人類無法進入比自己身體還狹窄的空間。這種限制對於一般人來說，非常容易瞭解，可以確實發揮作用。舉例來說，上圖（左）的透明資料夾中有個洞，只有這裡可以寫字。這種減少行為可能性的限制，能讓各種工作變得有效率。上圖（右）用膠帶覆蓋住按鈕，代表在眾多按鈕中，不能按下這些按鈕。藉由這種物理性限制，降低按錯按鈕而惹麻煩的機率。

意義性限制是指，使用者配合設置場所及狀況來決定的限制，這種限制需要運用知識。比方說，電燈裝在天花板上，利用牆壁上的開關可以操作電燈，有了這種知識，不需要在室內盲目尋找，即可順利開燈。另外，記憶卡及耳機無法直接連接，把記憶卡拿到耳邊，什麼也聽不到；將耳機一邊插入音樂播放器，另一邊放入耳朵內，才能聽音樂；記憶卡要插入音樂播放器內，才能使用，這些知識讓在眼前的記憶卡、耳機、音樂播放器的用法產生了限制。除此之外，箭頭具有往該方向移動或插入的意思，利用這種限制，就不需要煩惱應該朝向哪一邊，該如何插入的問題（下圖）。電腦上的垃圾桶圖示、智慧型手機上的電子郵件圖示等，也都屬於意義性限制。如上所示，意義性限制是以知識為基礎，瞭解狀況或外界狀態來確定動作的可能性。

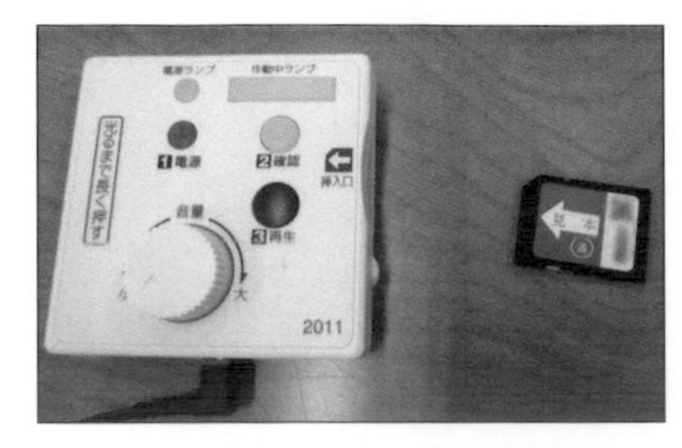


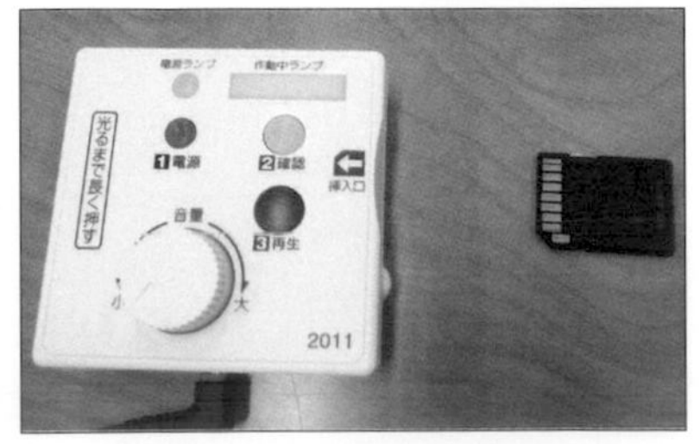


圖 7-40　意義性限制。說明記憶卡、耳機、音樂播放器等該如何連接？
另外，利用箭頭或形狀來限制正反面及方向。這是避免考生弄錯，而特別花工夫設計的

圖 7-41　文化性限制。左：利用顏色顯示性別，對於日本人而言可以發揮限制作用，但是對國外觀光客卻無法發揮限制效果。／右：對日本人會發揮多餘限制效果的黑色廁所標誌

文化性限制如同第 5 章介紹過，是與習慣或經驗有密切關係的限制。比方說，本章也介紹過，面對玻璃門要進入室內時，不會破壞玻璃門，而是打開大門，這樣的限制會發揮作用。另外，當廁所的入口有兩個時，日本國內一般會以黑色或藍色顯示男廁，以紅色或粉紅色顯示女廁。顏色會成為識別男女廁所的限制來發揮作用，這就稱作文化性限制。但是這種限制對不同文化的使用者，無法發揮作用。比方說，如上圖（左）所示，澡堂入口的標誌對日本人而言，可以毫無疑問地選擇符合個人性別的澡堂，但是對外國人來說，卻是一個難懂的入口。另一方面，上圖（右）是男女皆顯示為黑色標誌的廁所，日本人會誤以為女廁是男廁而走進去。不會利用顏色來做區隔的國家，比較重視形狀，可是日本人卻會錯誤解讀，而誤入相反性別的廁所。

理論性限制是指，從某些集合或系列中，按照順序思考，來達到限制的目的。比方說，完成拼圖時，通常不可能有剩下的拼片（下圖左）；國外用的轉接器，要配合電源插頭，組裝全部的零件（下圖右）。人類可以像這樣，限制動作的可能性。另外，為了避免剩下一顆螺絲沒鎖上去，會限制這顆螺絲一定要嵌入某個地方。如前頁下圖所示，在本體畫上記憶卡的圖案及箭頭，就能限制記憶卡畫箭頭的那一面朝上插入。這種理論性限制是以「因為 A 所以 B」的形式來進行理論性思考，達到限定的目的。

有效利用這 4 種限制，減低操作錯誤的可能性，才能趨近於好用的 UI。如果忽略限制，就容易變成爛 UI，所以一定要特別注意。

圖 7-42　理論性限制。左：拼圖的拼片應該一片不剩，全部放進去／右：應該要使用全部的物件來組裝出轉接器

# 重點整理

本章針對限制及視線引導的重要性，穿插介紹了各種爛 UI。

所謂的限制是指，使用該 UI 時，該往哪個方向安裝？或必須按照何種順序執行操作？等種種限制。有了可以妥善發揮作用，讓使用者自然瞭解正確操作方式的限制，就能成為好用的 UI，否則會成為難用的爛 UI。

限制之中，最重要的一點是，要限制操作的可能性。比方說，放電池的方向有兩種，如果限制只有單邊可以放進去，使用者就會很清楚，不會弄錯。USB 就是這種限制的失敗案例，令人感到非常困擾。

如果你有機會製作 UI，希望可以針對這些限制方法，認真思考如何才能妥善發揮限制效果。另外，購買各種產品時，別只注意產品的外觀，應同時檢視該產品是否顯示了適當的限制，才能減少日常生活不便。另外，若發現了爛 UI，請思考如何加上注意限制的補充說明。

請將本章學到的知識運用在日常生活中吧！

## 演練、實習

- 請收集具有操作順序限制的 UI，同時一併分析這種 UI 是加上何種說明，可思考增加說明的好方法。
- 找出身邊利用箭頭來引導方向的 UI，確認是否確實發揮引導作用。請一併思考，假如引導方式不適合，該如何調整箭頭。
- 請檢討本章介紹過的幾個爛 UI，思考該怎麼做才能改善問題。請盡量想出不會增加成本的解決方法。
- 針對本書介紹的其他爛 UI，請思考在物理性、意義性、文化性、理論性的限制之中，應該以何種方法加入哪種限制。
- 請收集對立功能相鄰的 UI，同時一併收集相同種類的產品 UI 並進行比較。
- 請針對本書介紹的爛 UI，套用 7 階段行為理論，試著釐清出現問題的地方。

Chapter 8

# 維護

即使製作出好 UI，也不一定能永遠維持好用的狀況。

比方說，在 2014 年的日本，通常是以黑色或藍色代表男性，紅色或粉紅色代表女性，可是這點不見得會一直持續下去。將來也有可能變成以粉紅色代表男性，用藍色代表女性的情況。

上面這個例子也許太過極端，簡單來說，經常會看到隨著時間累積，看板褪色，部分文字或箭頭脫落，讓人看得一頭霧水的情況。此外，我們也常見到，沒有妥善維護而無法順利打開的人門、年久失修而流不出水的水龍頭等。還有，原本外國人很少造訪的景點，卻因為國外電視節目或知名雜誌的報導，或列為世界遺產之後，讓外國觀光客急遽增加，就可能發生看不懂日文標誌的問題。

因此，UI 並非完成之後就可以放任不管。必須有人負責檢查、維護、更新。

本章將針對缺乏維護、或完全沒有考慮到這一點的 UI，說明會發生何種問題。如果可以讓你稍微瞭解關於 UI 維護的重要性，我將深感榮幸。另外，還會介紹以 DIY 方式來維護的案例。

接下來，敬請期待與維護有關的爛 UI。

# 年久失修而造成的爛 UI

## 廁所裡的兩個水龍頭：水會從哪邊流出來？

圖 8-1　左：水會從 A 還是 B 流出來？／B：從其他角度特寫拍攝 B

感應式的 UI 只要手靠近就能操作，和按鈕之類以物理性接觸來操作的 UI 不同，沒有明確的操作對象，所以很難準備操作線索。因此，這類感應式 UI 如果沒有確實維護，就會發生不知道哪裡出問題、無法操作而令使用者困惑的情形。

上圖是我在法國機場遇到的廁所洗手台。A 與 B 其中一邊會流出自來水，另一邊是洗手乳。假如是你，上完廁所後，會打算在 A 或 B 哪一邊洗手呢？另外，理由是什麼？請試著思考看看。

這個問題我問過將近 300 位學生，答案分成兩派。答案是 A。其實 A 是手靠近就會給水的感應式水龍頭，B 是按壓後會流出洗手乳的給皂機。我選擇了 B，以為會流出自來水，結果碰到意外的觸感（竟是黏稠的液體）而嚇了一大跳。就 UI 來看，B 的操作線索比 A 強烈，才會出現想洗手的人，卻操作 B 的情況。

這個洗臉台連最初想用 A 洗手的人，最終還是會操作 B，結果被洗手乳嚇了一跳。為什麼最初判斷 A 是水龍頭的人，會想用 B 洗手呢？

其實這個洗手台的感應器不太靈敏，如果用雙手稍微靠近，並不會給水。我嘗試過各種角度，直到把手腕伸到水龍頭下方才終於有反應，結果變成洗手腕而非洗手了。由於感應器不靈敏，使得最初打算使用 A 的人，因為 A 不靈敏、沒有水流出來，而操作了 B。

感應式 UI 與按鈕式的物理型 UI 相比，幾乎沒有判斷是否順利操作的線索。舉例來說，物理性按鈕可以從按鈕的觸感來判斷是否正常，例如「按下去感覺卡住」、「生鏽了」等。可是，利用距離來感應的感應型 UI，若要判斷「感應不靈敏」、「可辨識距離縮短」等情況，只能憑藉操作結果，也就是給水時才曉得。沒有反應時，也很難判斷是「水龍頭故障」或「這不是水龍頭」。從上述的情況，你應該可以理解，為什麼感應型 UI 非得好好維護了吧！

題外話，這個感應器的反應為何會變得不靈敏？我看到感應器上殘留了口香糖的痕跡，恐怕是有人惡作劇，造成感應不良，才變得很難用。

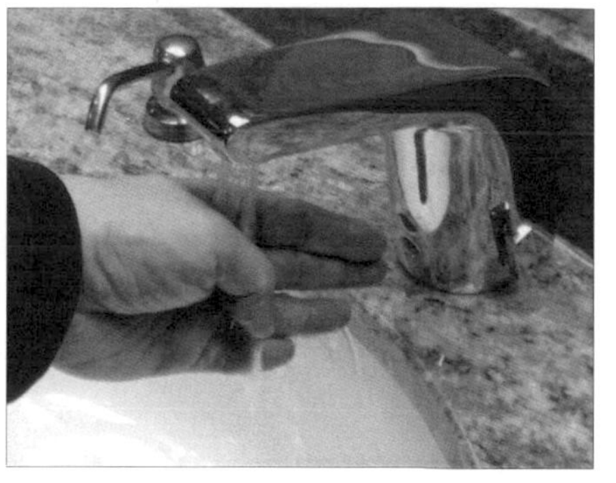

圖 8-2　美國一間廁所內的洗手台。辨識手部的感應器不靈敏，必須如右圖所示，讓手非常靠近感應器才會出水

接下來繼續說明與感應式 UI 有關的案例。上圖是我在美國看到的廁所洗手台。這個案例辨識手部的感應器也已經不靈敏，手一定要非常靠近才會給水。原本應該在上圖（左）的狀態流出自來水，卻直到手非常接近感應器，在上圖（右）的狀態才有水流出來。因此，我看到多位男士沒有洗手就走出廁所，心裡覺得怪怪的。

當感應器的反應變差時，比較好的作法是提供訊息，請使用者多加留意，如下圖所示。在這個廁所的洗手台標示「請將手移到紅色標誌為止」，就可以順利使用反應不靈敏的感應器。以這個感應器為例，其實不用靠近到紅色標誌也會給水，所以在靠近標誌的途中，就會流出水來，使用者即可發現，而不會造成太大的問題。我認為維修感應器是比較好的作法，但他們可能因為修理費用龐大而沒有這麼做。若希望在幾乎不花費成本的情況下改善，也可以採取這種作法。

要免費維護眼睛看不見的空間，更是難上加難。當你在製作或設置這種感應式 UI 時，必須多花一點心思，讓使用者能輕易瞭解，並且定期維護。假如陸續出現感到困擾的人，最好評估是否在該處增加引導說明。

以未來為主題的電影或漫畫，會出現許多組合姿勢來控制的感應式 UI。這種 UI 看起來很酷、很有魅力，可是卻不容易設計。如同這裡介紹的，感應式 UI 故障或靈敏度變差時，並不容易發現問題。我看電影時，總會忍不住以這種觀點來檢視情節，如果沒有人維護，會變成如何？若很難維修，未來會變成怎麼樣？等天馬行空的幻想。先不談這個，關於在科幻電影中出現的 UI，這本書都整理過了：《Make it So: Interface Design Lessons from Sci-Fi》[1]，推薦你閱讀。

1 《Make it So: Interface Design Lessons from Sci-Fi》Nathan Shedroff（著）、Christopher Neossel（著）

圖 8-3　請將雙手靠近到紅色標誌的位置

## 大門的把手：為什麼門打不開？

圖 8-4　毫無特殊用途的大門把手，為什麼門打不開？（提供：金輪一輝）

上圖（左）乍看之下是普通的大門把手。請想想看，如果是你，會怎麼開這扇門。

看起來只要將把手往下壓，再往後拉或往內推，就可以開門。可是，看到上圖（中央），或許有人注意到，將大門把手往下壓，大門側面的鎖舌（阻擋大門的金屬部分）並沒有收進去。因此，將把手往下壓也無法開門。另一方面，如上圖（右）所示，將把手往上撥，鎖舌收進大門內時，即可把門打開。換句話說，把手要往上撥，而非往下壓，才可以開門。

提供這個案例的學生，當時認為遇到爛 UI，但是從事建築工作的朋友卻說「這是因為把手故障了，所以趁門還可以打開，最好盡快找人修理。」該學生入住此公寓時，已經變成往下壓把手也打不開門的狀態，可能是房東懶得維修，才會變成這樣（不過也可能純粹只是施工錯誤）。

另外還要介紹一個因為缺乏維護，使得爛 UI 等級往上提升的案例。下圖是設置在某飯店浴室的把手。你知道該怎麼操作，才會流出熱水嗎？附帶一提，這個把手不論順時針或逆時針旋轉，都不會流出熱水，也不會流出冷水。以一般按壓或拉起的方式操作，也沒有反應。

答案是：必須「以幾乎會弄壞的力量往後用力拉」來操作把手。由於非得用極大的力氣才能拉起，代表內部可滑動的部分可能已經生鏽了。

原本這種 UI 就很難懂，再加上提供操作線索的 UI 把手年久失修而變舊，必須採取破壞式的力量，用力往後拉才能操作，使得爛 UI 等級往上提升了兩級。這可以說是在年久失修之下而變成的爛 UI。以上都是年久失修而變成爛 UI 的案例，的確令人困擾。

圖 8-5　該如何操作才會流出熱水？（提供：福本雅朗）

圖 8-6　左：公車站在哪裡？／右：公車站隱沒在茂密的草叢裡

這是我為了修理某個商品，前往千葉縣一間維修中心時發生的事。我先打電話到維修中心詢問，對方告訴我「抵達○×站之後，搭公車到這裡大約 20～30 分鐘。」因此，當我抵達車站後，馬上走向公車站。可是，開往目的地的公車一小時才一班，而且在我抵達的前 5 分鐘就開走了。因此我放棄搭公車，改坐計程車。當時花了不少計程車前，所以我決定回程一定要搭到公車。終於抵達維修中心，並且維修完畢後，當我要回家時，對方說「還有 10 分鐘，一小時一班的公車就要來囉！」我向維修中心的人員詢問位置後，急忙前往公車站。

我按照維修中心人員的指引，「這條道路左轉，過紅綠燈之後，往左走一點，就可以看到公車站了。」可是我到處都找不到公車站在哪裡（上圖左）。如果沒搭上一小時一班的公車就慘了！我焦急地在附近走來走去。該不會聽錯了？我試著往反方向走，卻依舊沒找到。「雖然對方有說『往左走一點』，該不會在更遠的地方？」我又往前走了一會，還是沒有看到公車站。「糟了，已經超過時間，該不會剛好錯過？還是公車已經跑了？」正當我放棄回到原地時，終於看到公車站牌，沒想到竟然隱沒在茂密的草叢裡（上圖右）。剛才往前走時，應該有經過站牌的旁邊，可是我卻完全沒有注意到。對方告訴我的發車時間其實比實際上還早，所以還有點時間，不過因為太焦急，已經滿頭大汗。

除了這個案例，其他還有看板被櫻花樹遮住而看不見的，或被大自然吞噬的案例（下圖左）等。這種因為沒有維護，造成標誌無法發揮功能的案例不勝枚舉。比方說，一般而言，紅色比較容易褪色，為了強調而以紅色書寫的文字消失不見（下圖右），或繪有男女圖形的廁所標誌，後來紅色的女性標誌消失，只剩下黑色的男性標誌等等。這些都是需要徹底維護的案例。

圖 8-7　左：看板被吞噬了／右：紅色文字已經褪色消失

## 行動電話與座充：為什麼無法充電？

圖 8-8　這是我使用了近 6 年的傳統手機。只要插上座充就能充電，非常好用，但是為什麼座充過了幾個月就無法使用？

有時在銷售或設置的當下，無法證明是爛 UI，經過一段時間之後，才能確定是爛 UI。

這次要介紹的就是這種案例。上圖是我用了近 6 年的傳統手機。這支手機除了數字鍵之外，還有滑動式的 QWERTY 鍵盤，對於經常要使用鍵盤輸入的我而言非常方便（我很期待未來可以推出橫長式 QWERTY 鍵盤的智慧型手機）。另外，這支手機還有一個很方便的功能，它不用連接充電用的電線，只要放在另外販售的座充上，就可以直接充電。

一般傳統手機要充電的時候，得先打開充電插槽的蓋子（保護充電插槽，避免碰到水或積灰塵的蓋子）再接上電線。而這支手機不需要這些麻煩的步驟，只要插上座充就可以充電。

剛開始時我覺得這支手機及座充非常好用，可是用了幾個月後，就發生無法充電的問題。首先，這支手機插在座充上的尾端，包括座充的連接端子、耳機端子、連接電線充電的 AC 電源插座（插入口）等。其中耳機端子與 AC 電源插座上面有加裝橡膠製的蓋子。不曉得是這個橡膠製蓋子的品質不好，或是橡膠製才會如此，它變得愈來愈長。下圖是橡膠變形使得蓋子往上突起的狀態（手機底部原本是平整的，並沒有彎曲）。

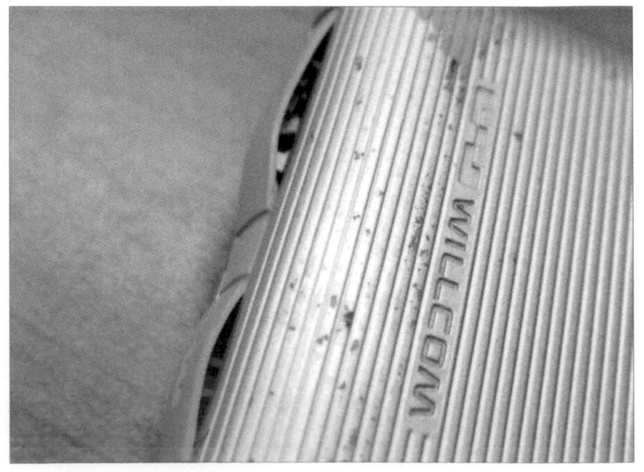


圖 8-9　經年累月使用後，橡膠製蓋子變成突起狀

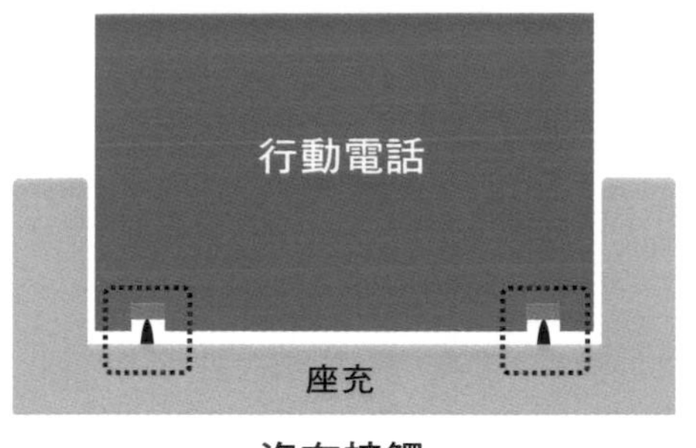


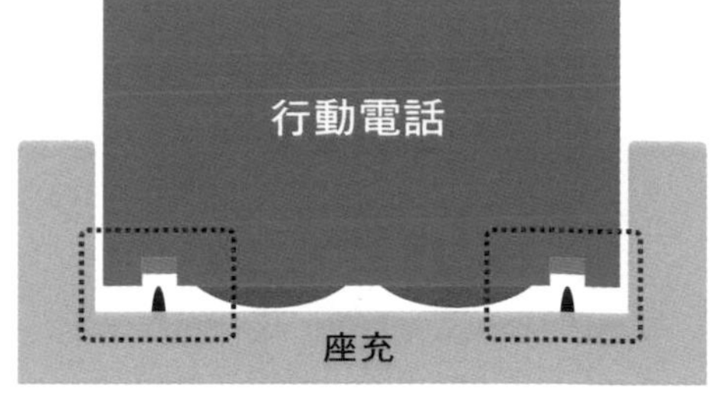


圖 8-10　行動電話與座充的剖面圖。左：充電中／右：沒有充電

手機變成這樣，會發生什麼問題呢？在手機底部的座充連接端子與座充之間出現空隙，最後變成即使將手機插上座充也無法充電了。將這種情形畫成插圖後，如上圖所示（為了讓你瞭解，我刻意畫成比較誇張的狀態）。上圖（左）是正常狀態的模樣，座充端子（黑色突起）與手機底部的連接端子（橘色部分）相連，而能藉由座充替手機充電。然而，上圖（右）是橡膠製蓋子彎曲後的狀態（褐色部分），座充端子因為蓋子彎曲，而無法接觸到手機下方的連接端子，導致沒辦法透過座充來充電。

結果，我特地準備的座充就變得無法使用。當然啦，只要取下橡膠製蓋子，還是可以充電，但是取下蓋子後，可能會讓灰塵跑進去，在插電線充電時，還得清除灰塵，變得很麻煩。當我搜尋網路時，發現提出相同問題的使用者非常多，我想恐怕是當初測試不夠周全，才會導致這種情況吧，真是需要再多加檢討的爛 UI。反正這個座充是額外購買的商品，或許純粹只是沒考慮到這麼多吧…。這種在使用過程中，UI 逐漸改變或變形的情況，其實極為常見。

附帶一提，這支手機在打開蓋子時，可以利用 USB 插槽，以 USB 的方式充電。可是這種充電方式比較特殊，電腦上必須要能辨識這個裝置，因此當手機完全沒電，或電池為 0% 的狀態下，就無法利用 USB 充電，而且也無法利用行動電源來充電。雖然這是陸續從朋友手中轉讓過來，用過 6 年的手機，現在卻有點麻煩。

下圖是在美國一間餐廳的廁所裡看到的水龍頭。你知道哪邊會流出冷水，哪邊會流出熱水嗎？在前面「一貫性」的章節介紹過，由於已經制定標準「向左是熱水，向右是冷水」，所以大部分的人都可以順利使用，但是上面沒有顯示 Hot 或 Cold 標誌，依然讓人感到困擾。雖然現在 3D 列印機尚未非常普及，不過當標誌消失不見時，若能利用 3D 列印技術快速補救，應該能暫時解決這個問題。

圖 8-11　廁所的水龍頭。原本應該有貼上 Hot 及 Cold 標誌，可是經過一段時間之後，不曉得是壞掉還是被破壞，已經無法分辨了

# 因文化變遷而變成爛 UI

## 大浴場的廁所：咦？誤入女湯了？！

圖 8-12　明明是男湯，為什麼只有女廁？

這是我入住溫泉旅館時發生的事。我很喜歡泡溫泉，辦完住房手續後，把行李放在房間內，馬上就前往溫泉池。我悠閒地走進更衣室，裡面空無一人。看到這麼棒的浴池，我非常開心，打算先上個廁所再泡湯，於是走向洗手間，結果大吃一驚！廁所竟然貼著女廁的標誌（上圖）。

這間更衣室裡沒有其他廁所，因此我非常著急，莫非我誤入女湯了？我拿著帶來的浴衣，慌張地走出更衣室。可是入口的確掛著男湯的門簾。「為什麼？」我再次進入更衣室確認廁所的標誌，果然是女廁的標誌。結果這間廁所是男性也可以使用的。為什麼男湯裡只有貼上女廁標誌的廁所？請試著猜猜看，我想可能的原因如下。

1. 原本這間溫泉旅館有男用大浴場及女用大浴場，而各更衣室內都有男廁及女廁。
2. 一段時間後，男女湯會交換，而且過去曾有過男女都可以進入兩邊浴場的作法。
3. 為了順應潮流「這間溫泉旅館每天交換兩個大浴場，讓男女都可以享受！」因而開始更換男女湯的位置。
4. 雖然每天都會交換男湯與女湯，卻完全忘記更換廁所的標誌。

這只是我個人的猜測，但是可能性極大。因為隔天當我進入男女交換後的大浴場（前一天是女湯）後，發現裡面只有男廁的標誌。

由於我在這個浴場裡嚇了一大跳，所以特別站在角落，觀察後續的狀況。後面進來的人也在前往廁所時嚇到，而驚慌地想往外走。這可真是個「愛嚇人的爛 UI」啊。尤其是當男性一旦誤入女湯，通常會因為偷窺而被警察抓起來，而感到「人生完了，瞬間眼前一黑」。為了避免這種情況，希望飯店人員可以徹底維護這個 UI。

如同上述案例，UI（尤其是標誌）如果沒有隨著時代、文化、狀況的變遷來維護，很容易變成爛 UI。另外，像電話的標誌，以前會使用和本章圖示一樣的轉盤式電話，但是現在轉盤式電話已經很罕見，反而是手機變得十分普及，看不懂轉盤式電話圖示代表何種意義的人越來越多，變得不合時宜。另外，大部分用來代表儲存檔案的磁碟片圖示，在磁碟片消失的現在也不適用了。此外還有「倒帶」這個詞，現在的學生而言恐怕也聽不懂。所以希望 UI 可以隨著這種標誌、圖示、用字的變遷來做調整。不過如果要一口氣整個換掉，我想也不太容易吧⋯。

## 電梯的文字導覽：為什麼無法按其他樓層的按鈕？

圖 8-13　電梯的操作面板，為什麼國外觀光客會看不懂？

即使對日本人來說是沒問題、很好用的 UI，國外觀光客也不見得覺得好用。只限本國人的環境中使用的好 UI，隨著進入國際化時代，反而變成爛 UI 的案例不勝枚舉。

上圖是日本關西某地鐵站，一部電梯的操作面板。在我前面有個帶著大包小包行李的西班牙家族搭乘了電梯，卻不曉得怎麼操作才能到達驗票口的樓層，因此傷透腦筋。

請想一想，看不懂日文的外國人，看到這個面板時，會有什麼困擾。我發現有 3 個重點。

- 指定目的地的按鈕有「上」跟「下」，但是看不懂漢字的人根本無法分辨。
- 「上」與「下」按鈕卻設置在左右兩邊，無法顯示空間的配對關係。
- 「驗票樓層」使用黃色標籤，看起來似乎傳達著危險性。現在，電梯位於「上」的樓層，即使按下「上」按鈕也沒有反應，而「下」按鈕又讓人感覺很恐怖而不敢按。

我補充說明一下，從「禁止進入」或「KEEP OUT」的標誌或膠帶（下圖左）即可瞭解，世界上都將「黃底黑字」當作傳達某種危險的配色。

由於認為使用者光從「下」這個字很難做出判斷，而加上「驗票樓層」標籤，但是配色應該再多加考量才是，這是個非常有意思的案例。我試著將這台電梯的按鈕以翻譯軟體，翻譯成其他語言，結果如下圖（右）所示。請看一下這張圖，應該可以明確感受到，先前的問題變得比較容易瞭解了吧？換做是我，應該沒有勇氣按下這個加了黃色標籤的按鈕。

以這部電梯為例，如果能利用貼上寫著「UP」、「DOWN」或「↑」、「↓」的標籤，應該可以暫時解決問題。另外，光是把「驗票樓層」的標籤改成白底黑字，也能避免傳達「似乎很危險」的錯誤訊息。站在可以想到各種改善方法的觀點來看，這的確是個有趣的爛 UI。

請你也想想看，這裡適合貼上哪種標籤。

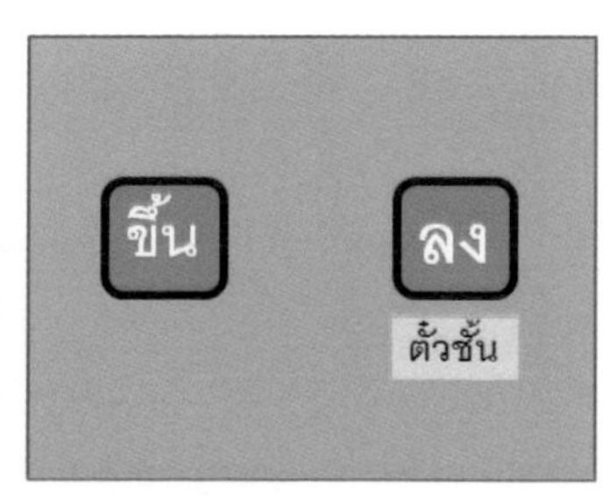


圖 8-14　左：禁止進入、KEEPOUT、危險！／
右：將電梯按鈕翻譯成其他語言的結果（圖 8-13）

## 廁所的文字標示：D 與 H 哪邊是男廁，哪邊是女廁？

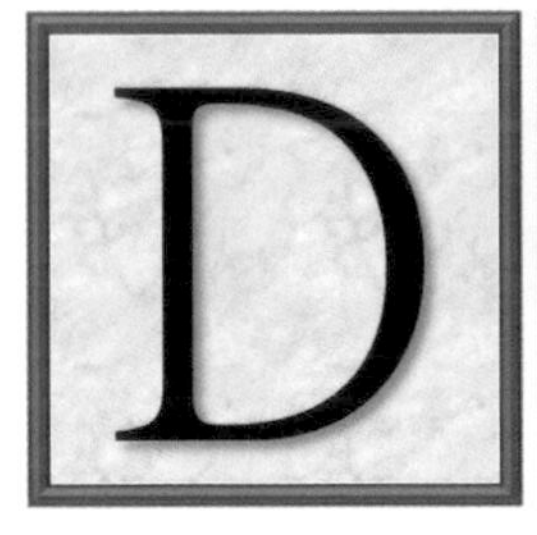

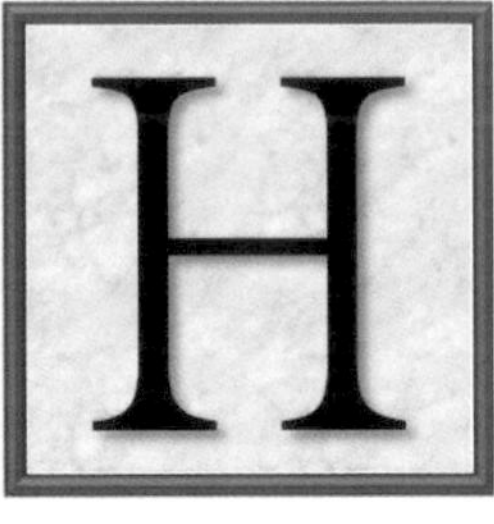


圖 8-15　D 與 H
哪邊是男廁，哪邊是女廁？

換個場景，這是在德國語系的機場。我為了打發搭飛機前的無聊時間，走進一家店喝啤酒。過了一陣子，因為想上廁所，而在店外逛來逛去，尋找廁所之際，看到如上圖所示，有著「D」與「H」標誌的兩扇門（沒有拍下照片，因此用插圖模擬）。我從現場推測，這裡應該是廁所，可是「D」與「H」哪邊是男廁？哪邊是女廁？假設當你站在這裡，會決定走進哪一邊？同時也請思考理由為何，再繼續往下閱讀。

在解答剛才的問題之前，我再介紹一個案例來當作線索。另一次我來到澳洲某觀光勝地，走進廁所時，看到一邊的廁所標誌顯示了「Herren」這個單字（下圖），另一邊的廁所是「Damen」。想必你已經恍然大悟！先前上圖的「H」與「D」分別是「Herren」與「Damen」的縮寫。請問「Herren」是男廁？還是女廁呢？

我在上圖的廁所前等待從裡面走出來的人，但是沒有人從裡面走出來。過了一陣子之後，我實在忍不下去了，便走進其中一邊。此時，我在內心做出以下推論。

「我已經忍耐到極限了，絕對不能在國外尿褲子（當然啦，在日本也不行）。」

「D 與 H 哪邊比較像男廁？」

「D 唸起來是濁音，念起來感覺比較強烈、剛硬一點吧。」

「H 唸起來不是濁音，語感比較柔和。」

「而且 D 比較類似『紳士』
（因為我想到 Gentleman 的拼音…）。」

「感覺堅強、強硬的，應該是男性吧！」

「換句話說，D 是男性！」

圖 8-16　Herren 是男廁？還是女廁？

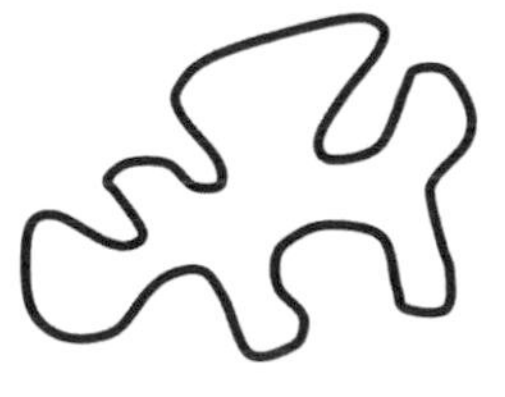

圖 8-17　左：「男」與「女」的廁所標誌／右：哪邊是 Bouba？哪邊是 Kiki？

結果打開「D」的門之後，發現那裡沒有男性用的小便斗，而是一間一間的獨立廁所，發現弄錯之後，我匆忙關上大門，並且馬上離開現場。幸好裡面沒有人，也沒有被別人看見，真是太好了。之後，我打開「H」那邊的門，看到男性用的小便斗，終於可以安心上廁所了。換句話說，「D」是女廁，「H」是男廁。

遇到前頁下圖的廁所時，我也在心中推論：

「Damen 唸起來像 Daman，Herren 唸起來像 Helen。」

「Damen 感覺很強壯，Herren 感覺柔軟。」

「Herren 像是女生的名字（像是西川 Helen、Helen Keller 等）。」

「也就是說，Herren（Helen）是女廁，Damen（Damen）是男廁！」

我心裡做了這樣的預測，結果卻猜錯了，「Herren」是男廁，「Damen」是女廁。當時我拿著旅遊指南，而且剛好裡面有人走出來，才沒有誤入女廁。這個標誌對外國人而言，確實難度很高，後來我與學生一同出差時，我學生就有遇到因為走錯而被斥責的經驗。

每次我在課堂上都會詢問學生，「你會走進 D 或 H 哪一邊？」以及「D 是 Damen 的縮寫，H 是 Herren 的縮寫，你會走進 D 與 H 哪一邊」等兩個問題，前面的問題有 6～7 成的人會答錯，後面的問題有 8～9 成的人答錯。當我詢問大家，為什麼認為 D 是男性？有幾位學生回答「因為 Dandy 的 D」。

為了減少世上不小心誤入異性廁所而被當作色狼處理的人，希望這些 UI 可以多點提示。

尤其是，如果顯示「Damen」或「Herren」等單字，還能查詢字典，但是若只有「D」與「H」，查字典也很難查到，所以在接待國外觀光客的場所，最好多花點心思來維護 UI。日本也有只寫著「男」、「女」的廁所，我想這對外國人來說，也是難度頗高的 UI（上圖左）。

另外，聲音印象也是個很有趣的概念。請見上圖（右），這張圖中，一邊是「Bouba」，另一邊是「Kiki」，請問各是哪一邊呢？我想大部分的人都會回答，左邊是 Kiki，右邊是 Bouba。這種以聲音來象徵物體的研究，稱作 Bouba-Kiki 效應。我們所謂的狀聲詞就是傳達這種概念的詞彙，非常有趣[2]。

附帶一提，不曉得製作這個 UI 的人是否認為「這個標誌國際通用！」但我的確看過如下圖這種標誌（由於沒有照片，我以插圖模擬）。這是基於染色體 XX 型通常會成長為女性，XY 型通常是成長為男性。但這也有特例，而且也有人不曉得 XX 一般是指女性，XY 是指男性。因此，即使在大學裡，這也是令人十分困擾的爛 UI。

2 《オノマトペ研究の射程——近づく音と意味（暫譯：研究狀聲詞的影響力——周遭的聲音與意義）》篠原和子／宇野良子（編）、Hituzi 書房出板

圖 8-18　XX 與 YY，哪邊是男性？哪邊是女性？

# 受到過去影響的爛 UI

## 門禁鎖的對講號碼：該如何與 2-B 聯絡？

圖 8-19　這是需要按號碼才能與目標對象聯絡的電子按鍵密碼鎖，請問如果要與 2-B 聯絡，該怎麼做？（提供：NH）

最近，基於安全性及方便性考量，愈來愈多公寓在大門導入門禁系統。這種門禁系統的結構是，住戶要在門口的電子按鍵密碼鎖輸入密碼，才能開啟進入公寓的門鎖（其中也有使用物理性門鎖的公寓），訪客則使用電子按鍵密碼與住戶聯絡，請住戶以遠端操作的方式開鎖。當朋友來訪或貨品送來時，不需要大費周章跑到大門開鎖，而且可疑者也會被擋在門外，非常方便。

上圖（左及中央）的電子按鍵密碼鎖是設置在學生居住的公寓裡，是可以解除門禁系統／聯絡住戶的 UI 。電子按鍵密碼鎖上排列著 0 到 9 的數字鍵，可輸入房間號碼。取消錯誤數字（房間號碼）的「消」按鈕，與呼叫房號的「呼」按鈕排在一起，乍看之下沒有什麼問題。

住戶的信箱則設置在離電子按鍵密碼鎖稍遠的位置，如上圖（右）。「朋友的房間號碼是幾號？」一邊看著名字，一邊確認，可以看到上面顯示著「2-A」、「2-B」、「2-C」等房間號碼。假設要拜訪的房間號碼是「2-B」，如何利用上圖（中央）的密碼鎖輸入房間號碼？

答案是「輸入『202』的 3 位數字」，也就是把 ABC 換成 123，連字號（-）取代成 0。不知道的人可能會不斷按錯號碼吧！真是個爛 UI。

從照片裡不容易發現，其實在信箱「2-A」、「2-B」、「2-C」的房間號碼下方，有貼著小小的「201」、「202」、「203」貼紙，看到這裡，就會明白轉換成數字後的房間號碼。可是，這些數字太小而且不顯眼，上面也沒有說明這就是房間號碼；而原本就記得房間號碼的人，應該會直接從信箱前面走過去。因此這就變成一個令人不知所措的爛 UI，訪客往往站在電子按鍵密碼鎖前，不曉得 ABC 該如何輸入。假如告訴披薩外送員房間號碼為「2-B」，他們來到大門前時又沒有確認信箱，結果就無法呼叫住戶了。

為什麼會產生這種爛 UI？我的猜測是：當初沒有導入門禁系統，房東也沒特別在意，就以「2-A」、「2-B」、「2-C」來分配房間號碼。後來為了安全問題，才導入門禁系統。由於「2-A」、「2-B」、「2-C」的住址標示已經使用很長一段時間，考量到各種地址登記的情況，而無法調整。因此，房間號碼維持不變，才想出與數字對應的原則。即使無法更改房間號碼，若將「201」、「202」、「203」放大顯示，應該也可以減少感到困惑的人數吧，為什麼沒這麼做？請你一定要動腦想想看。

| 406 | 405 | 403 | 402 | 401 | 樓梯 | D05 | D03 | D02 | D01 |
|---|---|---|---|---|---|---|---|---|---|
| 306 | 305 | 303 | 302 | 301 | | C05 | C03 | C02 | C01 |
| 206 | 205 | 203 | 202 | 201 | | B05 | B03 | B02 | B01 |
| | | | | | | A05 | A03 | A02 | A01 |

**房間分配**

圖 8-20　這是公寓的房間配置圖。最下面是一樓，最上面是四樓，A～D 及 1～4 分別用來顯示樓層名稱，其中卻同時混合 201 與 B01（提供資料者：大槻麻衣）

接著繼續介紹與房間號碼的英文字母有關的有趣爛 UI。上圖是某公寓各樓層的配置圖，一樓有 A01～A05 等房間，二樓有 B01～B05 及 201～206 等房間。

剛才的案例中，2-B 是對應 202 號房，可是這個案例卻同時存在 B02 與 202 號房。換句話說，按照前述的案例，將 B 換成 2 的話，就會變成其他房間。而且這間公寓的信箱分配也非常難懂。請先記住上圖各樓層的分配狀況，再檢視下圖，你有發現奇怪之處嗎？

請見代表樓層意義，最前面的位數（最左邊的字母），數字（201、301、401 等）是由左往右漸漸增加，可是英文（A01、B01、C01 等）是由下往上增加。這是郵差一不小心就會發生各種錯誤的好玩爛 UI，事實上，這裡也經常發生送錯貨的狀況。我想應該是公寓增建後才會變成這樣吧？仔細思考形成這個爛 UI 的成因，實在非常有意思，同時這個爛 UI 也告訴我們，配合狀況，彈性調整 UI 有多麼重要。

圖 8-21　信箱的分配方式也非常錯綜複雜，為什麼縱橫會混在一起？（提供資料者：大槻麻衣）

| 206 | 306 | 406 | D01 | D02 | D03 | D05 |
|---|---|---|---|---|---|---|
| 205 | 305 | 405 | C01 | C02 | C03 | C05 |
| 203 | 303 | 403 | B01 | B02 | B03 | B05 |
| 202 | 302 | 402 | A01 | A02 | A03 | A05 |
| 201 | 301 | 401 | | | | |

**信箱的配置圖**

圖 8-22　將圖 8-21 畫成插圖（提供資料者：大槻麻衣）

## 擴建造成的難懂 UI：怎麼走才能抵達會議室？

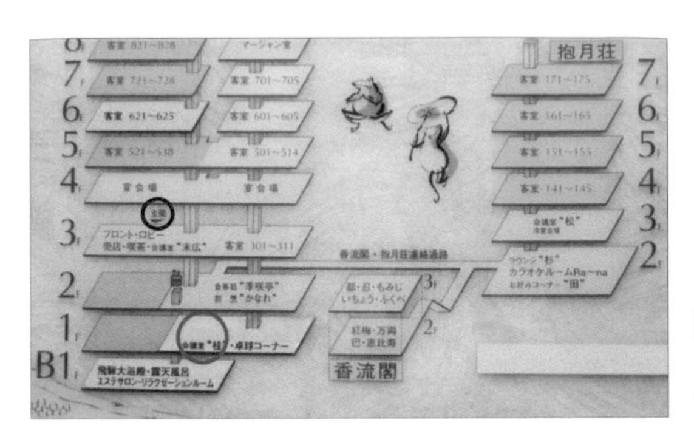


圖 8-23　如何從玄關（紅色圓圈）到「桂」會議室（藍色圓圈）？

這是我在某間歷史悠久的旅館發生的情況。當我抵達旅館後，卻無法從玄關走到想去的會議室，與多名研究人員一起迷路了（如上圖）。

這間旅館建在有點特殊的地形，所以從旅館正面的玄關進入時，就已經是三樓了。在踏入旅館玄關的不遠處，可看到「會場是一樓的桂會議室」的告示。我和同行人員的行李都相當多，正在尋找電梯時，發現電梯就在離告示牌不遠處。當我們要搭乘時，卻發現該電梯只往下到二樓。「既然只有兩層樓，走樓梯就好了」於是我們走下樓梯，到達二樓之後，附近卻找不到可往下到一樓的樓梯，而且電梯也只到二樓，就開始往上（下圖左）。覺得無可奈何，只好在附近查看，終於發現往下一層樓的電梯。可是這台電梯不知為何卻跳過一樓，直達地下一樓（下圖中央）。後來終於在稍遠的地方發現往下的樓梯，但是看起來跟剛才非常不一樣，真的是從這裡往下走嗎？我們懷著極度不安的心情走下樓梯，發現底下是停車場。只好放棄，又走樓梯回二樓，當我問櫃台該怎麼走時，才發現了上圖的樓層簡介。

這張圖包含了各種訊息，有點難懂，但是上面顯示了三樓玄關（圖中紅色圓圈處）附近的電梯（直方形圖示）只能往下到二樓。雖然前面的電梯可以往下到一樓，但這台電梯卻只到二樓為止。換句話說，沒有方法可以從二樓下到一樓，必須在最初抵達的三樓玄關，才能直接搭乘往下到一樓的電梯（如下圖右）。

我想這應該是隨著改建而變成爛 UI 的案例。具有一定歷史的住宿設施常有這種情況（往各樓層的途中，必須換成其他樓梯，或是房間以奇怪的順序排列等），在裡面迷路也很正常。

既然建築物無法重新改建，至少在先前的告示牌上，除了「會場是一樓」之外，還要寫上「會場是一樓的會議室，只有裡面的電梯才能抵達會場。」加上這種說明應該會比較清楚。而且從平面圖可以看出，製作的人也花了很多心血，卻因為連接二樓到地下一樓的電梯、一樓與地下一樓的位置關係等問題，變成令人難以理解的立體圖，反而造成訪客的不安。

圖 8-24　左：只能從二樓開始往上的電梯／中央：從二樓跳過一樓，只能往下到地下一樓的電梯／右：從三樓跳過二樓，往下到一樓的電梯

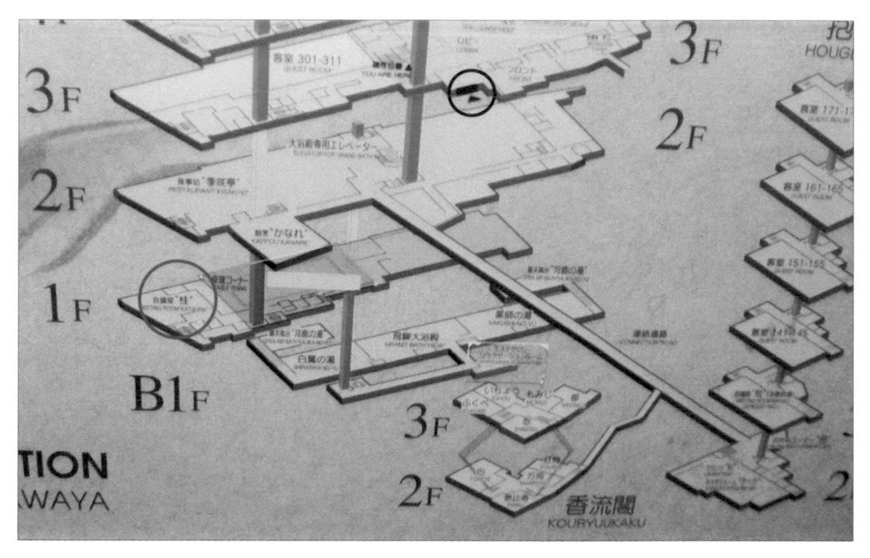


圖 8-25　左頁上圖的旅館樓層簡介

為了擴建或擴充功能，而盲目加上業主或使用者要求的內容，使得服務或軟體變成四不像的情況極為常見。舉個例子，我開發的 WeBoX 軟體也有過類似的經驗。聽到各種使用者的要求，覺得很有趣而不斷加進軟體中，結果沒有先整理選單，造成讓人一頭霧水的 UI（如下圖）。而且這些功能連開發者本身也沒有完全掌握，因而造成混亂。換句話説，這是因為求好心切才製作出來的爛 UI。如果要防範這種問題，開發者一定要秉持堅定的信念來開發軟體，同時必須在適當的時機，當機立斷刪除不常用的功能。

還有一些過去簡單又方便的網站服務，後來不斷擴充功能，卻只徒增電腦效能的負擔，變得莫名其妙，叫人失望，而且這種情況不只遇到一、兩次。要擴充系統功能時，一定要稍微停下腳步，整理資料，徹底思索這個功能會不會導致操作混亂，是否有做出不必要的功能。

接下來的內容與上述無關，既然剛好提到軟體的案例，我就順便講一下。即使你覺得軟體很難用，希望你別擅自對人家好心提供的免費軟體（尤其是個人開發的軟體）説出「這是爛 UI！真糟糕！」等批評。（不過，既然我寫了這本討論爛 UI 的書，若是對我製作的 UI 有任何指教，我也欣然接受）。在設計軟體方面，連我也無法做到盡善盡美，有許多需要反省的地方⋯。

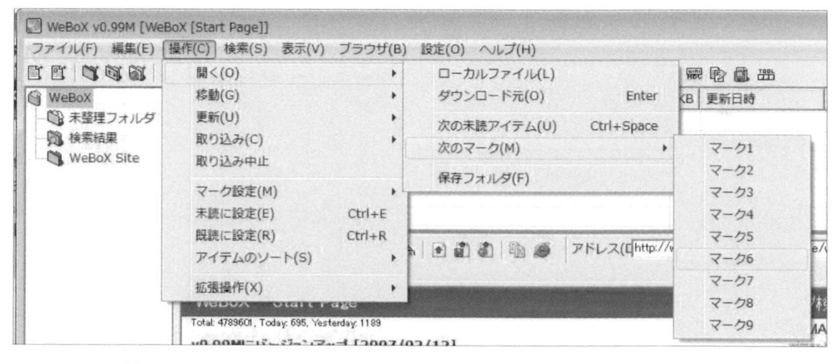


圖 8-26　WeBoX 的選單結構

我設計時太天真了，不斷追加功能，沒有整理，結果階層愈來愈深

## 複雜的路線圖：要搭乘幾號公車才能前往目的地？

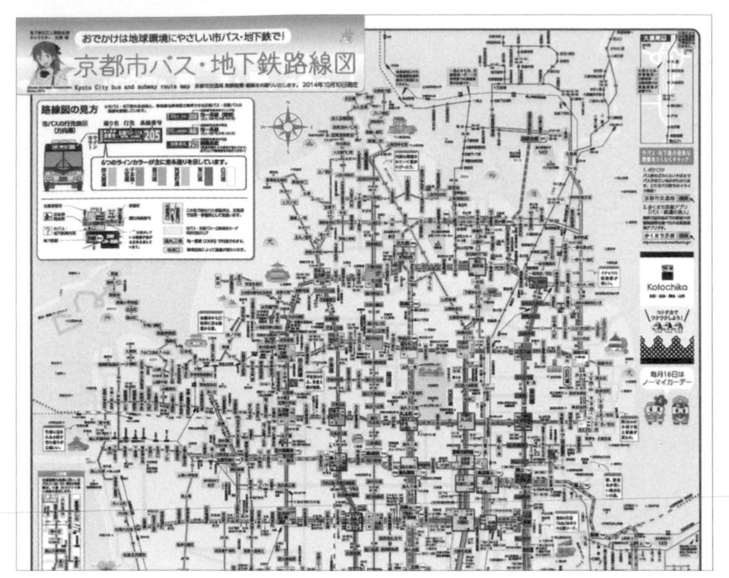


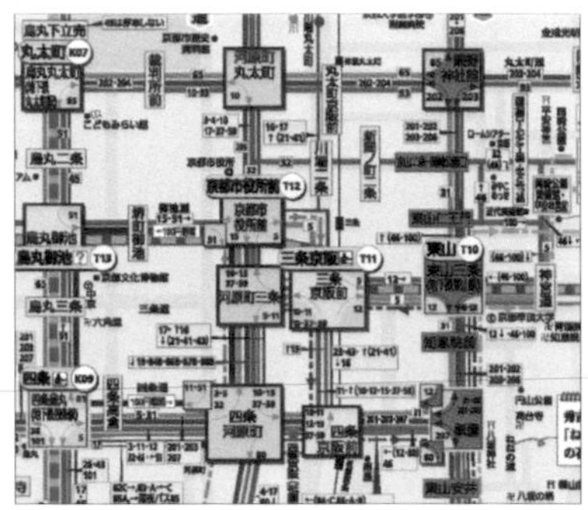

圖 8-27　左：京都的公車路線圖（部分）／右：放大左圖後的內容（2014 年 10 月 10 日）
以前的版本更難懂，為了讓人一目了然而做了許多努力，即便如此，難度依舊很高

當資料量太過龐大或逐漸增加時，往往容易造成爛 UI，這點實在讓人無可奈何。

我剛搬到京都居住時，由於不曉得如何搭乘交通工具抵達目的地，而搜尋了京都市公車網站，後來在網頁中發現了 PDF 格式的路線圖[3]。我立刻打開該檔案檢視，卻遲遲無法顯示內容。等了一會兒，它終於出現了，我卻因為驚人的資料量而感到沮喪。該路線圖如上圖所示（這裡介紹的是 2014 年 10 月的版本）。

京都可說是首屈一指的觀光都市，擁有各種觀光勝地，公車行經的地點也很多，但隨之而來的是公車出發地不僅為數眾多，路線也變得非常複雜。將全部資料都放在一張路線圖內，結果就完成了一張閱讀難度極高的地圖。

既然如此，就當作是一種自我訓練吧。其實，京都除了有「京都市營公車」（京都市バス／市バス），還有「京都巴士」（京都バス）及「京阪京都交通」等其他客運公司，部分地區的公車路線類似，因此愈來愈錯綜複雜。我想應該有不少京都當地人只記得自己常用的路線，其餘都搞不清楚吧！另外，即使是相同號碼的公車，也可能分為順時針／逆時針路線，所以有很多朋友發生過不知道被載到哪裡去，無法準時在約定時間抵達的狀況，連我也曾經多次弄錯應該搭乘的公車，過了集合時間才到。

現在的因應對策，只能配合幾個目的來分割地圖，或是建立讓使用者操作的互動式搜尋架構，以出發地到目的地來整理資料等等，也沒有其他辦法了。可是我仍期待可以製作出能妥善表現路線圖，又讓人一目了然的 UI。有興趣的人不妨試著挑戰看看，測試自己的實力吧。

我推薦大家讀《Beautiful Visualization》[4]，這本書介紹了如何把路線圖等資訊可視化，以及美化龐大的資料，而且裡面出現的路線圖還製作成 iOS 的應用程式[5]。有興趣者不妨參考看看。

3　資料來源：京都市交通局網站 http://www.city.kyoto.lg.jp/kotsu/cmsfiles/contents/0000019/19770/omote.pdf

4　《Beautiful Visualization》、Julie Steele、Noah Iliinsky（編）、O'Reilly Media 出版

5　http://www.kickmap.com

## 飛機上的煙灰缸：明明全面禁煙，為何還有煙灰缸？

圖 8-28　左：飛機上提供的煙灰缸／右：垃圾桶上寫著「請勿丟煙蒂！」

説到 UI 必須配合狀況隨機應變的案例，我想舉個最能讓大家瞭解的例子，就是飛機上廁所（化妝室）裡的煙灰缸。為了順應全球飛機內全面禁煙的規定，在 1999 年 4 月，日本航空與全日空不論國內線或國際線都全面實施禁煙。上圖是不久之前（2014 年 3 月）我搭飛機時拍到的照片，現在不僅還有煙灰缸，而且垃圾桶上也顯示著請勿丟煙蒂的告示。

另一方面，卻又如下圖所示，在煙灰缸的位置上方大大地寫著「化妝室內禁煙」。既然禁煙，為何還是有煙灰缸呢？我重新檢視之後，認為「這應該是沒有維護而導致的結果！」可是看起來似乎有合理的理由[6]。

首先是因為美國聯邦航空局考量到，即使有機上禁煙的規定，仍有人會偷抽煙。為了防範這種行為引發事故（例如將未熄滅的香煙丟入垃圾桶內而引燃垃圾、釀成嚴重事故等[7]），才會在機上設置煙灰缸，同時也在垃圾桶上添加勿丟煙蒂的警語。因此，這是乍看之下好像是沒有維護的 UI，其實卻有正當理由的有趣案例。這個 UI 是經過各方面的考量才製作出來的。

6 「Engineering Infrastructures For Humans」（http://www.standalone-sysadmin.com/blog/2012/05/engineeringinfrastructures/）

7 「完全禁煙の飛行機でトイレに灰皿がある理由（完全禁煙的機上廁所內有煙灰缸的理由）」（http://www.aivy.co.jp/BLOG_TEST/nagasawa/c/2012/05/post-476.html）

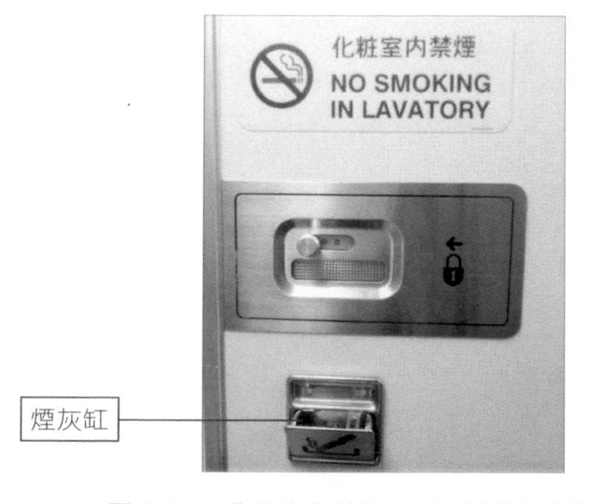


圖 8-29　化妝室內禁煙，卻可以使用煙灰缸。
飛機上也有多次廣播，機上不可以抽煙…

# 以 DIY 方式維護 UI

本章說明了維護 UI 的重要性，以下我要介紹實際以 DIY 的方式來維護 UI 的案例。

這裡的「DIY」意思是「不找具有專業技術的業者，單用自己的雙手創造、改善，讓生活環境變得更舒適的作法」。在日本，DIY 常常被當作是假日木工的代名詞，不過在本書卻是以修繕爛 UI 的意義來使用「DIY」這個名詞。

有些人會不斷嘗試改善生活環境中的爛 UI，這種嘗試錯誤的過程非常有意思，而且會成為思考這些問題的契機：「哪種 UI 比較方便？」、「自己做 UI 時，必須注意哪些事情？」，或是當作改善其他爛 UI 時的實用資訊。我覺得研究爛 UI 最有趣的地方，就是任何人都可以用 DIY 的方式來改善或修正眼前的爛 UI，同時還能觀察形形色色的人如何改善爛 UI。

比方說，下圖的案例是當國外觀光客增多，他們看不懂日文而感到困擾，所以才加上英文說明。在電梯按鈕「開」與「關」的下方，貼上「OPEN」與「CLOSE」標籤。另外，在自動售票機的「取消」鈕旁也貼上「CANCEL」標籤。

右頁的圖 8-31 是為了告訴使用者，原本可以抵達的樓層，如今不停靠了，而貼上說明，讓人無法按樓層按鈕。隨著 3D 列印機與雷射切割機的普及，以後應該可以更輕易地改善爛 UI。

圖 8-32 是貼在非感應式 IC 卡的儲值裝置以及支援該卡片的自動刷票機上所貼的說明。當初這些 IC 卡出現的時候，日本各鐵路公司各自導入了 Suica、ICOCA、PASMO、TOICA 等服務，但是 Suica 卡片無法在 ICOCA 區域使用，非常不方便，所以之後各 IC 卡的裝置開始相容。現在可能還有人不曉得在哪裡可以用什麼卡，感到非常困擾，所以如圖 8-32（左）所示，增加了「PASMO、TOICA、ICOCA 都可以使用」的說明。另外，IC 月票推出之後，可能有人以為「月票感應後顯示數字，莫非是扣掉了儲值金？」，因而增加了「ICOCA 月票也會顯示儲值餘額」的訊息，如圖 8-32（右）所示。

後續的圖 8-33～圖 8-42 分別是以 DIY 的方式調整、改善爛 UI 的案例。裡面包括成功的案例、失敗的案例等各種有意思的內容。

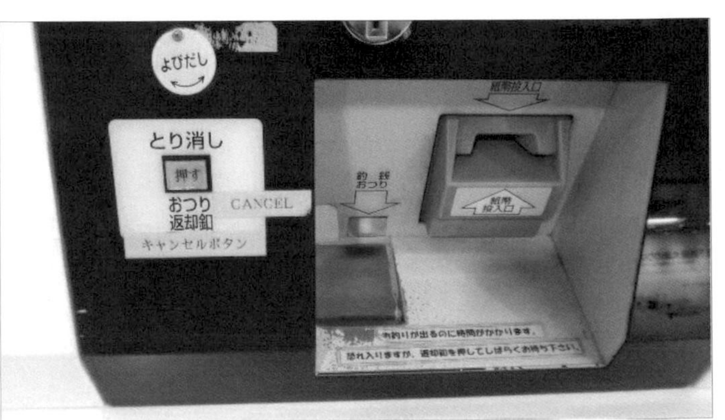


圖 8-30　因為國外使用者變多，而加上英文說明。
左：在「開」與「關」鈕上貼了「OPEN」與「CLOSE」／右：在取消鈕的附近貼上「CANCEL」

圖 8-31　左：「本電梯不會停地下樓層」如果沒有貼這張說明，使用者按了「B1」、「B2」卻沒有反應，應該會感到困擾吧／右：在不停靠的樓層加上無法按壓的物理性限制

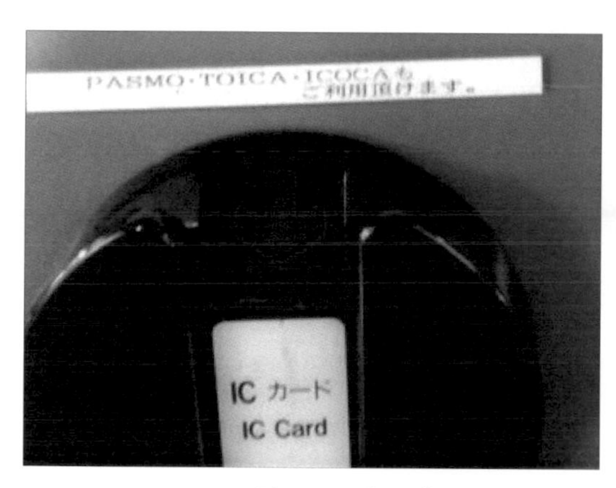

圖 8-32　左：「PASMO、TOICA、ICOCA 也可以使用」／
右：「ICOCA 月票也會顯示儲值餘額」

圖 8-33　左：附嬰兒椅的獨立廁所／右：貼上「使用嬰兒椅時，請鎖上這道門鎖」的說明

左：親子廁所中提供的嬰兒椅／右：這間廁所的馬桶離門很遠，門鎖卻在嬰兒椅的旁邊，如果小孩惡作劇，故意把門打開，就會很尷尬。因此在距離嬰兒椅摸不到的高度，增加這個說明及門鎖

圖 8-34　左：前窗側是按下右邊為開燈，後窗側是按下左邊為開燈？（提供：橋本直）／右：貼在飯店咖啡機上的說明貼紙

左：不曉得為什麼，位於左邊的前走廊與前窗側開關是按下右邊為開燈；後走廊與後窗側是按下左邊為開燈，如果沒有貼這張說明，會很難用吧？

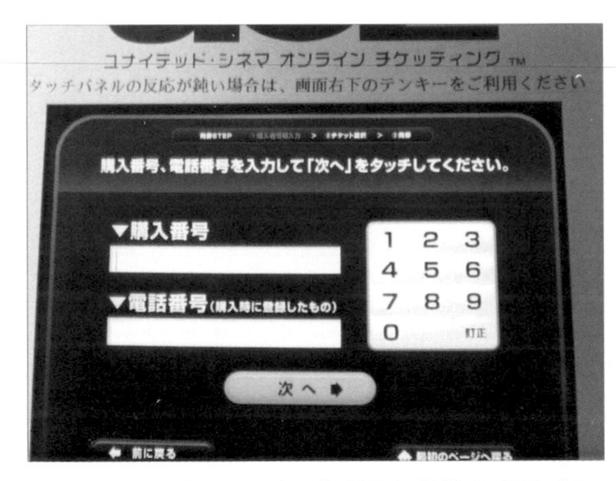

圖 8-35　左：觸控面板的操作畫面／右：旁邊準備了數字鍵盤

考量到有人不太會用觸控面板上的十鍵數字鍵，還有 UI 反應不靈敏的可能性，所以同時準備了實體的數字鍵盤，並藉由說明來引導使用者操作十鍵數字鍵

圖 8-36　左：砂糖與牛奶都是白色的，無法一眼分清楚，因此分別貼上標籤。鹽及砂糖、醬油與醬汁都很類似，通常都會貼上標籤說明。／右：廁所的 UI。很難瞭解水會從哪邊流出來，因此在其中一邊加上「沖水」的說明，另一邊貼上「求救用」的標籤

**圖 8-37　左：看不出這裡是廁所的標誌／右：旁邊貼上熟悉的標誌**

廁所的標誌小而且不醒目，所以貼上比較大且使用者熟悉的廁所標誌及箭頭

**圖 8-38　左：出口在這裡！（提供：公文彩紗子）／右：重疊的箭頭（提供：山田開斗）**

左：可能因為搞錯出口的人很多，所以在上面重新貼上箭頭，且在下面貼上寫滿出口及左上箭頭的標示／右：塗掉箭頭的上面部分，變成不同方向的箭頭，可是沒有處理好

**圖 8-39　在按鈕旁邊加上視障人士用的點字**

這個點字標籤上面還寫了字，感覺不太協調，我猜可能是因為負責貼標籤的是非視障人士。如果標籤貼錯，上下顛倒的話，點字的意思就會完全相反而變成爛 UI，一定要特別注意。

**圖 8-40　飯店的電視及遙控器**

電視上貼著「遙控器請對準電視盒↓」的標籤。由於一般人會不自覺朝著電視來按遙控器（想要操控電視），但電視盒可能會接收不到遙控器訊號，為了避免住客以為電視機無法使用，因此才用貼紙說明操作方法

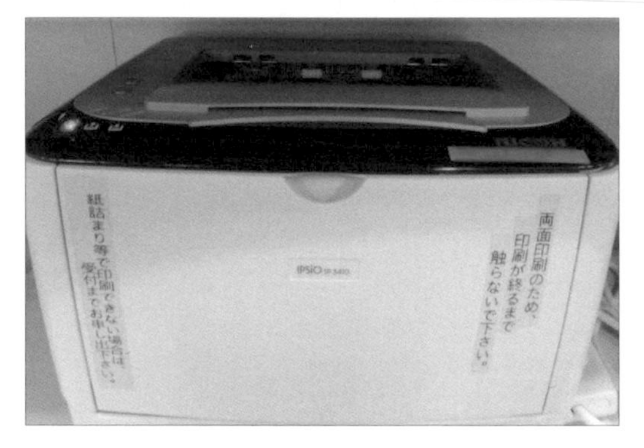


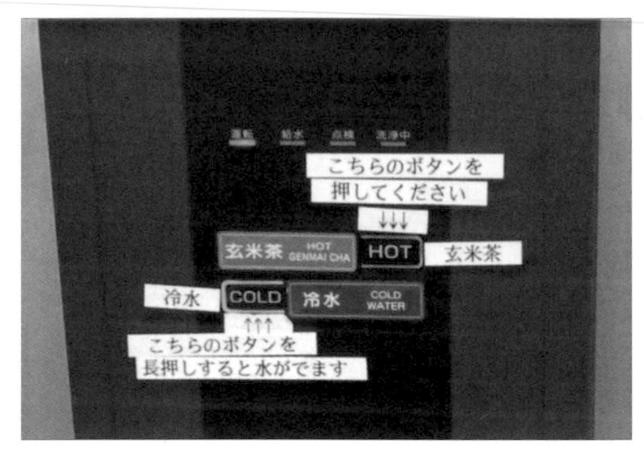


**圖 8-41　左：貼在印表機上的說明／右：貼在餐廳泡茶機上的說明**

左：由於是雙面列印，列印單面之後，會再吸入紙張，列印另外一面，但會有人在列印單面後就取出紙張，所以貼上「這是雙面列印，在完成列印之前，請勿任意拿取。」的説明／右：可能有很多人會下意識去按寫著「玄米茶」及「冷水」的標籤，才會在「HOT」及「COLD」的旁邊，貼上「請按下這個按鈕」的貼紙（提供：佐藤晃太）

**圖 8-42　左：看不出回收卡片的地方在哪裡，故貼上「這裡↓」的標籤／右：標示肉類部位的標籤**

如果對生鮮魚肉或肉類的部位沒有概念，通常不會曉得這裡是哪個部位。如果可以像上面這樣提供相關資訊，會很有幫助。另一方面，如果新進的工讀生常記不得肉的部位，這個方法或許也能派上用場

圖 8-43　咖啡機

以 DIY 方式改善爛 UI 最好懂的案例，想必是日本 7-11 便利商店的咖啡機吧（上圖）。這台咖啡機上面標示了大型的 R 與 L 字體，讓人看不懂是什麼意思（例如誤以為 R 是右，L 是左），其實是 REGULAR 與 LARGE。這種表現方式對日本人來說一點也不友善，所以相繼出現不會用的人。當初怎麼會訂購這台咖啡機不得而知，這個爛 UI 也不確定是誰造成的（比方說，原本這台機器是設計成給店員操作，熟悉操作步驟的人就能順利使用，卻因為某些緣故，直接讓不熟悉機器的客人來操作，才會造成問題）。因為這樣，我試著觀察各個門市如何改善這台咖啡機，發現大家都非常用心，十分有意思，建議你可以去便利商店門市觀察看看[8]。

說到尋找爛 UI，剛開始可能會覺得很困難，可是有個簡單的方法可以找到「曾經是」的爛 UI，那就是試著找看看 UI 附近是否有後來貼上去的說明。如果發現補充說明，這個 UI 極有可能曾經是讓人傷腦筋的爛 UI（不過也有可能是在設計階段就決定要貼上說明，以追加說明為前提的 UI，所以必須特別注意）。偶爾我們也會發現，有時貼上了說明，反而造成更混亂的情況。我想既然花了時間做，就一定要徹底改進。

有些人或許認為「貼上 TEPRA[9] 就輸了」，但是我想也有以讓人貼上標籤為前提來設計的 UI。事實上，考量到各種狀況以及形形色色的使用者，就會發現，解決的方法未必只有一種。例如，60 歲以上的使用者及 10 歲以下的使用者，要求的重點會不一樣吧！這種時候，可能會採取在按鈕的周圍預留空間，讓他們貼上說明標籤，或事先附上幾張標籤的方法。

另外，在 3D 列印機或雷射切割機等科技普及後，應該可以比現在更輕易地改善看板、標誌、把手、按鈕等。有了 3D 印表機或雷射切割機，只要準備材料及設計圖，任何人都能輕鬆製作出高品質的物品，因此可以期待做出不錯的效果。但是萬一製作出奇怪的標誌或難用的把手，也可能衍生出安全方面的問題。這種狀況今後將如何演變，我身為爛 UI 收集者，一定會拭目以待。

撇開其他方面不提，這種現場人員自己動手維護爛 UI 的作法非常有趣，所以希望你也一併注意在各個 UI 現場的「改善」行為。

8　「セブンカフェの様子（暫譯：小七的咖啡機）」（http://sevencafecoffeemakeradhocsignage.tumblr.com）
9　KING JIM 股份有限公司推出的標籤列印機

# 重點整理

從本章介紹的各種爛 UI 的案例中，想必你應該瞭解維護 UI 的重要性了吧？

隨著時代變遷、文化演進，UI 也必須與時俱進。可是實際上，定期維護 UI 的情況很少見。這與成本考量有關，不過最主要的原因，恐怕是規劃者或製作者對 UI 是否荒廢、耗損、變得無意義，一點都不感興趣吧！希望你在製作／設置 UI 時，可以多加重視該如何讓 UI 維持下去。

即使你沒有機會從零開始製作 UI，也可能有機會修改 UI。比方說去修改過去沿用至今，內容已經不合時宜，而且格式很難瞭解的文件。遇到這種 UI 時，請務必用心去除跟不上時代的多餘部分，盡力將它們調整成好 UI。

如同我在最後一節的介紹，為了讓難懂的 UI 不再令人傷腦筋，變得比較好用，可能會出現用標籤貼紙來維護的機會。此時，希望你能用心思考，該怎麼做才能讓 UI 變得比較容易瞭解。除此之外，也別以為貼上標籤就萬無一失了，如果仍然無法妥善傳達訊息，就得再次思考，並且換上其他合適的標籤。

明治大學的福地健太郎有句名言：「TEPRA 是 UI 的 OK 繃」，我非常認同這種說法。事實上，TEPRA 這類標籤貼紙所扮演的角色，就是來補強 UI 的，請你也一定要注意到這一點。

## 演練、實習

- 我們身邊處處可見「外國人突然大舉來此觀光，而變得很傷腦筋！」的 UI 或標誌。請仔細思考，假如想改善成外國人也能順利使用的 UI 時，該怎麼做才好。
- 請試著找出因為年久失修，而變成爛 UI 的案例，同時一併思考該如何維護。
- 請尋找身邊是否有受到文化變遷的影響而變得難懂的標誌，並且思考應該如何調整。
- 請檢視你身邊的各種申請表格，其中是否仍有時代變遷後，已經不需要的多餘項目。另外，也請找找看用字遣詞不合時宜的 UI，同時一併思考該如何修正。
- 請尋找、收集你身邊貼在 UI 上的說明標籤。想想看，假如沒有那些標籤，感覺如何？另外，請觀察並整理該如何調整標籤。
- 針對你身邊的爛 UI 或本書介紹的各種爛 UI，請思考貼上何種標籤才能解決問題。

# 對使用者不友善的爛 UI

你是否曾有這樣的經驗，被要求記住某些內容，而感到很不安？被要求要以文書軟體來計算，或被要求以表格軟體來輸入文件，而覺得忍無可忍？被奇怪的圖表矇騙？

這個世界上到處都充滿著考驗人類記憶力、讓人感到挫折、超出人類能力所及，對使用者不友善的 UI，為什麼會製造出這種 UI？

每個案例的原因都不盡相同。有些可能是發案者沒有深入瞭解，也可能純粹是依照系統的需求而反過來要求使用者。然而，也有些 UI 是心懷不軌，故意提高操作難度的詐欺案例。這些 UI 的共通點是：設計時完全沒有顧慮到使用者，甚至刻意製作出困難的 UI。

本章要以穿插說明的方式，介紹前面幾章尚未提及的「考驗記憶力的爛 UI」、「讓人感到挫折的爛 UI」、「詐騙 UI」等案例。

接下來，敬請收看這些對使用不友善的爛 UI。

# 考驗記憶力的爛 UI

## 旅館的說明：必須鎖上的是哪一扇門？

「接下來，讓我向各位介紹本館的設施。本館有 3 個家庭浴池，其中玄關旁邊是石造浴池，使用這間浴池時，請從內側鎖門。接下來，走進玄關，往這裡轉進去，前面是檜木浴池。這間浴池的門不用上鎖，只要鎖裡面這道門。接下來往上到達二樓，這裡是露天浴池。這裡請鎖上入口大門的門鎖，而不是裡面的鎖。請利用這裡的燈號，確認您可以使用的家庭浴池。有人使用就會亮燈，無人使用時燈會熄滅。另外，房間內用晚餐的時間是 7 點開始。當您準備完畢，請聯絡 7 號櫃台。早餐是從早上 8 點開始，在一樓的『梅廳』供應。我們會打電話聯絡，當您接到電話時，請移動到『梅廳』用餐。」

以上是我投宿某旅館時，旅館人員一口氣講完的介紹內容（我大略記下）。請問，一定要上鎖的是哪間浴池的哪扇門？吃晚餐時，要等待電話通知嗎？還是必須由我們打電話聯絡？早餐又是如何？我和太太都聽得一頭霧水，「使用浴池時是…，吃晚餐時要怎麼做？」實在很頭痛。

內容非常複雜，我們猜想房間內可能有上述資料的說明，可是也沒找到，非常傷腦筋（而且每間浴場要鎖的門不一樣，似乎是因為顯示使用與否的燈號，只與部分門鎖連動的關係）。

人類的記憶力有限。可以瞬間記住電話號碼、房間號碼等記憶區域稱作「短期工作記憶」，這裡的記憶頂多只有 20～30 秒，而且可記憶的數量也只有 4 個記憶區塊（chunk）[1]。記憶區塊是人類認知資料的單位，舉個例子，請在 10 秒內記住以下的數字。10 秒後，請蓋住數字，不要看任何地方，唸出來或寫下這些數字：

315646495963

結果如何？你有正確地記住全部的數字嗎？接下來，請再次記憶以下顯示的數字，按照相同步驟，對空唸出數字或寫在紙上。

| 扇依舞溜 | 似溜似久 | 舞久留扇 |
|---|---|---|
| 3156 | 4649 | 5963 |

這次應該有比較多人可以答出來了吧！單純將 12 個數字排在一起時，大腦需要 12 個記憶區塊；如果分成「3156」、「4649」、「5963」之後，記憶對象變成 3 個記憶區塊，而能充分記憶。我們常用諧音來記住歷史上發生的事情，或背誦元素週期表，這也是為了要利用諧音來減少記憶區塊的緣故。

換句話說，「3 間浴場要上鎖的大門不同」、「晚餐必須由我們主動打電話，早餐是等電話通知」等等，一次聽到各種內容，已經超過可記憶的區塊量，所以使用者一點都記不起來。

提供資訊也是一種 UI，必須徹底思考一般人如何接收資訊、怎麼整理收到的資訊、又是如何記憶。另外，先以對方記不住為前提，準備好說明內容，並且告知「詳細內容都整理在這張紙上」，這樣會比較週到。

當你成為資訊提供者時，若能回想起這個案例，並且幫上你的忙，我會很高興的。

1 《了解「人」，你才知道怎麼設計！一洞悉設計的 100 個感知密碼》、Susan Weinschenk（著）、謝靜玫（譯）、旗標出版

## 餐點的名稱：想買的是哪份餐點？

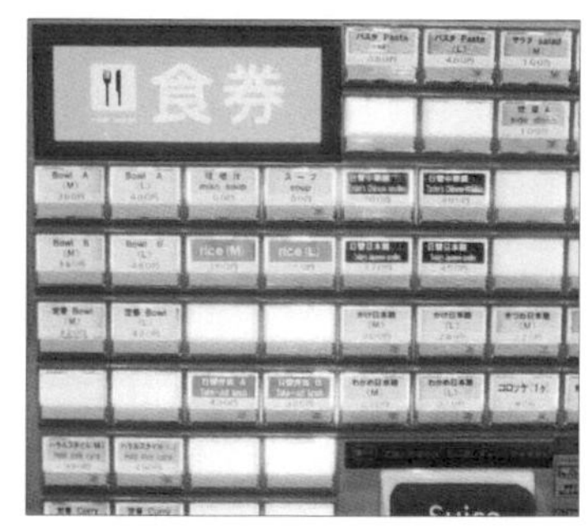


圖 9-1　左：餐點說明板／右：餐券自動售票機。要買的餐點是售票機中的哪一個？

這間大學的餐廳裡，經常準備「每日特餐 Bowl A」、「每日特餐 Bowl B」、「標準 Bowl」、「每日特餐中華麵」等約 10 種餐點，當天的每日特餐 Bowl A 及 B、標準 Bowl 都以簡單明瞭的方式列出餐點內容，如上圖（左）所示，而售票機如上圖（右）所示。

乍看之下似乎沒有問題，可是當我一如往常站在售票機前，卻不曉得自己想買的餐點是哪一個按鈕。由於我決定要吃的餐點時，只記得「牛肉蛋包飯」、「夏威夷米漢堡」等名稱，因此看到餐券售票機上的「Bowl A」、「Bowl B」、「標準 Bowl」按鈕，根本不曉得兩者的配對關係。除了我之外，有相同煩惱的人應該很多，所以在這台售票機前，經常大排長龍。

不過，有一天當我踏進這間餐廳時，發現餐券的介面已經改善，如下圖（左）所示。上面貼了餐點的照片，不用再記哪個餐點對應哪種餐券。看到這份用心，可以感受到店家想改善不便 UI 的心意，我覺得很高興。

其他還有同樣願意花心思改善 UI 的商店（下圖右），我覺得很了不起。儘管仍有資料量過多的問題，但是對於記憶力不好的人來說，不讓人費心記憶的貼心作法，實在值得感謝。

前面也曾提過，人類的記憶（短期工作記憶）非常短暫，而且很難記住類似的東西。所以這些改善方法就能發揮效果。但是如果放入太多資訊，也會讓按鈕不易辨識，必須特別注意。

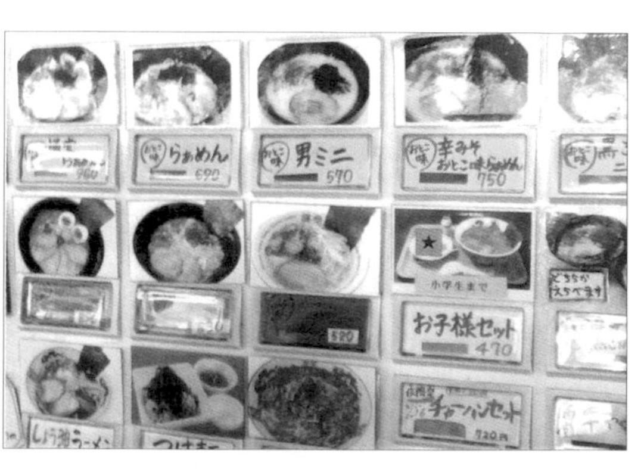


**圖 9-2　左：貼上餐點的照片！／右：沖繩某拉麵店的餐券售票機**

左：這樣站在售票機前，就不用煩惱。但是每天換標籤，很花時間，而且實在很辛苦…／右：在全部的按鈕貼上對應餐點名稱的照片。這樣不僅不用記住上次愛吃的餐點名稱，而且不曉得餐點有什麼內容時，也很有幫助。對外國使用者而言，可說是非常方便的 UI

## 申請年金：別忘了 23 年後來申請年金！

平成 25 年 2 月 12 日

情報学研究科
中村　聡史　先生

＊＊＊＊＊＊＊＊
＊＊＊＊＊

退職届提出のお願い

H25.3.31 付けで情報学研究科特定准教授（特別教員研究）を退職されるに際し、同封いたしました「退職届」の提出をお願いします。
この書類は、現在加入中の年金期間を"文部科学省共済組合"に対して届け出るためのものです。
退職後に連絡が可能な住所をご記入いただき署名捺印の上、＊＊＊＊＊＊＊＊＊までご返送いただきますようお願いします。

なお、在職された期間については、文部科学省共済組合（国家公務員共済組合）加入期間となり、年金受給権が発生した際（60 歳）に厚生年金とは別に請求いただくことになります。
また、厚生年金や国民年金のように年金手帳を発行していませんので、退職時の＊＊大学所属部局（現大学院情報学研究科）に連絡願い、手続を請求していただく必要があります。参考として、この期間の人事記録（発令記録）をお送りします。
署名・押印後の退職届のコピーを取り、人事記録と併せて記録保管されることをおすすめします。

圖 9-3　年金受領權產生時（60 歲），請與厚生年金分開申請

在我離開前一份工作時，總務人員交給我一份如上圖的文件，並且要求我提出辭呈。

辭呈本身沒有問題，但是我被這份文件內的某些內容吸引了。第三段提到「另外，在職期間為文部科學省共濟組合（國家公務員共濟組合）的加保期間，年金受領權產生時（60 歲），必須與厚生年金分開申請。」、「請拿著簽名、蓋印後的辭呈影本，與人事記錄一起完成流程。」

沒想到竟然要我在 23 年後自己去申請年金，總務人員與我聯絡時說：「我們不會聯絡您，所以請老師您自行申請。另外，屆時會用這份資料，也請妥善保管。」

試問，過了 23 年之後，有多少人還會記得？即使在目前的電腦或智慧型手機內，輸入 23 年後的代辦事項「要申請年金！」，等到 23 年之後，這部電腦或這支智慧型手機恐怕也沒有在用了吧！就算是利用其他有提醒功能的服務，23 年後極有可能也無法使用（想想看，在 23 年前，網際網路一點都不普及，而且幾乎沒有人擁有手機）。另外，我也沒自信可以保管這張書面資料超過 20 年。

如果要成為長期性記憶，就得反覆「排練」（例如背誦歷史事件及年號），否則人類無法固定記憶。另外，即使成功成為長期記憶，要想起這段記憶也不容易，所以最好別像這樣考驗人類記憶的極限。真希望有人可以製作出符合長期記憶需求的提醒 UI（畢竟，我想這種事也不適合全都交給前公司管理吧…）。

## 認證用的安全性問題：50 年前，你第一次烹調的料理是？

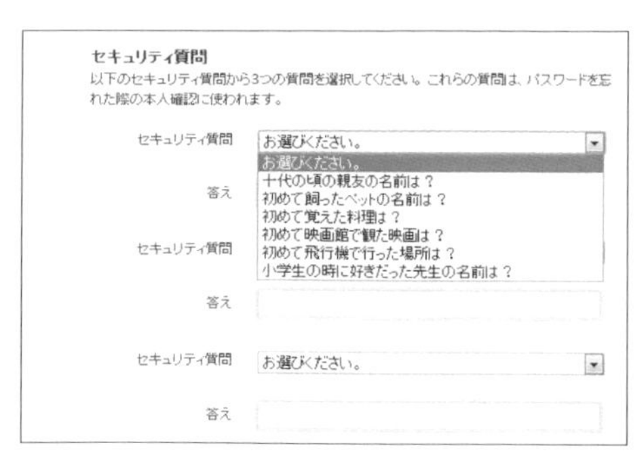




圖 9-4　各種各樣的安全性問題

為了和不擅長使用電腦的爸媽聯繫，我使用 Facebook、Skype、LINE 等服務當作家人間的溝通工具，同時送他們一部可上網及拍照的平板電腦。當初經過評估，我購買了 iPad mini，並先幫他們設定好。雖然有些小地方操作卡住（我在第一章有提過，不太容易從拍照切換成錄影），但是他們使用得非常愉快，我也覺得很開心。

然而，在我設定 iPad 時，也遇到一些問題。購買 iPad 等 iOS 系統的裝置後，開始設定時，需要先建立 Apple ID 帳號。儘管建立帳號很麻煩，但也無可奈何，只能由我來代為設定（應該有很多人因為無法建立帳號而放棄吧！設定過程的背後竟然隱藏著這種危險性…）。

以下是我設定時遇到的狀況。忘記密碼時會出現「祕密提示問題」（上圖左），這些問題都很難回答，我整理問題與我爸媽的回答如下所示（引號內是爸媽的回答、括弧內是我的回答）。

- 十幾歲時的好友名字…「都快 50 年前的事情，根本不記得」（我也記不住，而且十幾歲的範圍太廣泛了吧）。
- 第一次養的寵物叫什麼名字…「我沒養過寵物啊！」（同樣我也沒養）。
- 第一次烹調的料理…「誰記得 50 年前的事啊！」（這種小事我也不記得，而且「烹調的料理」定義很模糊，到底誰答得出來？）
- 第一次在電影院看的電影…「這麼久以前的事情誰記得啊？」（我當然沒印象）
- 第一次搭飛機前往的地方…「根本不記得這麼久的事情」（幸好我答的出來，可是覺得這樣都沒有祕密了耶…）
- 小學時期喜歡的老師…「我根本記不得小學老師的名字…」（我印象中沒有這種老師，而且我只記得一位老師的名字…）

如果可以自訂題目就算了，但是根本沒辦法這麼做，結果只好隨便亂答，然後要在記錄重要事項的手帳裡，和密碼寫在一起。這樣完全失去密碼及祕密提示問題的意義啊，真是可悲。對於這類問題，我實在是覺得毫無意義。

上圖（右）也是某系統的安全性提問，幾乎沒有我能回答的題目，而且答得出來的題目，只要搜尋社群網站就可以找到（這種提問大部分可以從社群網站上的公開資料中得知。例如「今天為了幫妹妹慶生，所以全家一起聚餐」，一旦發布了這種資訊，就知道妹妹的生日了）。另外還問「初戀女友或前男友的名字」這種在人家傷口撒鹽的問題，也同樣令人困擾。

提出這種問題時，希望可以多加思考回答的可能性。假如有一天換成由你來設計這些問題，請你一定要考慮到使用者的感受。

# 讓人感到挫折的爛 UI

## 輸入數值的方法：誤植為 3 兆日圓是誰的錯？

療養費支給額入力インタフェース

*必須

支給対象者氏名 * 支付對象

療養費の支給年 * 療養費支付年

療養費の支給月 * 療養費支付月

療養費支給額欄 * 療養費支付金額

送信 送出

療養費支給額入力インタフェース

*必須

支給対象者氏名 *

中村聡史

療養費の支給年 *

2013

療養費の支給月 *

8

療養費支給額欄(円) *

1351

送信

圖 9-5 左：輸入療養費支付金額的UI（模擬）／右：已輸入療養費支付金額的 UI 範例

爛 UI 不只與設計師、工程師等製作者有關，更是與每個人都息息相關的切身問題，如同前面我多次說明過的，思考造成爛 UI 的理由以及對策非常重要。以下要介紹的是實際引發問題的案例，希望讓大家更深刻地瞭解這一點，。

首先請參考由我模擬出來的問題系統介面，這是一個虛擬表格（上圖左）。在這個表格中，假設「支付對象」是「中村聰史」，「療養費支付年月」是「2013 年 8 月」、「療養費支付金額」是「1351 日圓」，該如何輸入？如果沒有寫出注意事項，大部分的人都會和上圖（右）的表格一樣輸入吧？這樣會有什麼後果呢？請參考以下由朝日新聞對這個事件的相關報導。

> 東京都區市町村的高齡者醫療機構於 16 日公開承認，寄送 1 萬 879 份療養費通知書時，寄出了超出實際支付金額數十億倍的誤植內容。實際的支付金額只有 1351 日圓，卻出現多了 10 個零，變成「3510000000000」的數字，亦即誤植成 3 兆 5100 億日圓的案例。
>
> 該機構表示，誤植的部分是按照高齡者醫療制度來計算，於 4 月份發出的醫療費通知書。在 15 日發出的 5 萬 4009 份資料中，送達部分大田區、足立、葛飾、江戶川各區的金額都發生錯誤。實際上會支付正確金額給遭到誤植者。
>
> 該機構表示，這是員工在製作通知書時，電腦操作方式錯誤，在「支付金額」欄應輸入 13 位數字，例如 1351 日圓，必須在千位的「1」前面輸入 9 個零，輸入時卻疏忽了這一點，使得資料處理過程中，千位的「1」後面加了 10 個零。支付日期若是「8月」，應輸入「08」，卻忘記輸入零而變成「80 月」的情況也不少[2]。

我摘錄重點如下：

- 製作通知書時，員工操作電腦的方式錯誤。
- 「支付金額」欄應輸入 13 位數字，支付 1351 日圓時，「1」前面必須輸入 9 個零。
- 支付月如果是「8 月」，應輸入「08」。

2 資料來源：2011 年 8 月 17 日的朝日新聞數位版

**療養費支給額入力インタフェース**

*必須

支給対象者氏名 *
中村聡史　支付對象

療養費の支給年 *
2013　療養費支付年

療養費の支給月 *
08　療養費支付月

療養費支給額欄(円) *
0000000001351　療養費支付金額

送信　送出

**療養費支給額入力インタフェース**

*必須

支給対象者氏名 *
中村聡史

療養費の支給年 *
2013

療養費の支給月 *
1月の場合は「01」とするなど必ず2桁で入力してください.
08

療養費支給額欄(円) *
必ず13桁で入力するようにし，存在しない桁は「0」で埋めてください
0000000001351

送信

圖 9-6　左：2013 年 8 月 0000000001351 日圓／右：在表格中加上注意事項

當你看到這則報導時，有什麼感覺？「因為操作錯誤而引發這種問題，這個員工實在很糟糕！」、「上緊發條吧！」應該有人這麼想吧！可是，請先別下定論。根據報導的內容，這個系統必須按照上圖（左）所示來輸入資料。

照理來說，應該提供讓人學習如何輸入資料的使用說明，可是畫面上沒有任何說明，使用者很難想到用這種方式輸入資料。因此應該如上圖（右）所示，在各欄位加上說明內容。

請問，看到這個輸入結果，你有什麼感覺？仍然覺得「會輸入錯誤實在很離譜！」還是認為「這個系統有點奇怪吧？」

我原本也以為怎麼可能有這種 UI 存在。療養費的支付金額應該沒有機會輸入以兆為單位的數字，而且系統只要讓金額齊右，就不致於產生問題。另外，金額問題尚且說得過去，可是「80」月根本不存在這個世上，所以輸入「8」，卻當作「80」處理，這種系統怎麼說都不合理。

人類本來就是會犯錯的生物，要期望別人正確地使用容易犯錯的介面，才有問題。

關於這種案例，看起來似乎發案者、接案的公司、交貨及驗收者都有疏失。假如記者的報導角度改成「接受這種不合常理的 UI，根本有問題！」或許可以改變世人對 UI 的看法。

因此，我認為負責輸入資料的員工完全沒有責任，這只是一個爛 UI 案例。另外，聽說這件事經過調查之後，發現支付給高齡者的療養費，從制定法律開始到實施為止，時間很倉促，而且主要的計算系統是由國家委託開發，即使公告規格的時間大幅落後，地方政府卻得趕上進度，繼續準備。換句話說，儘管上面交待下來的交期很急迫，也不管有很多事情還沒確定，或是需要變更規格，卻把所有的善後工作全都推給開發及運用的人，真是令人感到同情的案例[3]。

暫且不提剛才的內容，就以人類是會犯錯的生物來說，避免對使用者提出諸多要求，盡量由系統端負責處理問題，確實非常重要。對於系統而言，要自動填入多少個零，是易如反掌的步驟。所以站在減輕使用者的負擔，減少輸入錯誤的角度來看，應該想方設法做到這一點。

另外，這種有一定完成度的系統，常有「希望設計得比較容易使用」而委託設計師負責改善的案件，但是設計者只能讓外觀變得好看而已。假如想建構出站在使用者立場的系統，應該一開始就把使用者加進來，一同開會討論。

3　以「後期高齢者医療 電算（後期高齢者醫療 電算）」或「後期高齢者医療 UI（後期高齢者醫療 介面）」等關鍵字搜尋網頁，可以找到很多資料，難怪系統開發者覺得很悶了。

## 爛 UI 申請書：請輸入正確的內容！

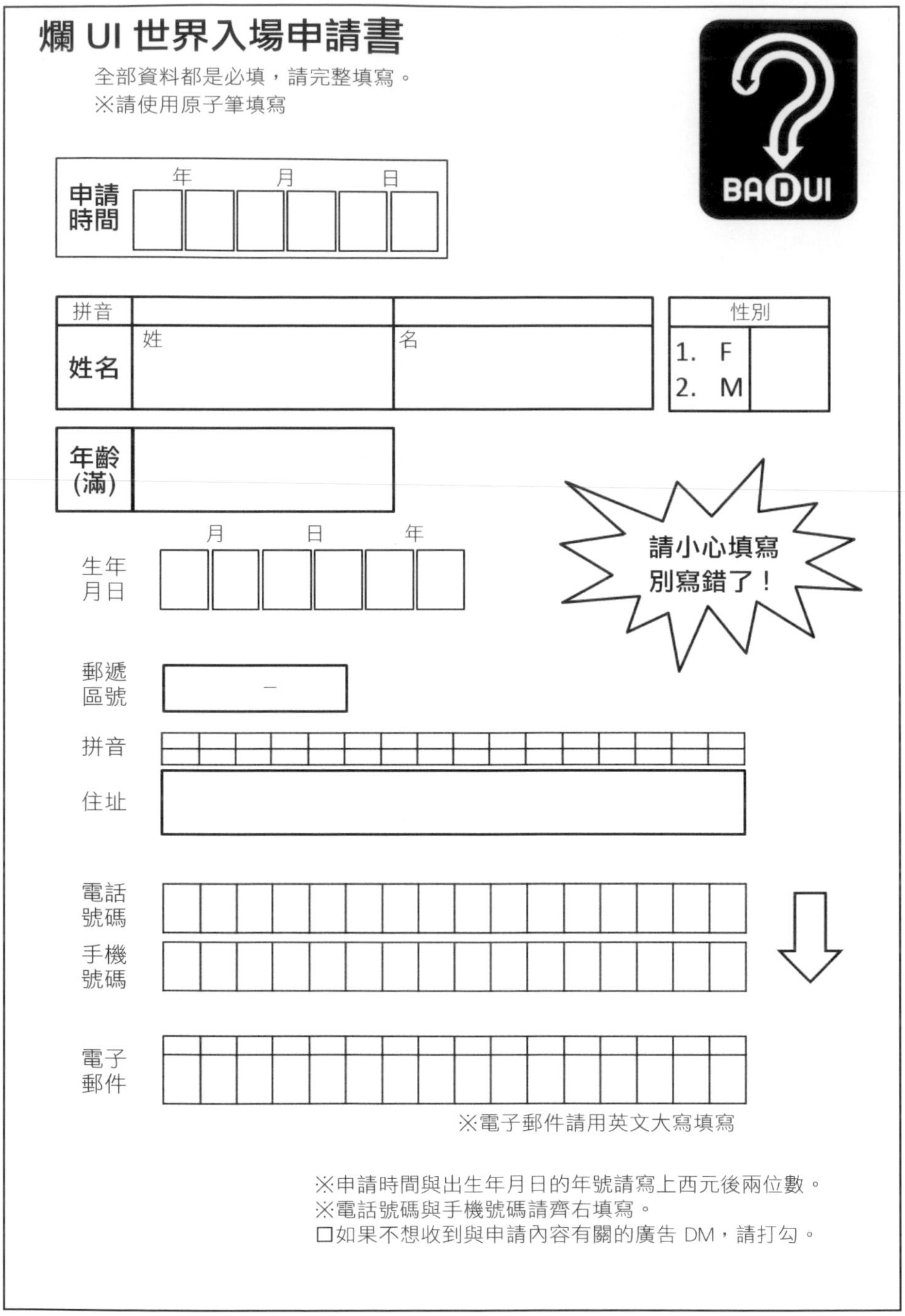

# 爛 UI 世界入場申請書

全部資料都是必填，請完整填寫。
※請使用原子筆填寫

BADUI

申請時間 年 月 日

| 拼音 | | | 性別 |
|---|---|---|---|
| 姓名 | 姓 | 名 | 1. F<br>2. M |

年齡(滿)

生年月日 月 日 年

請小心填寫
別寫錯了！

郵遞區號 －

拼音

住址

電話號碼

手機號碼

電子郵件

※電子郵件請用英文大寫填寫

※申請時間與出生年月日的年號請寫上西元後兩位數。
※電話號碼與手機號碼請齊右填寫。
☐如果不想收到與申請內容有關的廣告 DM，請打勾。

圖 9-7 爛 UI 世界入場申請書

你是否有過這種經驗，在辦理學校、公司、政府機關的手續時，被手寫表格困擾。稍不注意就會寫錯內容，只好不斷劃刪除線＋蓋印鑑來修正，或再拿一份重新填寫，以為沒有問題了，交給櫃台人員，又被指出錯誤⋯。

前頁的表格是本書前言出現過的表格，這是我集各種「表格問題」之大成的爛 UI 申請書，在我的網站[4]上面也有這個範例。你可以實際列印出來填寫看看，不用花太多時間，花個 3～5 分鐘就可以寫好。我們來看看，究竟有多少人可以不出錯，正確填寫完畢呢？

這裡面有沒有令你困惑的地方？我先針對可能寫錯的部分，說明如下。

- 申請日期的填寫順序是「年、月、日」，年是 2 位數，讓人想要寫上民國年份，其實卻規定要寫上西元後面的 2 位數（請參考申請書最下層的※說明）
- 姓名的填寫順序是先寫名、後寫姓。如果以「中村聰史」為例，必須輸入「聰史」「中村」（在英文申請書中，順序為 First Name – Last Name，這應該是直接沿用的結果）
- 性別是以「Female＝女性」、「Male ＝男性」的頭一個字母「F」、「M」來表示。首先你必須記住這兩個單字，這對有些人來說並不容易。此外，表格內只列出這兩個單字的第一個英文字母，而且在表格中，必須寫上數字（例如若是男性，不能寫「M」，而是要寫「2」）
- 年齡部分的「（滿）」到底是什麼意思？這實在讓人感到困擾。另外，也有人搞不清楚「滿」多少年齡要怎麼定義
- 出生年月日的年，和申請日期一樣，都必須寫上西元的後 2 位數字。但是，年月日一定要按照「月－日－年」的順序填寫（與申請日期類似的格式，順序卻不一樣，這裡不但不友善，還有一貫性的問題）
- 郵遞區號乍看之下沒問題，可是連字號後面的空間很窄。我想應該是沿用到日本過去的郵遞區號輸入格式[5]
- 填寫住址的欄位沒有太大問題，但是只有一行，不容易填寫
- 電話號碼與行動電話的欄位一般是靠左對齊，但是讀到最下段的※，卻發現「電話號碼與手機號碼請齊右填寫」，所以必須靠右（又沒有說明號碼中間需不需要寫連字號，難道兩種都可以？）
- 電子郵件必須以大寫填寫，電子郵件沒有大小寫的區別，但是一般是用小寫，已經養成習慣的人，愈容易寫錯。另外，輸入電子郵件的字數也不夠[6]。
- 在表格的最下面「如果不想收到與申請內容有關的廣告 DM，請打勾。」如果忘記打勾，就會收到各種廣告信。從隱藏在說明內容的勾選欄位中，感覺到欺騙的意圖[7]。

你覺得如何？我在研討會上，把這份申請書發給學生，請大家用原子筆填寫，至少有 200 人以上參加挑戰，但是至今仍然沒有一個人可以正確填寫完畢，甚至還有人全都寫錯。把這種表格當作觀察對象的確非常有趣，但是當你自己要填寫時，應該不希望遇到這種表格吧！

4 http://badui.info/badui_form.pdf

5 在 1998 年變成 7 碼之前，日本的郵遞區號是連字號前面為 3 碼，後面是 2 碼，共計 5 碼的數字。

6 提出這種要求的，若是非 IT 產業的公司就罷了，但其實這是某家 IT 類企業送來的表格上出現的。這樣做可能是為了避免寫錯，但是沒想到資訊通訊類的企業，竟然也會提出這種要求，實在令人感到震驚⋯。

7 網站上的預約服務或購物系統中，在「願意收到電子報」之類的欄位，通常是預設成勾選狀態，如果沒有特別注意而取消這個項目，以後就會不斷收到系統寄來的電子報。

## 表格的製作時間與工作時間

| Application form | |
|---|---|
| Date of Application | |
| First Name | |
| Middle Name | |
| Last Name | |
| Address | |
| Phone Number | |
| E-mail Address | |
| Date of Birth | (dd/mm/yyyy) |
| Signature | |

| 申請表格 | |
|---|---|
| 申請時間 | |
| 名 | |
| | |
| 姓 | |
| 地址 | |
| 電話號碼 | |
| E-mail | |
| 生日 | (dd/mm/yyyy) |
| 簽章 | |

**圖 9-8　左：原始文件／右：沿用左邊文件的格式，製作成中文申請書**

「First Name」與 「Last Name」是直接翻譯英文，很多人會寫錯。另外，英文表格的「名」後面還有「中間名」（Middle Name）的空位，導致有些人會誤把姓名全都寫在「名」的欄位內

前面提到這些有問題的表格，幾乎都不是專業設計師製作的，而是事務、總務人員或與該業務無關的人，因為主管交代才做出來的。所以我要再重申一次，絕對不只有專業設計師或工程師才會製作出爛 UI。現在大家利用 Word 或 Excel 等軟體就可以輕鬆地做出表格，以便宜的印表機大量印刷，因此任何人都可能做出爛 UI。正因為如此，每個人才更要注意爛 UI、發現爛 UI 的存在、觀察並思考該如何改善，想出該怎麼做才能避免成為爛 UI，這件事變得非常重要。

假設主管要你製作一份表格給 10 位員工填寫，該怎麼做呢？這裡假設被指派要做表格的是 A 君，他決定沿用公司舊有的英文表格（如圖左），只改了幾個項目，花10 分鐘就完成了（上圖右），然後列印出來發給 10 個人。

這 10 個人平均填寫表格的時間為 5 分鐘（上圖的表格是最簡單的，你也可以多多思考是否有其他需要填寫的欄位）。之後，A 君向這 10 個人收回表格、確認結果。由於裡面有容易填錯的欄位，有 5 份表格出現填寫不完整、填錯的情況。於是，A 君在這 5 位填寫者的表格中註明要修改的地方，再請對方修正。每份表格確認時間平均花 1 分鐘，對每個人提出修改指示平均花 2 分鐘，每個人修改的時間平均花 3 分鐘。這種情況下，A 君從開始執行工作到完全結束為止，實際的時間（列印、發送等時間不算在內）共計 43 分鐘，A 君自己的工作時間合計為 35 分鐘，A 君與 10 個人的總計工作時間合計為 100 分鐘（如下圖）。

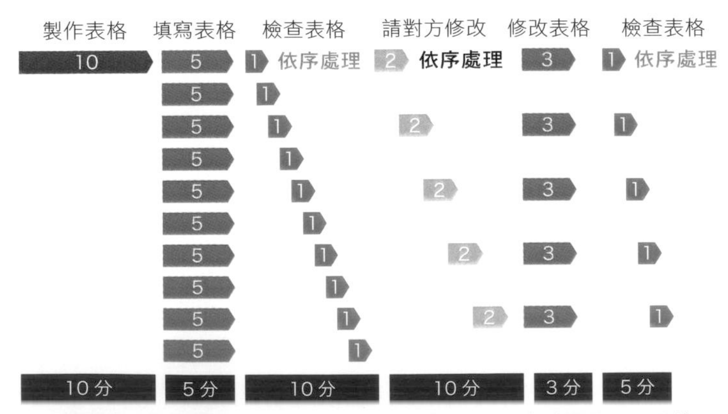


圖 9-9　表格的工作時間統計表

| 申請表格 | | | |
|---|---|---|---|
| 申請時間 | 年 | 月 | 日 |
| 姓名 | 姓 | 名 | ㊞ |
| 地址 | | | |
| 電話 | | | |
| E-mail | | | |
| 誕生日 | 年 | 月 | 日 |

圖 9-10　顧及使用者立場所製作的申請表格

假設 A 君先思考 30 分鐘，再著手製作表格（如上圖），然後發給 10 個人填寫。由於表格比較簡單易懂，填寫時間縮短為平均 4 分鐘，而且這 10 個人中，只有 1 人填寫錯誤，請他修正所花的時間與先前差不多。這樣一來， A 君從開始執行到完成所有工作所花的時間是 50 分鐘，A 君自己的工作時間是 43 分鐘，A 君＋10 個人的總計工作時間則是 86 分鐘（如下圖）。

實際的工作時間稍微拉長，而 A 君的工作時間也增加 8 分鐘，但是總計工作時間卻能縮短 14 分鐘。我為了方便解釋，在這個案例中只設定了 10 個人，假如變成 100 個人會如何？

如果文件要發給 100 個人填寫，則改善前的實際時間是 268 分鐘，總計工作時間是 910 分鐘；改善後的實際時間是 167 分鐘，總計工作時間是 590 分鐘。換言之，全公司的工作時間會從 910 分鐘縮短為 590 分鐘！而 A 君自己的工作時間也從 260 分鐘縮短成 160 分鐘。

因為表格製作者多想了 20 分鐘，公司就能節省 320 分鐘（5 小時 20 分鐘）。假設 A 君想了 30 分鐘，並且花 1 個小時好好製作表格，讓每個人填寫表格的時間縮短 1 分鐘，總計工作時間就可以縮短 1 個小時以上。

當然，世界上的事情沒有這麼單純，實際要縮短這 1 分鐘並不容易，要減少寫錯的人數也不簡單。可是，只要稍微停下腳步，思考自己製作的表格在別人眼裡是否容易填寫，就可以減少寫錯的人數，提升整個公司的工作效率。而且，如果填寫表格的人數超過 100 人，最好先製作出草稿，請幾位同事填填看，確認有無容易弄錯的部分，再大量印刷（快速列印）。萬一製作出容易寫錯的表格，也請拿出勇氣修正，才能減少後續的訂正錯誤等等不必要的工作。

請你製作表格時務必注意到上述這些重點。我由衷期盼世界上可以少一些令人困擾的表格。

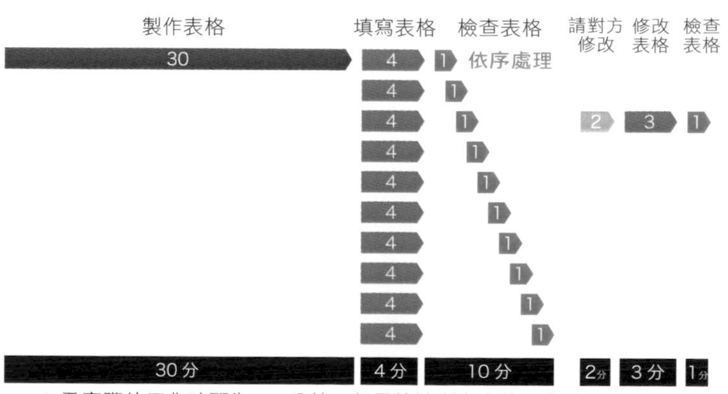


圖 9-11　A 君花 30 分鐘製作出容易瞭解的表格，所發生的改變

## 驗證碼：你不是人！

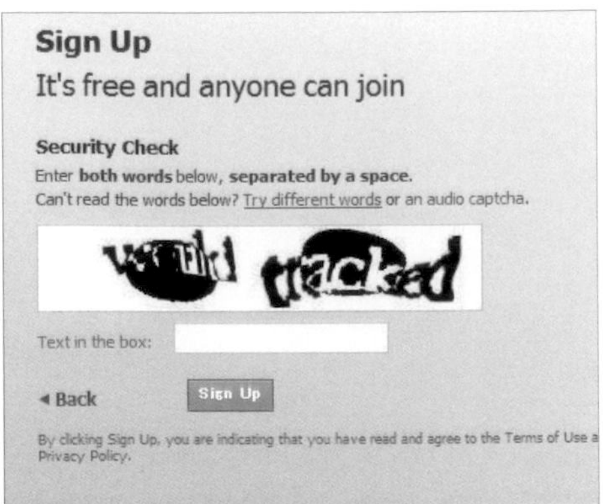


圖 9-12　左：Twitter 的驗證碼（提供：村田憲祐、2013 年 1 月）／
右：Facebook 的 驗證碼（2013 年 1 月）

許多網路服務例如註冊帳號、在部落格留言時，都會要求輸入「驗證碼」（CAPTCHA）[8]，網站導入這種功能後，會提出人類可以理解，但是電腦難以分析的問題，如果答案正確，就可以判斷目前是人在操作系統，防止垃圾帳號入侵（「垃圾帳號」是指電腦自動產生的偽帳號，常用於詐騙等非法行為）。

舉例來說，上圖（左）是在 Twitter 帳號註冊時出現的驗證碼認證、上圖（右）是在 Facebook 帳號註冊時出現的驗證碼認證，兩者都會要求使用者輸入和顯示內容一樣的文字。

驗證碼的強度（難度）越高，電腦就越沒有辦法自動分析，因此為了達到「防止有心人士用程式大量註冊垃圾帳號」的目的，難度就很重要。可是伴隨而來的是，有些驗證碼可能連人類都看不懂。結果本來要由人類使用的系統，卻可能讓人無法使用，這樣就本末倒置了。

其實連我也常常輸入失敗的驗證碼，有時候甚至會覺得很麻煩，乾脆放棄註冊。另外，我有個朋友對電腦不太熟悉，當他遇到要求輸入驗證碼的時候，都會直接放棄使用該服務。

維護網站的服務品質，避免受到自動留言程式攻擊，這固然非常重要，但是現在也出現了可以破解驗證碼的自動留言程式。此外，驗證碼也無法抵擋人海戰術的攻擊（故意讓驗證碼判斷大量人數），想到這裡，讓人不禁要問：難道沒有更好的方法嗎？這樣惡性循環下去，到最後只會產生人類無法使用的系統。而且這種系統還會過濾掉所有怕麻煩的人。

每次我弄錯驗證碼顯示的內容，認證系統就會判斷說：「連這種內容也無法判讀，你不是人吧！」看到這種結果，實在是太可悲了。其實上面這兩張圖的案例，我都看不出來到底在寫什麼東西，我可能不是人吧…。

目前已經有些單位正在研究「只要點一下，就可以判斷是人類還是電腦」的驗證碼[9]，希望對人類不友善的認證碼可以早日消失。

8　Completely Automated Public Turing test to tell Computers and Humans Apart（全自動區分電腦和人類的公開圖靈測試）之簡稱。

9　http://www.google.com/recaptcha/intro/

## 切換選單及傳送按鈕：為什麼文字還沒打完就傳出去了？

圖 9-13　輸入日文平假名「へんかん」，要選擇漢字「變換」時的情況。
為什麼字才打到一半，就傳出去了？（提供：岩木祐輔）

這世界上有許多原本正常運作的 UI，卻因為畫面大小而變得很難用。以下就為大家介紹。

上圖是在智慧型手機上，輸入日文平假名拼音「へんかん」，之後要從清單中選擇「變換」這個漢字的情況。你有沒有注意到「Send」這個按鈕在「變換」的附近？

提供者表示，他使用這個郵件軟體時，經常發生這種狀況：原本想轉換文字，卻不自覺地誤按「Send」按鈕，明明還在輸入內容，卻把郵件傳送出去了。我想手機的介面受限於空間大小，應該有很多無可奈何的部分，但是與實體按鈕（以前傳統手機上的實體按鈕）相比，虛擬軟體按鈕（顯示於螢幕畫面裡的按鈕）比較容易發生操作錯誤的問題。因此，在安排這種按鈕的位置時，一定要格外小心。

下圖是為了方便敲打鍵盤，而把智慧型手機橫放，讓螢幕旋轉 180 度的狀態。旋轉後，雖然鍵盤變寬了，可是輸入欄卻不見了。

由於 Android 智慧型手機的螢幕尺寸眾多（iOS 在推出 iPhone 6 及 iPhone 6 Plus 後，也逐漸增加尺寸種類），應用程式的開發者很難寫出支援各種螢幕尺寸的程式。當你遇到難用的 Android 應用程式時，請試想這件事多麼困難，或許能緩和你不滿的情緒。不過，如果是官方推出的應用程式，就應該要徹底調整好才對吧…。

圖 9-14　旋轉智慧型手機的螢幕後，輸入欄位竟然不見了。
不過經過改善，現在已經可以輸入了（提供：三吉貴大）

## 緊急出口的重要性：到底該怎麼做才能取消？

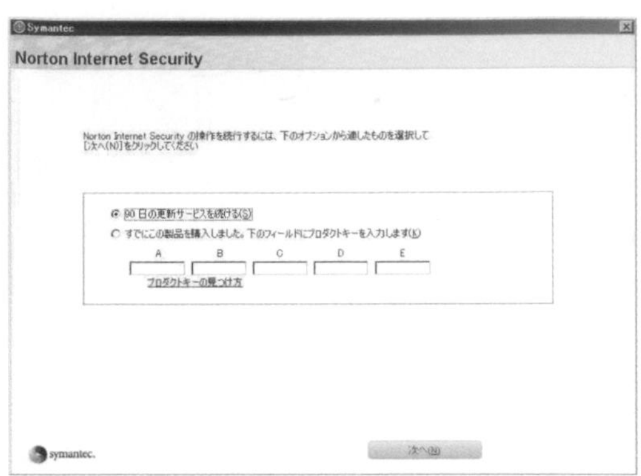


圖 9-15　左：請註冊／右：繼續 90 天的更新服務（2010 年 1 月）

這是某天我設定電腦時遇到的狀況，畫面上出現「您的電腦未受到防毒軟體的保護」的警告訊息（如上圖左）。而且上面顯示「只要再幾個步驟，Norton Internet Security 即可保護您的電腦」，我以為可能會提供短期免費試用的服務，而按了「下一步」按鈕。

結果，畫面變成上圖（右），出現「繼續 90 天的更新服務」或「已經購買產品，請在以下欄位內輸入產品金鑰」的選項。「可能是我購買電腦時，註冊了某個服務，才可以使用這個吧？」「90 天應該是免費使用的吧？」我沒有想太多，又按了「下一步」按鈕。由於完全沒有要求我輸入個人資料或信用卡資料等，在這種情況下，我很容易掉以輕心。

結果按「下一步」鈕後，出現如下圖的畫面。如果要使用現有帳號，必須輸入電子郵件及密碼。我不記得有註冊過帳號，再往下檢視，發現那裡寫著「建立 Norton 帳號」，換句話說，「必須註冊才能使用」。「也對，但是我不想登錄個人資料，真的很麻煩，而且我還有安裝其他防毒軟體...算了」因此，我打算取消註冊。

可是，畫面中竟然沒有「取消」鈕或「上一步」鈕。而且畫面右上角的「×」鈕變成灰色，無法點選。我帶著取消的想法，試著按「下一步」按鈕，卻跳出訊息「您尚未在欄位內輸入金鑰或金鑰錯誤，請修正。」畫面沒有變化。我被困在這個 UI 中，沒有緊急出口可以離開。

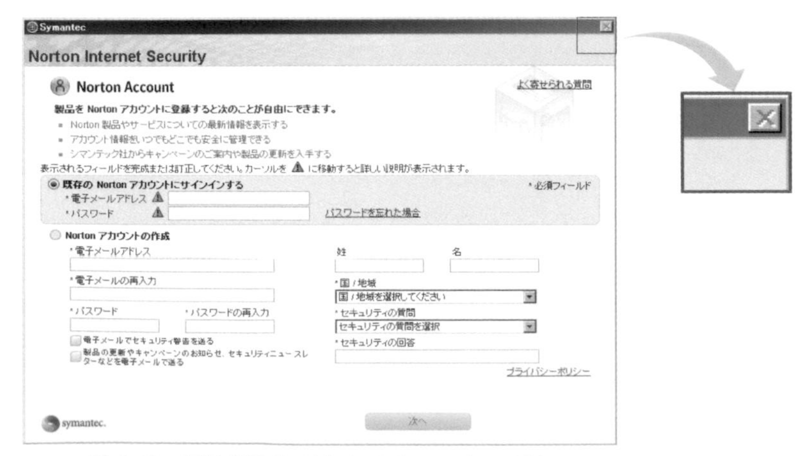


圖 9-16　無法結束的視窗畫面（2010 年 1 月）

結果我只好按下「Ctrl+Alt+Delete」鍵，啟動系統管理員來強制關閉 Norton Internet Security，終於把視窗關掉了。這種沒有設計緊急出口的系統，可說是引發初學者恐慌的典型爛 UI。

設計系統時，非常重要的一點，就是要事先準備讓使用者可以「放棄」的介面。由傑柯柏・尼爾森（Jakob Nielsen）提出，當作可用性檢驗（Usability Check）方針的「十大可用性原則」規範中，包括了「使用者的操控自由」原則，其中清楚寫出「請準備緊急出口」[10]（關於十大可用性原則，將在本章結尾詳細說明）。所謂的「緊急出口」，就是當使用者想要放棄目前執行的步驟時，隨時都可以輕易取消的功能。比方說，在網站註冊會員時，如果要中止註冊步驟，不需要完成註冊，只要關掉網頁，就可以取消。另外，使用智慧型手機寫信的途中，突然想要打電話給朋友時，只要按下「Home」鍵，就能回到首頁，叫出聯絡資訊。這類緊急出口的設計，可以減輕使用者的不安，是非常重要的功能。

說到緊急出口，有很多令人傷腦筋的爛 UI，一旦要放棄申請時，都會非常麻煩。你應該也有過這樣的經驗吧？不小心申請了電子報服務或某些付費會員，要取消時，步驟多到令人頭疼。下圖（左）是在取消某付費服務時出現的問卷調查表格。問卷內容非常冗長，想要跳過幾題，系統卻要求一定得答完所有題目。無奈之下，只得耐著性子回答問題，最後出現的是下圖（右）「請再次註冊！」的畫面。放棄註冊竟然這麼麻煩，到底有多少人會想要再次註冊呢…？而且這個系統雖說月底之前免費，卻不會自動解約，如果不小心忘記解約，下個月就要開始付錢了吧！

如果是免費的服務，這麼做也無可厚非，可是這是付費服務，我認為至少要提供可以輕鬆離開的方法才對。就像這樣，當你在設計任何 UI 時，請務必要準備緊急出口。

10 《Usability Engineering》Jakob Nielsen（著）

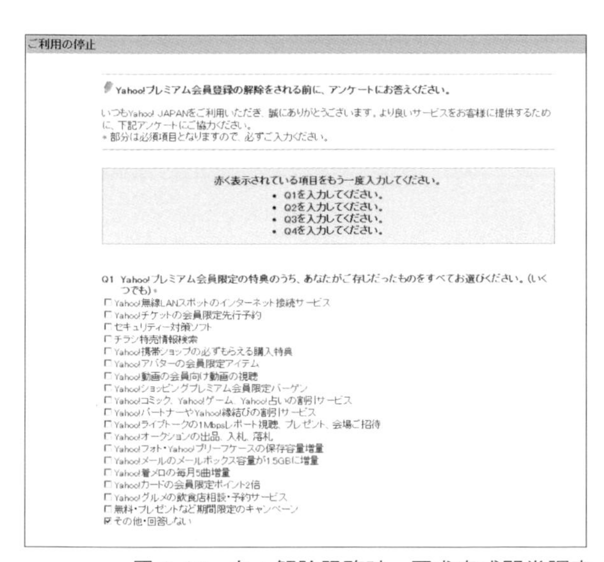


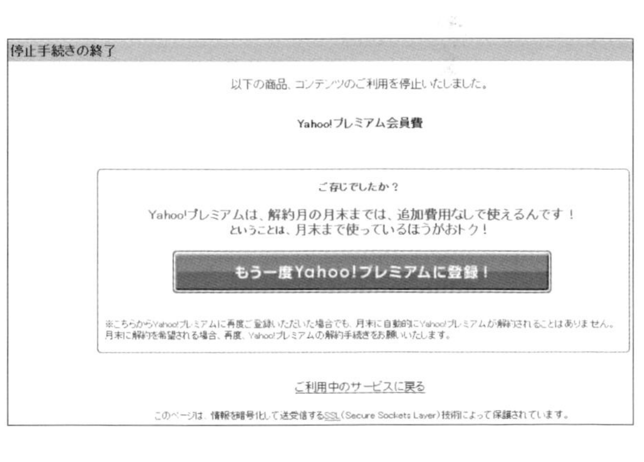


圖 9-17　左：解除服務時，要求完成問卷調查（而且是必填）的案例（2009 年 3 月）／
右：想取消時，讓人覺得很麻煩，也不會想再次註冊（2009 年 3 月）

## 自動修正：為什麼被修改成不同結果？

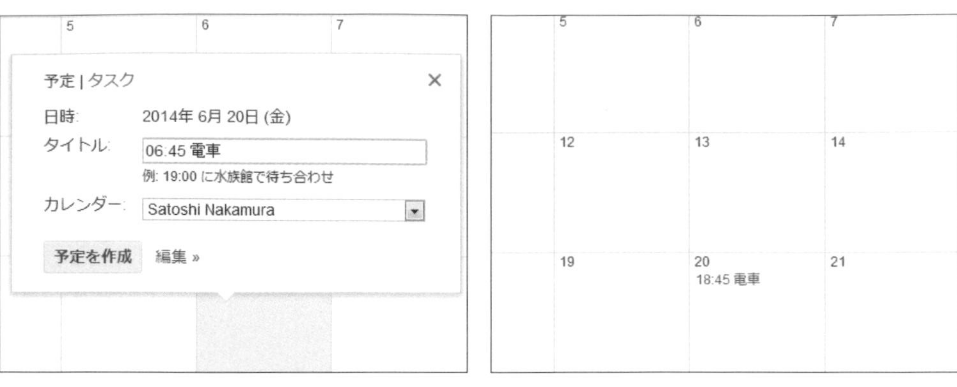


圖 9-18　明明有清楚設定為早上 6 點，為什麼後來變成 18 點？（2014 年 6 月）

我常常使用 Google 提供的各種服務。只要付低廉的年費，就可以使用這麼多服務，覺得很棒（附帶一提，如果只要使用少量儲存空間，則免年費）。但是，其中有個部分我實在無法認同，也就是以下要介紹的 Google Calendar 規則。

上圖（左）的範例，是我預定要搭乘 20 日上午 6 點 45 分的電車，因此輸入了「06:45 電車」。可是不知為什麼，輸入結果從上午 6 點被修改成下午 6 點（18:45 電車）（上圖右）。這或許是系統自動推測不可能在早上 6 點有預定事項，所以判斷應該是下午 6 點，而自動修正吧！真是令人困擾的 UI。

雖然自動修正功能在很多時候都幫得上忙，但是「幫倒忙」的情況也很常見。下圖是大學傳給我用來管理上課狀況的 Excel 工作表，我輸入「60:00」，代表 60 個小時，卻被修正成「12:00」了（另外，當我輸入「60」，會顯示成「00:00」）。因此，學生每次都得將輸入內容更改成「60 小時」，或調整輸入格式（以 Excel 2013 為例，要執行『【儲存格格式 / 數值 / 自訂】』命令，再選擇 "[h]:mm:ss" 格式），真是麻煩的 UI。我認為要發佈這種文件格式時，最好先設定好裡面的公式（另外，既然使用 Excel，希望加上自動計算加總時間的功能）。

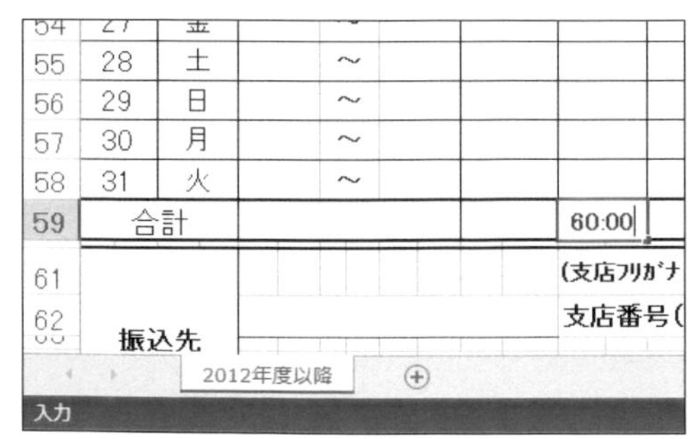


圖 9-19　明明輸入「60:00」，確定之後卻被修改成「12:00」，如右圖所示。
更正確一點來說，這個欄位內容是被修改成「1900/1/2 12:00:00」

## 數字造假的折線圖：B 的支持率正在緩慢下降？

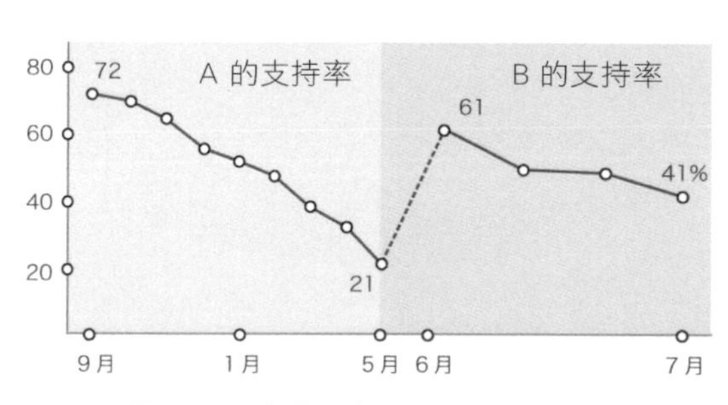


圖 9-20　與支持率有關的怪異圖表

看電視時，不曉得是有心還是無意，到處都可以看到企圖引導民意的圖表。

上圖是我擷取某電視台報導「內閣支持率變化示意圖」部分圖表，製作成的插圖。請問：A 與 B 誰的支持率看起來急速下降？乍看之下，B 的支持率下降速度似乎比較緩慢。

可是，這裡應該注意的部分是橫軸才對。相對於 A 的統計時間是從 9 月開始到隔年 5 月為止，共計 8 個月，而 B 的統計時間卻是從 6 月到同年 7 月，只有短短 1 個月。換句話說，這張圖表根本看不出 B 的支持率急速下降。

同樣看起來很奇怪的圖表，還有如下圖這張與成長率有關的圖表。單看這張圖表，似乎從 2010 年 4 月到 10 月為止，增加了 3 倍左右。另外，從這裡到目標 2011 年 3 月的量與 2010 年 4 月起的 6 個月增加量相比，2011 年 3 月應該可以達成目標。

可是，請仔細觀察這個圖表的數值。從這個圖表可以得知，在 2010 年 4 月已經有 60000 個基地台，而 2010 年 10 月是 71281 個基地台，所以 6 個月只增加 1.1 萬個基地台，離目標 12 萬個基地台，還差 4.9 萬個基地台，到 2011 年 3 月為止的 5 個月內，若要達成目標，必須增加相當多的數量。

下圖有幾個問題，請想想看，這張長條圖是要表達什麼？首先，圖表最下方的數值不是 0。另外，「從 4 月到 10 月為止」以及「從 10 月到隔年 3 月」的圖表高度差異看來不明顯，但其實兩者相差將近 5 倍。也就是說，圖表沒有顯示縱軸。另外，我從網際網路檔案館中找到這張圖表後來的變化，如下圖（右）所示。看樣子目標已經達成了，但是縱軸的數值仍是一個謎。是否故意把圖表做成這樣，不得而知，但是這種誤導人的圖表非常多，你一定要多加留意。

11　http://mb.softbank.jp/mb/special/network/pc/

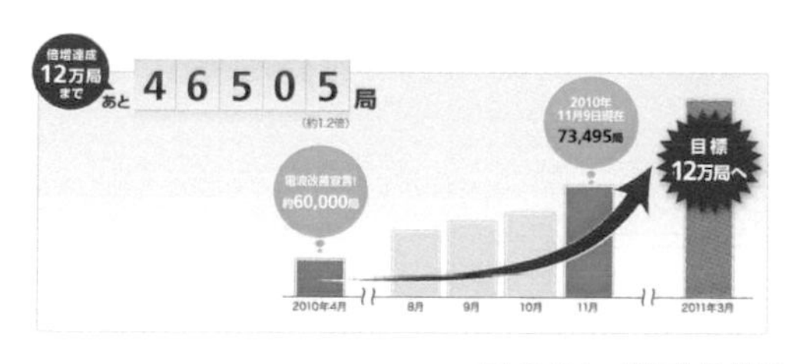


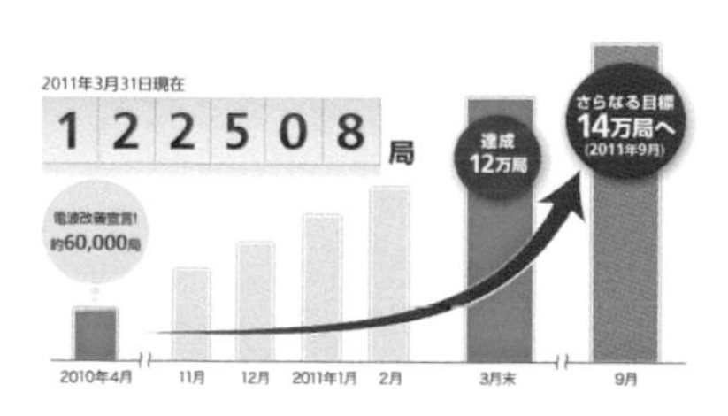


圖 9-21　與成長率有關的奇怪圖表 [11]

## 數字造假的 3D 圓餅圖：本公司的市佔率比較大？

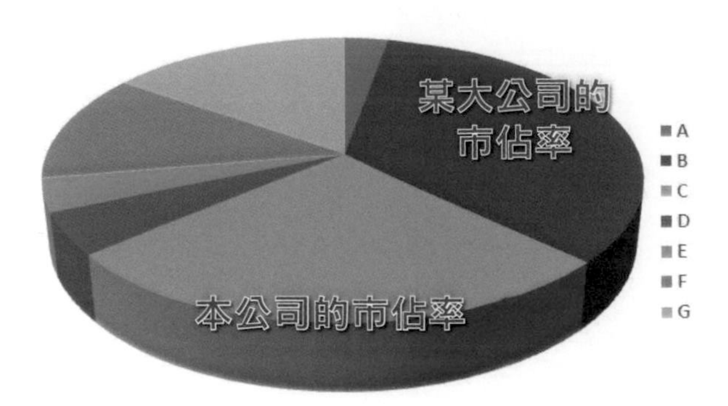


圖 9-22　某大公司與本公司的市佔率，是誰比較高？

現在只要使用 Excel 等軟體，任何人都能輕鬆製作出吸睛的 3D 效果圖表。就視覺效果來說，Excel 的確是非常優秀的工具。但是，現在常常看到將這種 3D 圖表運用在錯誤方向的情況，令人非常困擾。

比方說，上圖是極為常見的 3D 圓餅圖。假設這張圖是業務在比較「某大公司的市佔率」與「本公司的市佔率」時使用的圖表，請問：某大公司與本公司相比，誰的市佔率看起來比較高？另外，兩者相差多少？我在課堂上問學生，回答「本公司市佔率比較高」的人超過半數。其實，本公司的市佔率看起來，不但比某大公司的市佔率還高，還讓人以為「是的，本公司與某大公司相比，不僅沒輸給對方，還超越了他們！實在太厲害了。」請問，這種印象正確嗎？

下頁的上圖是將這份資料的比較表製作成平面長條圖及圓形圖。B 是某大公司的市佔率，C 是本公司的市佔率。應該有人會嚇一跳吧？因為從長條圖看來，B 遙遙領先 C。那為什麼在 3D 圓餅圖中，某大公司（B）的市佔率看起來較低，本公司（C）的市佔率看起來較高呢？

理由很簡單，在 3D 圓餅圖中，圓柱狀物體會呈現出由斜上方看見的形狀。因此，如下頁第 2 欄的圖表所示，感覺前面的圓柱體側面與上面的圓形圖一樣大，這使得 C 看起來比實際大。而且這張圖表故意把「本公司的市佔率」這些文字放在上面與側面的界線，更加強調了這個部分。

當你看到或使用 3D 圓餅圖時，一定要多留意這點。某金融企業向我推銷商品時，在資料中放入了 3D 圓餅圖，然而，該圖表的右上方是業務想銷售的商品，而下方是當作比較對象的商品，「這樣市佔率看起來反而比實際還少啊…他可能沒注意到吧？」讓我覺得有點可惜。另外，在某個研究發表會上，有學生拿著看來比實際狀況還糟糕的 3D 圓餅圖，拼命強調研究成果，真令我無言以對。請大家千萬別重蹈覆轍。

右頁下圖是某電視節目中介紹過的「各年齡層警察的懲戒處分人數」，由於圖的中心偏離，呈現出奇特的圓形圖（此案例是我用網路服務「Wonder Graph Generator」[12] 模擬的）。在實際報導中，中心偏離的情況比我的模擬圖更明顯，製作出這種圖表的人，觀念真是與眾不同。

附帶一提，在 Gene Zelazny 撰寫的《say it with charts》[13] 這本書（日文譯本《マッキンゼー流図解の技術》[14]）中，藉由造成誤解的圖表，來介紹如何用圖表傳達正確事物的方法。這是一本含有大量圖表案例，非常容易瞭解的書，有興趣的人不妨參考看看。

12「Wonder Graph Generator」（http://aikelab.net/wdgg/）

13《Say It With Charts: The Executive’s Guide to Visual Communication》Gene Zelazny（著）、McGraw-Hill 出版

14《マッキンゼー流図解の技術》Gene Zelazny（著）、數江良一／菅野 誠二／大崎 朋子（譯）、東洋經濟新報出版

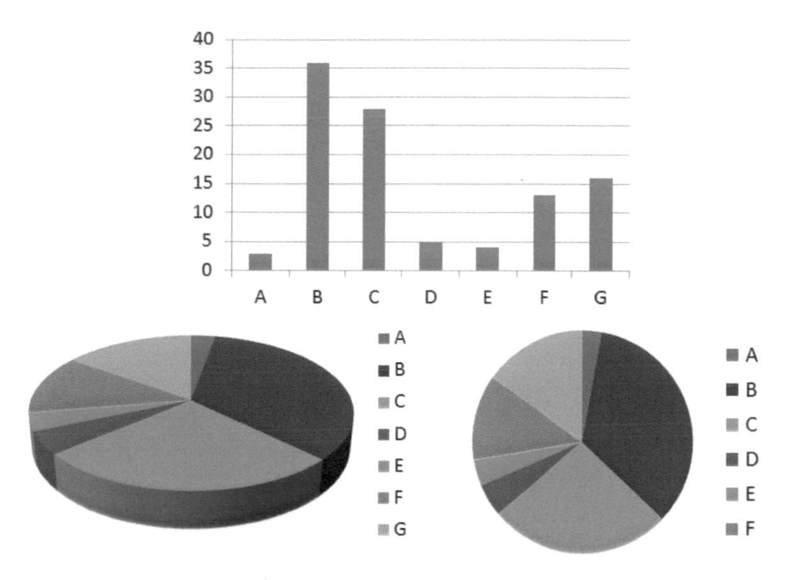


圖 9-23　以長條圖與 3D 圓餅圖、2D 圓形圖表現同一份資料

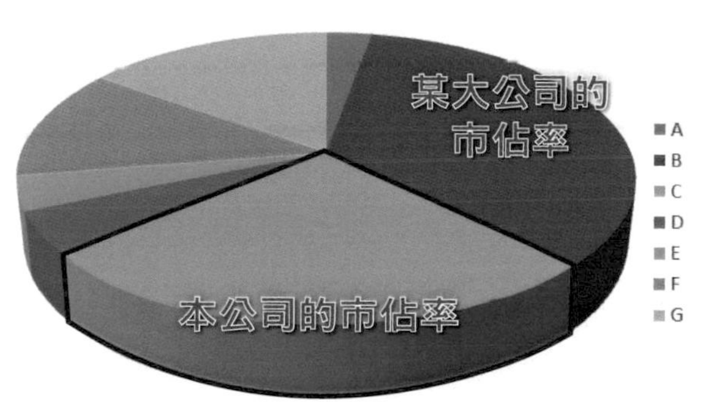


圖 9-24　為什麼本公司的市佔率看起來比較大？
這是因為從斜上方看來，前方的側面也包含在範圍內

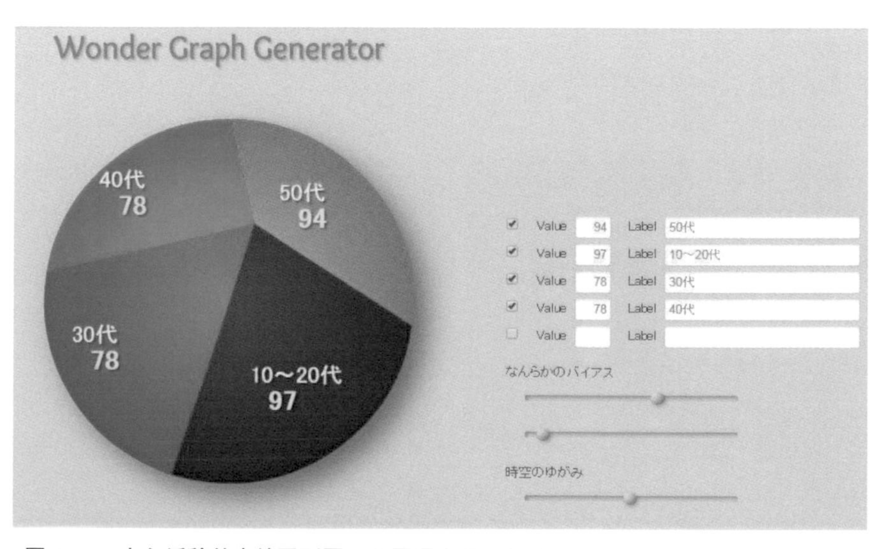


圖 9-25　中心偏移的奇特圓形圖。此圖還有另一個問題：只有 10 到 20 歲的合計值

## 確認的重要性：只是想找個備案，竟然有罰金…

圖 9-26　智慧型手機或平板電腦的預約系統模擬畫面（資料提供：AY）

隨著通訊技術的日新月異，我們隨時隨地都可以透過網站輕鬆地買東西、預約車票、班機、飯店或會議室。而這裡要介紹的爛 UI 是我學生提供的案例。這是汽車駕訓班的預約系統，可以利用智慧型手機預約練習開車的時間，只要在前一天取消，就不用支付任何費用。以前我們必須親自到駕訓班預約，而且如果要更改時間，也得在上班時間打電話告知，想到這裡，不由得感激科技如此進步。

駕訓班的預約系統如上圖所示（模擬插圖）。縱向是日期，橫向是時間，兩者交叉的地方就是可預約的日期與時間。以深藍色顯示「可以預約」的部分就是按鈕，可用智慧型手機觸控操作，按下按鈕即可預約。

問題是，按下「可以預約」按鈕後，立刻就完成了練習開車的預約步驟。如果是一般的預約系統，應該會出現「確定要預約這個時間嗎？」等確認訊息，但是這個系統沒有回饋。在智慧型手機或平板電腦等觸控螢幕上操作時，極有可能出現誤觸的情況，所以令人有點困擾。

而且還有一個大問題，這間駕訓班的免費取消預約服務只到前一天為止，如果拖到當天才取消，必須支付 5000 日圓的罰金。換言之，如果在捲動日期時，不小心誤按了「可以預約」鈕，立刻就確定預約了。若來不及在當天前取消，就要被罰 5000 日圓了，真讓人傷腦筋。

先前我曾經提及傑柯柏・尼爾森（Jakob Nielsen）提出的「十大可用性原則」規範，其中「防範錯誤」原則是「要防範使用者犯錯，就得讓使用者確認清楚」（關於「十大可用性原則」請參考本章結尾的說明）。一般的預約系統中，當使用者按下預約按鈕後，必須顯示確認訊息，確認資料是否無誤，才能徹底防範出錯。這個系統竟然完全忽略這一點。我們把它當作爛 UI 的教材雖然很有趣，可是對於必須付 5000 日圓罰金的人來說，應該完全無法忍受吧！

使用者是會犯錯的生物，希望你能謹記這點，考量到使用者可能會犯錯，而建構出讓使用者有機會自行確認的預約系統。

## 按鈕型廣告：假的下載按鈕

**圖 9-27　左：受到網站引導而按下 Download 按鈕，可是沒有反應…／右：赫然發現我放置公開檔案的下載網站（已經放了快 5 年），竟然另外增加了「免費下載」按鈕，覺得很無言**

上圖（左）是某個網站出現的廣告。我在前一頁按了「下載」按鈕後，就顯示了這個畫面，必須在此等一下，稍後才會開始下載檔案。但是，到開始下載檔案之前，需要等待一點時間。假如遲遲沒有自動開始下載，使用者就會認為「該不會下載失敗？」而想尋找下載按鈕。請看上圖（左），上面有非常明顯的大型「DOWNLOAD」按鈕，有些使用者受到吸引，就會下意識地按這個按鈕（而且還有箭頭，引導效果非常強烈），其實卻是廣告！這可說是存心想欺騙使用者的詐騙 UI。

上圖（右）則是另一個網站，可以下載我開發的軟體。我已經放了一陣子，由於我有安裝自動過濾廣告的軟體，所以沒發現，這裡竟然也被加上了「免費下載」按鈕廣告，企圖將使用者引導到錯誤的網站去。這種情況如果繼續下去，網站廣告會逐漸往壞的方向發展（我認為應該刪除這個廣告，顯示成比較讓人瞭解的內容）。

雖說是廣告，顯示在 iPhone 或 Android 應用程式中的網站，也充斥著大量類似的廣告。比方說，如右下圖所示，在操作按鈕附近放置廣告，或在捲動的時候突然出現，在非常容易誤觸的位置顯示廣告等，手法非常多樣化。

這種騙人的的廣告橫行，對廣告主或使用者都不是件愉快的事情，只有嵌入廣告的應用程式開發者得利，真是令人無言的作法。

我覺得詐騙 UI 非常惡劣，而且我完全感受不到對 UI 的愛，所以根本不屑稱它們為爛 UI。

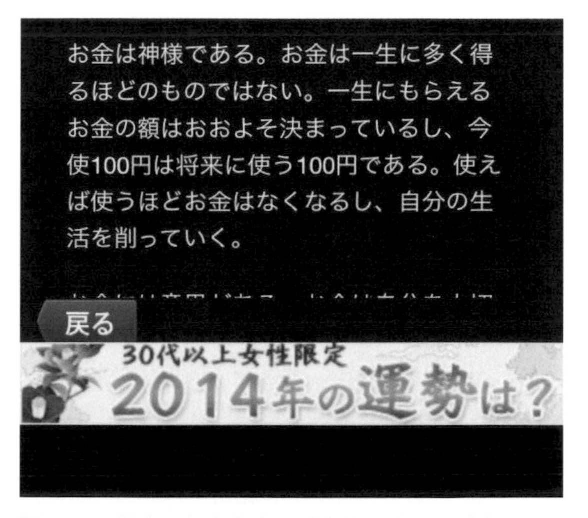


**圖 9-28　某應用程式的畫面（提供：永島擇真）**
在「上一頁」鈕下方緊鄰著廣告，企圖讓使用者誤觸。就算想要賺錢，這樣做也太離譜了吧！

## 引誘使用者犯錯的合約：可以免費解約的時間只有 2 年後的 1 個月

我使用 PHS 手機將近 6 年，除了有實體 QWERTY 鍵盤之外，其他部分稱不上方便，但是當作行動電話使用已經足夠，發訊息也很簡單，我在福岡及東京遇到大地震時，PHS 仍然可以順利通話，而且號碼也非常好記。因此，雖然後來買了智慧型手機，我有好一陣子仍同時攜帶 2 支電話，直到後來手機不堪使用，連電話都無法打了，我才打算去解約。

當我到門市告訴店員我要解約，辦了各種手續之後，店員突然告訴我一件出乎意料的事：「您如果現在解約，必須付 2100 日圓的解約金，但是如果您再使用 2 個月，在 10 月解約的話，就不必繳解約金，要不要考慮一下？」我感到非常訝異。

首先，6 年是很長的時間，6 年前簽約的狀況我早就沒有印象了。我完全不記得有簽過要綁 2 年的合約，該不會只有提供這種合約方式吧！但是「我明明使用了將近 6 年，又不止 2 年（PHS 的合約期限甚至有長達 13 年的），這是怎麼回事啊！」我的心情變得很糟糕。

不論如何，打算解約前的幾個月我已經完全沒有使用這支手機，而且多等 2 個月就要多付 2 個月的手機費用，相比之下，解約手續費比較便宜，所以我就付錢解約了。本來在抵達門市之前，我心裡還想著「雖然要解約，但畢竟也用了這麼久，覺得有點寂寞啊！」結果卻要付錢才能解約，好像被潑了一桶冷水，感覺真不是滋味。

我認為這種合約就算是欺騙。附帶一提，新買的智慧型手機也要綁約 2 年，如果在 2 年後的 1 個月內，沒有解約，以後就無法免費解除合約了。這個世界變得很令人討厭，我認為至少應該是 2 年之後都可以免費解約才對啊！

同樣的案例，在智慧型手機等的簽約初期也有但書。簽約時，對方會說「只要加入這個服務，剛開始的手續費會比較便宜！只要在免費期間內解約就沒問題！」可是後來打電話要解約，卻在電話線上等很久，或不小心忘記解約而白白花錢。其實我也有加入這項服務，還多付了數千日圓。既然如此，非得在簽約日解約才行。

這種欺騙案例並不限於行動電話的合約，我就遇過以下這種慘痛經驗。Amazon 的 Prime 會員「提供 30 天免費試用」，所以我申請了，結果 30 天後自動簽約，突然就收到會費帳單。但是在申請之後，一旦免費期間結束，就會自動收費，雖然上面寫了免費期間內的解約方法，卻很容易忘記。真希望可以設法改善這種做法。

# 爛 UI 與十大可用性原則

到目前為止，我介紹了很多爛 UI，可是要避免做出爛 UI 真的很難，說要站在使用者的立場來設計，坐起來一點也不簡單。就連我自己，也是一邊寫這本書，一邊在量產爛 UI 呢。例如在我的研究中，有時必須建立系統來做實驗。可是常常因為標籤或按鈕的位置很難懂，使協助實驗的人感到混亂，而只好重做 UI。另外，我還曾經在課堂上出了難懂的題目，讓學生一頭霧水。

若要避免製作出難用、難懂的 UI，最萬全的對策是制定幾個設計及開發 UI 的規範。因此，以下要介紹由傑柯柏・尼爾森博士提出的「十大可用性原則」（以下節錄自《Usability Engineering》一書）。

1 系統狀態的可見性：系統必須在合理的時間內，提供適當的回饋，讓使用者瞭解現在發生什麼事情。

2 系統與真實世界的協調性：系統應該運用使用者熟悉的詞句、慣用語、概念，讓使用者瞭解。同時，必須根據真實世界的習慣，以自然、理論性的順序來顯示訊息。

3 使用者的操控自由：使用者可能會操作錯誤，所以必須為他們準備可以直接離開的緊急出口。

4 一貫性與標準化：不應該讓使用者感到疑惑。例如要統一網站內的網頁設計、讓連結標籤及網頁標題一致、區分未造訪及已造訪過的連結、依 Windows、Mac、網站標準來設計等等。

5 預防錯誤：要提供適當的錯誤訊息，更重要的是採取預防發生問題的謹慎設計。例如設定預設值、在表格內的必填項目加上標誌，接受文字可以輸入全形或半形，重要項目要輸入兩次做確認等。

6 記憶最小化：清楚顯示物件、動作、選項。盡量減少使用者需要記憶的訊息。例如在說明框或標籤中加上簡述、在購物車內清楚顯示正式的品名、數量、金額等。

7 彈性與效率：提供高效率、快速的操作方法給高階使用者，以提升溝通速度，還可以讓使用者自訂常用的動作。

8 美觀的簡約設計：去除與溝通無關或很少用到的訊息。為了在 10 秒之內顯示網頁內容，必須斟酌網頁大小。

9 幫助使用者辨識錯誤、偵測、恢復：系統應以簡單明瞭的詞彙來表現錯誤訊息，清楚指出問題，提供建設性的解決對策。假如輸入錯誤，除了顯示訊息，還要強調該項目；若是拼錯字，要顯示正確的內容。

10 幫助說明與操作手冊：最理想的系統是，即使沒有操作手冊也能使用，但是偶爾也可提供幫助說明。這種訊息必須能搜尋，針對使用者的任務顯示具體步驟，同時必須整理的很精簡。

這些規範是以電腦系統為對象，有些部分可能不適合套用在本書說明的 UI 中，但也可以當作參考。只要考慮到這些重點，我想就可以減少製作出爛 UI 的機率。請你仔細思考，到目前為止介紹過的爛 UI，是違反了哪些規範。

要客觀衡量 UI 是否好用／難用、易懂／難懂，本來就非常困難。不過，我們只要把上述規範記在腦海中，並且請其他人使用、提供建議，就可以預防做出爛 UI。即使不小心做了爛 UI，也別就此放棄，只要你徹底修正，改善成不會造成他人困擾或引起錯誤的 UI，就可以了。

# 重點整理

本章介紹了考驗記憶力的爛 UI 及讓人感到挫折的爛 UI 等案例，我想你現在應該瞭解超出人類記憶極限的 UI 會造成什麼問題。另外，你應該也意識到，有很多 UI 都在考驗人類的能力，讓使用者覺得很辛苦。

另外，本章後半部分介紹了詐騙 UI。為了保護自己的權益，你一定要具備這些常識。這世界充滿著各式各樣的詐騙手法，為了避免被騙，希望你能培養出看透這些騙術的能力。假如你周圍有人正在製作這種爛 UI，請一定要阻止他。

在本章的最後介紹了傑柯柏・尼爾森提出的「十大可用性原則」。這是使用者能否順利使用該 UI 的指標。要實驗一個 UI 對使用者來説好不好用，其實非常麻煩，有了這種指標，至少有點幫助。這次介紹的內容只是導讀，假如你有興趣，不妨試著查詢可用性評估方法[15、16]。

15《Usability Engineering》Jakob Nielsen（著）

16《ユーザビリティエンジニアリング――ユーザ調査とユーザビリティ評価実践テクニック（暫譯：可用性工程――使用者調查與可用性評估實踐技巧）》樽本徹也（著）、Ohmsha

## 演練、實習

- 請收集要求使用者記憶訊息的 UI，同時也請一併收集那些不用記憶即可使用的 UI，並且思考應該注意到哪些重點。
- 從各種網站廣告的網頁中，收集引導使用者操作的案例，思考這種廣告有什麼問題。
- 請試著提出和圖 9-4 案例類似的安全性問題，同時思考哪些問題很難回答、哪些問題比較容易回答。
- 請收集身邊各種申請書，尋找是否有容易出錯的表格，同時思考該如何修改。
- 請從本書的各種爛 UI 中挑選出幾個案例，從十大可用性原則來思考哪裡有問題。
- 關於本書介紹過的各種爛 UI，請你從個人的觀點來分類，可以歸納成哪些類型呢？

# 結語：有趣的爛 UI 世界

## 本書內容總整理

介紹了這麼多爛 UI，你有什麼感想？在本書的最後，為大家整理了各章內容。

第 1 章
### 線索

本章介紹大門的門把、水龍頭的把手、觸控式按鈕等各種爛 UI，同時說明與「行為可能性」有關的線索有多麼重要。從這些案例中應該可以瞭解，假如沒有線索，或線索錯誤，會造成使用者的困擾。另外，也說明了關於「符徵」（signifier）及「預示性」（affordance）等名詞。

第 2 章
### 回饋

介紹自動販賣機、電腦系統、浴室的自動進水系統等爛 UI，同時說明回饋的重要性。沒有回饋的系統會讓人懷疑是否壞了而感到不安。另外，在傳達錯誤訊息等重要內容給使用者時，必須採取能引起使用者注意的顯著型態，在適當的時機，簡單明瞭地傳遞訊息。

第 3 章
### 配對關係

屋內開關與電燈的關係、手把的操作方向與操作對象的關係、廁所標誌與大門的關係等，介紹各種因為難以分辨／錯誤的配對關係，而形成爛 UI 的案例，藉此說明配對關係（Mapping）的重要性。假如配對關係有問題，就會發生想要開燈卻變成關燈，想要刷牙卻變成淋浴，不小心走錯廁所等情況。對於 UI 來說，清楚顯示配對關係，是非常重要的事情。

第 4 章
### 群組化

難以理解的指示板、造成混亂的電梯按鈕、引起誤會的時刻表等，本章要介紹因為不曉得哪些訊息是屬於同一群組，而變成爛 UI 的案例，藉此說明「群組化」的重要性。另外，還提到與群組化有關的「完形心理學」（Gestalt Psychology），說明如果要當作群組來組合，必須把距離相近、類似、連續性的內容放在封閉空間中。

第 5 章

## 習慣

形狀或顏色令人費解的廁所標誌、開啟是紅色、關閉是綠色的家電產品，「上一頁」及「下一頁」正好相反的電腦系統等，這裡要介紹與使用者習慣有落差而令人看不懂的 UI，藉此說明違背習慣的危險性。當 UI 有違一般習慣，使用者就會覺得混淆。為了解決這種問題，必須徹底想像使用這個 UI 的使用者輪廓。另外，還簡單解說了近來耳熟能詳的名詞「人為失誤」。

第 6 章

## 一貫性

本章說明在生活空間中，使用不同顏色代表相同意義，或按鈕位置與一般不同、數字排列奇怪等由於欠缺一貫性而造成操作困難的案例，同時說明維持一貫性有多麼重要。另外，也簡單介紹用來防止缺乏一貫性的標準化結構以及規範。

第 7 章

## 限制

利用各種爛 UI 來說明限制，例如自動售票機的操作順序、USB 隨身碟或電池安裝方向等有多種操作可能性的 UI，必須對使用者顯示操作順序、操作方法的限制，這非常重要。同時，還介紹物理性、意義性、文化性、理論性等限制。除此之外，也簡單說明行為的 7 階段理論。

第 8 章

## 維護

藉由年久失修或文化變遷而變成爛 UI 的案例，說明維護 UI 的重要性。以本國人為對象的 UI，在外國觀光客大批造訪時，該如何因應？本章也將特別說明。另外，還介紹透過當場的維護，使難懂的 UI 變得比較容易瞭解的 DIY 維護法。

第 9 章

## 對使用者不友善的爛 UI

與前面 8 章的分類不同，本章介紹「考驗記憶力的爛 UI」、「讓人挫折的爛 UI」、「詐騙爛 UI」等各種「對人不友善」的爛 UI。尤其是，你必須瞭解詐騙爛 UI 並且知道因應方法。另外，本章還介紹了十大可用性原則，告訴你如何判斷什麼是使用者眼中的好用 UI。

如上所示，本書分成 9 個章節來介紹各種爛 UI，你覺得如何？除了先前說明過的內容，其實爛 UI 還有各種不為人知的一面。在最後的結語，希望你也來關注「爛 UI 的另一面」。

## 為什麼會製造出爛 UI？

圖 10-1　左：自行車道／右：前方是…

前面介紹過許多案例，可是爛 UI 的產生其實包含各種成因。這裡我想試著整理，製造出爛 UI 的理由，大致可以歸納出以下 4 個：

- 預算因素
- 交期因素
- 由上至下的問題
- 由下至上的問題

預算因素是指，理想中的 UI 非常優秀，卻因為預算的問題而無法實現，結果形成爛 UI。比方說，由於預算不足，將其他用途的 UI 拿來頂替，結果出現沒有功能的多餘按鈕，或 1 顆按鈕有多種功能的情況。雖說受到預算限制，無可奈何，但是仍希望能把錢花在 UI 上。

交期因素是指，從討論、開發到製作 UI 為止，時間太短，因而變成爛 UI 的案例。一般而言，都要先調查實際使用系統的使用者，在哪種情況會如何思考，是否傳達正確的操作方法。如果沒有確實驗證，跳過這個步驟而直接製作的 UI，很容易變成爛 UI。

由上至下的問題是，沒有看過現場或使用者的人，提出無理要求，因而製作出爛 UI。比方說，上圖（左）是某觀光都市開闢的自行車道，在原本的車道畫上紅線，並畫出自行車的標誌，強調這裡是自行車道。接著請見上圖（右），自行車道的前方是電線桿，而且與這根電線桿比較，就會曉得這條自行車道原本就相當窄。兩條紅線之間是車道。換句話說，自行車一直騎下去，就會撞到電線桿。附帶一提，這條自行車道的左邊還算差強人意，可是右邊的紅線與白線之間，途中彎曲，變得非常狹窄。雖然有點老套，這個爛 UI 讓我彷彿聽到有人在大喊「爛 UI 不是發生在會議室，而是發生在現場！（譯註：這是模仿日劇「大搜查線」中的名句）」這種爛 UI 唯有現場人員才能瞭解問題出在哪裡，多半都是因為遵從不在現場者的指示「因為是主管的命令」，才會造成的。當然，這個案例不見得是這個原因引起的，卻讓人產生這種感覺。另外，由上至下的情況，大部分是因為疏於維護所造成，而且也包括缺乏維護而變成爛 UI 的案例。

由下至上的問題是，無條件接受使用者提出的要求，而逐漸變成讓人一頭霧水的 UI。有趣的是，若要製作好 UI，必須意識到使用者，站在使用者的立場來考量，可是完全接受使用者的要求，也很容易變成爛 UI。如先前說明過，我會寫程式，並且公開發佈在網際網路上，因此我也曾經根據使用者的回饋，不斷地把多餘功能加在應用程式中，結果變成不曉得要做什麼的莫名程式。今後我會思考是否繼續聽取使用者的要求。

## 世界上沒有完美無缺的 UI

本書介紹了各式各樣的爛 UI，不論製作出多麼優秀的 UI，只要有像我這種冒失的使用者，絕對也會有操作錯誤或不會用而感到不滿的使用者。受到生活環境或左撇子、右撇子的差異，還有男女有別等因素影響，也會造成 UI 好不好用的差異。比方說，有 99.9% 的使用者認為好用的 UI，卻仍有 0.1% 的使用者覺得難用。讓每個人都覺得好用的完美 UI，其實並不存在。這次介紹的幾個爛 UI，或許在 1000 人之中，只有我 1 人認為不好用。但重要的是，你必須考慮到 UI 的使用者是什麼樣的人？應該讓多少比例的使用者能接受？如果有人無法接受，帶來的不利影響多大？舉例來說，50 % 使用者認為難用的 UI，通常會造成問題，可是若只有 10% 或 1% 使用者覺得不好用，應該不至於有影響。

因此，設計 UI 時，先徹底思考使用者的輪廓，瞭解這些使用者對失敗的容忍度（對失敗會感到多麻煩），還有多少比例的使用者會覺得好用，按照這些條件來設計比較重要。例如在設定的使用者之中，有 99% 是女性，1% 是男性，一般認為，基本上先以女性認為好用的 UI 為主，再以其他方法因應 1% 的男性使用者。

接下來，考慮難用程度，以及不好用而造成的失敗程度，也很重要。比方說，以銀行的 ATM 為例，你能一下子就找到卡片插入口？還是一直找不到？輸入錯誤的密碼？下意識按下取消操作？忘記拿走領出來的錢？失敗程度會隨著以上問題而產生變化。假如 10 人之中，有 1 人輸入錯誤的密碼，還不至於造成問題，可是假如 10 人之中有 1 人按到取消操作，結果可能在 ATM 前面大排長龍。其他還有在切換浴室的蓮蓬頭與水龍頭把手時，如果只是稍微煩惱一下，還沒有什麼問題，不過若因為錯誤操作而穿著衣服淋到熱水，恐怕會出現燙傷的危險。

另外，在思考這些問題點時，本書介紹過的大量爛 UI 失敗案例就可以當作借鏡。對照過去的爛 UI，評估現在設計的 UI 引起的失敗，是否在可容許的程度。除此之外，還要避免這種失敗變成嚴重的事件（例如，無法使用、壞掉、被逮捕、危急生命安全、招致嚴重損失等），怎麼做才能將因為失敗而引發的麻煩降至最低？應該執行哪些支援動作？這些都很重要。

為了盡量讓多數人可以使用，羅納德．麥斯（Ronald Mace）提出了「通用設計概念」（Universal Design）（大部分是用來說明無障礙設施，但是概念其實更為廣泛，而且不以全部的人都能使用為目的）。這種通用設計列出了以下 7 大原則[1]。

① Equitable Use：所有人都可以公平使用
② Flexibility in Use：彈性使用
③ Simple and Intuitive Use：簡單而直覺使用
④ Perceptible Information：明顯的資訊
⑤ Tolerance for Error：容許錯誤
⑥ Low Physical Effort：省力
⑦ Size and Space for Approach and Use：具有適當的尺寸及空間可供使用

到目前為止介紹過的爛 UI，大部分都忽略了這些原則，以致變得難用、讓人傷腦筋。但是「通用設計」這個名詞包含各種意義，我並不一定遵守。假如過於注重「公平使用」，可能做出雖然堪使用，卻很難用的 UI，的確很難拿捏。

我再重申一次，世界上沒有完美無缺的 UI。可是，設計 UI 時，請徹底檢討使用者輪廓，判斷對該使用者而言，是否容易使用。這時候，爛 UI 就可以派上用場，因此請你盡量收集爛 UI，並且充分利用。

1 THE PRINCIPLES OF UNIVERSAL DESIGN（http://www.ncsu.edu/ncsu/design/cud/about_ud/udprinciplestext.htm）

## 充滿玩心的爛 UI

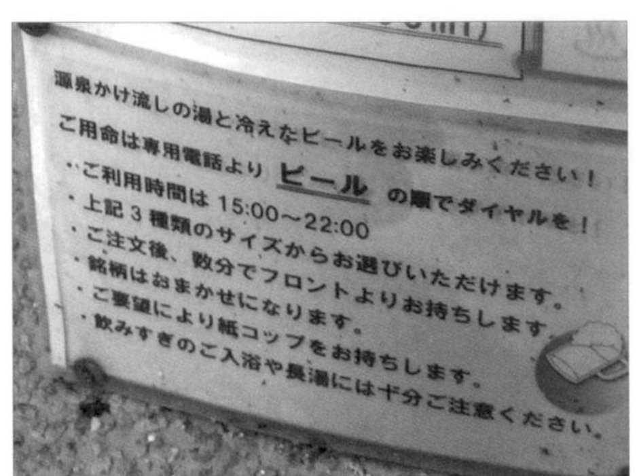


圖 10-2　溫泉飯店露天浴池的啤酒專用電話，按照「ビ」、「ー」、「ル」的順序撥號（譯註：「ビール」是日文的「啤酒」）

到目前為止介紹過各式各樣的有趣爛 UI，不過只要善用爛 UI，也能帶來想不到的樂趣。

上圖是我在一間溫泉飯店的露天浴池旁，看到的買啤酒專用電話。按照「ビ」、「ー」、「ル」（日文的「啤酒」）的順序撥號，會有專人接電話，就可以買到啤酒了。這裡故意把數字遮住來讓人操作，其實只是撥了「1」、「2」、「3」號而已。沒有發現這點的人，在露天浴池飲酒時，就無法感受到這瓶啤酒有多好喝，的確非常有趣。下圖（左）是「取得出金條就能帶回家」的箱子。仔細思考手的大小、金條的大小、洞的大小，就會發現不論怎麼努力，也無法取出金條，但是活動本身非常好玩。

下圖（右）是一間以魚類料理聞名的居酒屋提供給客人的鞋櫃。鞋櫃全都寫上以魚為部首的漢字，而且鑰匙上也有一樣的漢字及讀音。當我帶外國客戶來這裡時，他們都覺得很有趣。

活用爛 UI 的最佳案例還包括拼圖。假如眼前有一盒拼圖，要請你完成它，你會用什麼樣的順序來拼圖？假如拼圖內有圖畫或顏色等特殊部分，可能有人會從這裡開始拼起。不過，應該也有許多人會找出四邊的直角拼片，還有其中一邊為直線的拼片，先拼出邊框。而 LIBERTY PUZZLES（右頁圖示）這種木製的拼圖卻反其道而行，而製作出有趣的拼圖結構。這種拼圖及拼片有各種形狀，包括動物形狀、人形等，拼圖的拼片本身也很有意思。

而且最好玩的一點是，這種拼圖很難利用一般的拼圖策略「從周圍開始拼起」來完成。右頁下圖（左）的左邊是一個拼片，右邊是幾個連在一起的拼片，雖然可以想像這些是拼圖的周圍部分，卻很難找到形成 90 度直角的拼片。

圖 10-3　左：取出金條就可以帶走／右：每個鞋櫃的門上都寫著以魚為部首的漢字，鑰匙也有相同的漢字及讀音

圖 10-4　左：LIBERTY PUZZLES 的拼片，包括動物的形狀及人形，看起來非常特別／
右：快要完成的拼圖

圖 10-5　與上圖不一樣的 LIBERTY PUZZLES 拼片。
左：這兩個拼片之間，感覺要放入帶有直線的拼片／
右：實際放在這裡的拼片，幾乎沒有直線部分

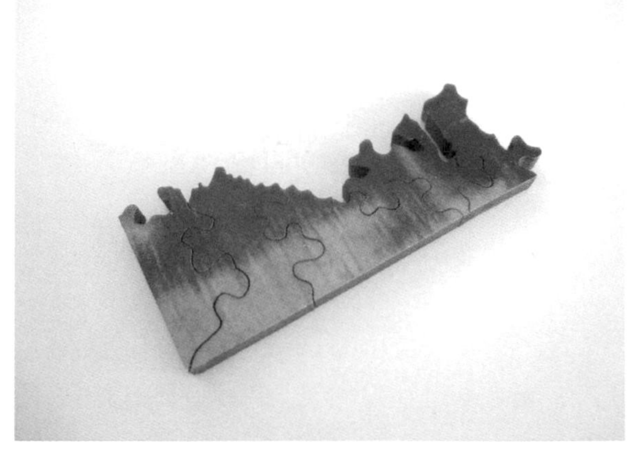

圖 10-6　左：這幅畫已經接近邊角，需要在這邊放入帶有直角的拼片，卻找不到／
右：沒有帶直角的拼片，而是以只有單邊是直線的拼片來構成直角

圖 10-7　質數尺（提供：大西洋）

簡單易懂的 UI 並非一定就是好的，爛 UI 也有派上用場的時候，京都大學的川上浩司等幾位老師就以這種想法，組成了「不便益」小組。他們的概念是，各種工業製品帶來了方便，卻可能也失去益處。這個觀點很容易遭到誤解，其實不便益並非否定技術，也不是提倡回到過去（詳細內容請參考書籍《不便から生まれるデザイン（暫譯：從不方便中誕生的設計）》[2]、網站「不便益系統研究所」[3]）。

在「不便益系統研究所」網站研究、販售的各種物品中，我覺得這支「質數尺」是非常有趣的 UI（上圖）。這支尺的刻度只有「2、3、5、7、11」等質數（無法被 1 與自己之外的整數整除的 2 以上之整數）。因此，會產生「該如何測量 1cm、4cm、6cm？」的困擾，但是 1 可以用「3-2」來計算，所以 1cm 是以「2cm 與 3cm 之間」來測量；利用「7-3」可以計算出 4，因此 4cm 是以「3cm 與 7cm 之間」來測量；「11-5」能算出 6，所以 6cm 是以「5cm 與 11cm」之間來測量。這是一支要一邊思考，一邊靈活運用的有趣直尺。可以直接測量出 1、4、6 等長度，當然比較輕鬆，但是這把尺可以訓練腦力，還能體會數字帶來的樂趣，從這點來看，雖然不方便卻有益處。基於這層意義，先前提到的 LIBERTY PUZZLES 也可說是刻意讓拼片變得不方便，藉此提高樂趣的有趣作法。只要善用爛 UI，也能製作出有趣的東西。

2 《不便から生まれるデザイン：工学に活かす常識を超えた発想》川上浩司（著）、化學同人出版

3 http://fuben-eki.jp/

## 將爛 UI 納入教育中

我到目前為止，每年都在京都大學、明治大學開課講述爛 UI 的課程，教學生學習 UI。與爛 UI 有關的課程，優點是看起來有趣，而且思考、尋找、告訴其他人的過程也很好玩。可以探討各個層面，所以課堂上會引起熱烈討論。而且我認為把「尋找爛 UI」當作報告的題目，在下一堂課說明這些爛 UI，這可以讓學生發現難懂、難用的 UI，並且傳達出來，是非常棒的練習。在尋找爛 UI 的過程中，也能培養面對現實社會的觀察力。除此之外，我也曾多次給高中生上課，大家也對 UI 非常感興趣，仔細聽講。就這點來看，爛 UI 對廣泛的年齡層都有吸引力。

聽說其他大學裡，包括關西學院大學的河野恭之老師、京都工藝纖維大學的倉本到老師、關西大學的松下光範老師、東京學藝大學的加藤直樹老師、T-D-F 的園山隆輔等人，也開立了與爛 UI 有關的課程。希望大家的學校、公司等，也都能將爛 UI 納入教育課程中。

在我的「有趣的爛 UI 世界」[4] 及「爛 UI 告密網站」[5] 中，可以看到許多這本書介紹過的爛 UI 案例。假如只是要在課堂上使用，不需要特別取得許可，請盡量使用。如果你能告知「我運用了這些案例」，將成為我繼續經營這個網站的動力，麻煩你了。

4 「有趣的爛 UI 世界」（http://badui.org/）

5 「爛 UI 告密網站」（http://up.badui.org/）

## 結語

這世界上有各式各樣的爛 UI，有些是設計師或工程師的責任，但是也有一些案例，設計者完全沒有疏失，而是設置者或其他人所造成的；爛 UI 包含各種情況，看完這本書後，你是否已經瞭解這一點了？

其中，可能有些案例你會覺得「這應該不是爛 UI 吧？」其實，UI 的好用程度因人而異。比方説，電梯的按鈕排法，以「縱向複數列」來排列比較好，還是「橫向複數列」排列比較好，這點會強烈受到該使用者平日常搭乘哪種電梯的影響。另外，一般市售的右撇子用剪刀，對於左撇子來説非常難用。世界上不可能有讓所有人都覺得好用的完美 UI。最重要的是，清楚勾勒出使用者輪廓，徹底思考怎麼做比較好。

看到這裡，相信你應該可以瞭解，像射擊遊戲等難度較高的電玩並不是爛 UI。與遊戲無關的部分，比方設定畫面看不懂，很難選擇系統上的選項等，有這種問題的介面，才稱作爛 UI。

另外，為了安全考量而限制出入，基於安全性而要求執行複雜的操作，也不算是爛 UI。

我寫這本書的目的，是希望你體會爛 UI 的樂趣，思考為什麼會產生爛 UI，想想其中的原因，這才是爛 UI 真正有趣的地方，而且也會成為學到各種知識的契機。

有時你會遇到讓人一肚子火的爛 UI，這時候思考一下為什麼它會變成爛 UI，如果理由你可以接受，就算遇到爛 UI，也不會那麼焦躁，反而會愛上它。想像它成為爛 UI 的過程，也算是一種訓練，有一天當你需要設計、製作 UI 時，就能發揮效果。

我再重申一次，希望你能體會爛 UI 的樂趣。當你發現有趣的爛 UI 時，請務必與我的網站：http://up.badui.org/ 聯絡。接下來，請盡情享受你的有趣爛 UI 生活吧！


## 致謝

首先，感謝本書介紹的 UI 製作者及設置者。另外，對於幫忙收集爛 UI 案例的明治大學綜合數理學院尖端媒體科學系的學生們、京都大學研究所資訊學研究科的學生們、還有人機互動業界的各位研究人員，在此致上我誠摯的謝意。我尤其感謝最先提出「爛 UI」（BAD UI）這個名詞的東京大學暦本純一老師，還有給我機會，在 Human Interface 學會撰寫「BADUI 診療所」連載內容的 Microsoft Research Asia 福本雅朗，提供機會播放「BADUI Hour」的明治大學福地健太郎老師與 NICONICO 學會的成員，與我一同尋找爛 UI 的夥伴們：T-D-F 的園山隆輔、ISID 的綾塚祐二、京都工藝纖維大學的倉本到老師、筑波大學的大槻麻衣老師，還有在課堂上使用這些案例的關西學院大學河野恭之老師、關西大學松下光範老師等等。有了各位的支持與幫助，我才能完成這本書。另外，還要感謝給我機會寫這本書、製作索引的高屋卓也、細心編輯這本書的勝野久美子、幫忙校對的大西洋、安川英明，我同樣致上最深的謝意。

最後，還要謝謝在撰寫這本書時，給我極大幫助的太太－美和，以及提醒我注意各種細節的女兒。

## UI 相關書籍

最後，我想介紹幾本可以深入學習 UI 的書。除了以下提到的書籍，其他還有許多好書，究竟什麼樣的書適合你，這點因人而異，建議你瀏覽網站上的簡介，找出適合自己的書。

- **《設計&日常生活》Don Norman（著）卓耀宗（譯）、遠流出版、2007 年**
  這是由本書多次提及的唐．諾曼撰寫，以難用、難懂的 UI 為主題的書籍，也是許多人都拜讀過的好書。這是 20 年前出版的書，書中的案例有些老舊，而且照片是黑白的，有點可惜，不過內容十分有趣，可說是 UI 這個領域必讀的經典書籍。

- **《Usable Usability: Simple Steps for Making Stuff Better》Eric Reiss（著）、Wiley 出版、2012 年**
  這是說明可用性（Usability）的書籍。內容非常容易閱讀，而且語氣也很有趣，讓人忍不住一直看下去。裡面介紹各種不好的 UI，與我稱的「爛 UI」有異曲同工之妙，非常有意思。主要內容以網站的介面為主。

- **《Designing Interfaces, 2nd Edition》Jenifer Tidwell（著）、O'Reilly Media 出版、2010 年**
  這是一本從各角度分析 UI，介紹實際案例的書籍。第 2 版的篇幅大幅增加，全部看完有點辛苦，不過很適合當作參考資料。

- **《コンピュータと人間の接点（暫譯：電腦與人類的交界點）》黑須正明、歷本純一（著）、日本空中大學教育振興會出版、2013 年**
  「交界點」指的是介面本身，從這本書可以有系統地學到介於人與電腦之間的介面知識。這是日本空中大學編撰的書籍，可以一邊聽著課程，一邊學習。

- **《ヒューマンコンピュータインタラクション入門（暫譯：人機互動入門）》椎尾一郎（著）、Science 出版、2010 年**
  「人機互動」是指人與電腦的互動行為。本書介紹的操作對象是電腦。這本書中也說明了 UI 的特性，以及與 UI 相關的限制及配對關係，還有 UI 的評估方法，未來的 UI 等，可以廣泛汲取與 UI 有關的知識。

- **《イラストで学ぶヒューマンインタフェース（暫譯：用插圖學 UI）》北原義典（著）、講談社出版、2011 年**
  透過大量插圖來學習 UI，同時也介紹最新研究，可說是能綜觀整個 UI 界的好書。

- **《UI デザインの基礎知識（暫譯：UI 設計的基本知識）》古賀直樹（著）、技術評論社出版、2010 年**
  書裡的畫面設計範例比較老舊，而且是黑白印刷，不容易看出顏色，這點很可惜。但是能系統化地學習開發應用程式的 UI。

- **《認知インタフェース（暫譯：認知介面）》加藤隆（著）、Ohmsha 出版、2002 年**
  如果要瞭解使用者，站在使用者的立場來設計 UI，就得先深入研究人類。這本書深入探討「人類如何看世界」、「人類具備何種功能」、「人類對於所見事物會如何判斷」等，內容十分有趣，風格類似教科書。

- **《Game Development Essentials: Game Interface Design, 2nd Edition》Kevin D.Saunders／Jeanie Novak（著）、2013 年**
  這是一本透過各種遊戲來教你學 UI 的書。例如在遊戲中操作角色分身的 UI，稱作「Diegetic Interface」。雖然價格昂貴，但是有志進入遊戲業界的人，買了不會有損失。

- **《Make It So: Interaction Design Lessons From Science Fiction》Nathan Shedroff、Chris Noessel（著）、rosenfeld-media 出版、2012 年**
  介紹各種出現在電影中的未來 UI，說明這些 UI 是根據哪些基礎技術，該怎麼做才能實現這種 UI，讓你一邊想像，一邊思考。

- **《微互動 Microinteractions》Dan Saffer（著）、鄭巧玉（譯）、O' Reilly 出版、2014 年**
  探討在 UI 之中處理單一作業的最小互動單位，從微互動可以瞭解細節的重要性。

- 《100 Things Every Designer Needs to Know About People》Susan Weinschenk（著）、O' Reilly 出版、2011 年

  整理各種與 UI 相關的心理學知識。書中介紹許多淺顯易懂的案例，是非常容易閱讀的參考書籍，而且裡面有許多觀點與本書提及的「爛 UI」處理方法不謀而合。不過有部分案例沒有說明根據，必須稍加留意。

- 《ユーザビリティエンジニアリング――ユーザ調査とユーザビリティ評価実践テクニック（暫譯：可用性工程――使用者調查與可用性評估實踐技巧）》
  樽本徹也（著）、Ohmsha 出版、2005 年

  以簡單明瞭的方式，寫出如何執行與系統相關的使用者調查。對評估可用性有興趣的讀者，絕不能錯過這本書。

- 《為什麼你沒看見大猩猩？》
  Christopher Chabris／Daniel Simons（著）、楊玉齡（譯）、天下文化出版、2011 年

  以實際的案例及實驗為依據，用科學角度說明與注意、記憶、原因、可能性等有關的錯覺，告訴我們人類多麼容易犯錯、誤會、記憶多麼不可靠等等。我看了忍不住想：本書的爛 UI 案例，莫非也只是我的錯覺？

- 《Thoughtless Acts?》
  Jane Fulton Suri／IDEO（著）、2005 年

  以圖片介紹人在下意識做出的行為，並且仔細思考這些動作，看了之後，讓人不禁想觀察各種下意識行為，非常有趣的一本書。

- 《Are Your Lights On?: How to Figure Out What the Problem Really Is》Donald C. Gause、Gerald M. Weinberg（著）、1990 年

  透過各種故事，教你如何學會定義問題。但是裡面的插圖及案例不見得適合每位讀者，所以我本身比較不偏愛這種書。

其它還有以下這些好書。

- 《Designed for Use: Create Usable Interfaces for Applications and the Web》Lukas Mathis（著）、O' Reilly 出版、2011 年
- 《Don't Make Me Think: A Common Sense Approach to Web Usability, 2nd Edition》Steve Krug（著）、New Riders 出版、2005 年
- 《About Face: The Essentials of Interaction Design》Alan Cooper、Robert Reimann、David Cronin（著）、Wiley 出版、2007 年
- 『ユーザ中心ウェブサイト戦略 仮説検証アプローチによるユーザビリティサイエンスの実践（暫譯：以使用者為主的網站策略 利用驗證假說手法實踐可用性科學）』武井由紀子／遠藤直紀（著）Softbank Creative 出版、2006 年
- 《好設計不簡單：和設計師聯手馴服複雜科技，享受豐富生活》Don Norman（著）、卓耀宗（譯）、遠流出版、2011 年
- 《ヒューマンコンピュータインタラクション（暫譯：人機互動）》岡田謙一／葛岡英明／鹽澤秀和／西田正吾／仲谷美江／情報處理學會（著）Ohmsha 出版、2002 年
- 《The Psychology of Human-Computer Interaction》Stuart K. Card、Thomas P. Moran、Allen Newell（著）、CRC Press 出版、1983 年
- 《Usability Engineering》Jakob Nielsen（著）、Morgan Kaufmann 出版、1993 年
- 《インタラクションの理解とデザイン（暫譯：理解與設計互動）》西田豐明（著）、岩波書店出版、2005 年

## ■ 作者簡介

**中村 聰史**

**日本明治大學　綜合數理學院**
**尖端媒體科學系副教授**

1976 年生於日本長崎縣，畢業於大阪大學工學院，於 2004 年修畢同校工學研究所博士後期課程，取得工學博士學位。曾任情報通訊研究機構之專任研究員、京都大學特聘副教授，於 2013 年起擔任現職。專長是 UI 研究，包括以人為主的搜尋功能、生活記錄（Lifelog）、防止個資外洩、手寫輸入文字研究等。興趣是收集爛 UI 及觀察人性，並將此興趣延伸到課堂、演講、連載文章等層面。

E-mail：satoshi@snakamura.org
Twitter：@nakamura

Flag Publishing
http://www.flag.com.tw